Oldenbourgs Steuerfachbücher

Vorweggenommene Erbfolgeregelungen gegen private Versorgungsleistungen

Von

Dr. Anton Hofer

R. Oldenbourg Verlag München Wien

Die Deutsche Bibliothek - CIP-Einheitsaufnahme

Hofer, Anton:
Vorweggenommene Erbfolgeregelungen gegen private Versorgungsleistungen / von Anton Hofer. - München : Oldenbourg, 1995
(Oldenbourgs Steuerfachbücher)
ISBN 3-486-23273-8

Gesamtherstellung: WB-Druck, Rieden

ISBN 3-486-23273-8

Meinen Eltern

Vorwort

Die einkommensteuerliche Behandlung von Vermögensübertragungen auf die nachfolgende Generation zu Lebzeiten der Eltern (sog. vorweggenommene Erbfolgeregelungen) gehört zu den klassischen Problembereichen des Steuerrechts. Die Qualifizierung vorweggenommener Erbfolgeregelungen war in der steuerlichen Rechtsprechung lange Zeit durch die zivilrechtliche Wertung der einzelnen in den Übergabeverträgen ausbedungenen Leistungen vorgeprägt. Werden im Zusammenhang mit der Übergabe von Vermögen dem Übernehmer Leistungsverpflichtungen auferlegt, kann es sich in zivilrechtlicher Hinsicht um eine Schenkung unter Auflage bzw. um eine gemischte Schenkung handeln. Anknüpfend an diese Würdigung wurden solche "Gegenleistungen" einkommensteuerlich analog als unentgeltlich (Schenkung unter Auflage) bzw. (teil)entgeltlich (gemischte Schenkung) behandelt. Im Falle einer Schenkung unter Auflage wurde ein zweiseitig unentgeltlicher Vorgang gesehen, der für die Annahme eines Veräußerungsgeschäfts keinen Raum ließ. Dies galt insbesondere im Fall der Vereinbarung von Versorgungsleistungen zugunsten des Übergebers, die nach zivilrechtlicher Lehre kein Entgelt für die Übertragung des Vermögens darstellen.

Im Jahr 1990 sah sich Große Senat des BFH zu einer Revision seiner bisherigen Rechtsprechung zugunsten einer spezifisch steuerrechtlichen Würdigung vorweggenommener Erbfolgeregelungen veranlaßt. Seither werden Abstandszahlungen und Gleichstellungsgelder an Geschwister als "echtes" Entgelt für die Vermögensübertragung angesehen. Soweit allerdings die vereinbarten Leistungen in wiederkehrenden Zahlungen bestehen, die der Versorgung des Übergebers bzw. weichender Erben dienen, hielt der BFH an seinem Unentgeltlichkeitsdogma fest. Allerdings rechtfertigt der Große Senat des BFH diese Differenzierung nunmehr durch Bezugnahme auf die Rechtsnatur des typischen Übergabevertrags unter gleichzeitigem "Vorbehalt von Vermögenserträgen", der aufgrund seines spezifischen Charakters auch einkommensteuerlich nicht als entgeltlicher Vorgang zu werten ist.

Die Folgerechtsprechung der einzelnen Senate, insbesondere des X. Senats, zeigt allerdings, daß im Hinblick auf die Interpretation des neuen "Rechtstypus des Übergabevertrags unter Vorbehalt von Versorgungsleistungen" erhebliche Differenzen bestehen. Primäre Aufgabe der vorliegenden Dissertation ist deshalb, diese Wertungswidersprüche aufzuzeigen und einer systemgerechten Regelung zuzuführen.

Herrn Prof. Dr. Enno Biergans und meinen Kollegen am Lehrstuhl für Betriebswirtschaft und Steuern danke ich für ihre Unterstützung. Herrn Prof. Dr. Wolfgang Ballwieser danke ich für die Übernahme und Erstellung des Zweitgutachtens.

Mein besonderer Dank gilt Herrn Dr. Andreas Koller, mit dem ich oft über einzelne Problembereiche diskutiert habe und der mir mit seinen kritischen Anmerkungen eine wichtige Hilfe war. Darüberhinaus richtet sich mein Dank auch an all jene, die hier zwar nicht genannt werden, mich aber auf ihre Weise um so mehr unterstützt haben.

Die vorliegende Arbeit wurde im Wintersemester 1994/95 von der Betriebswirtschaftlichen Fakultät der Ludwig-Maximilians-Universität-München als Dissertation angenommen. Rechtsprechung und Literatur sind bis zum 1. Januar 1995 berücksichtigt.

Anton Hofer

Inhaltsverzeichnis

Abkürzungsverzeichnis

a.A., A.A.	anderer Ansicht
a.F.	alte Fassung
Abs.	Absatz
Abschn.	Abschnitt
AfA	Absetzung für Abnutzung
Anm.	Anmerkung
Anm. d. Verf.	Anmerkung des Verfassers
AO	Abgabenordnung
Art.	Artikel
Aufl.	Auflage
BayObLG	Bayerisches Oberstes Landesgericht
Bd.	Band
BewG	Bewertungsgesetz
BFH	Bundesfinanzhof
BGB	Bürgerliches Gesetzbuch
BGBl	Bundesgesetzblatt
BGH	Bundesgerichtshof
BMF	Bundesminister der Finanzen
BT	Bundestag
BT-Drs.	Bundestags-Drucksache
BVerfG	Bundesverfassungsgericht
bzgl.	bezüglich
bzw.	beziehungsweise
d.h.	das heißt
ders.	derselbe
Drs.	Drucksache
Ebd.	Ebenda
Einf.	Einführung
ESt	Einkommensteuer
EStDV	Einkommensteuerdurchführungsverordnung
EStG	Einkommensteuergesetz
EStR	Einkommensteuerrichtlinien
etc.	et cetera
evtl.	eventuell
F.	Fach
f	folgende
ff	fortfolgende
FG	Finanzgericht

FinMin	Finanzministerium
Fn	Fußnote
GbR	Gesellschaft bürgerlichen Rechts
gem.	gemäß
GG	Grundgesetz
gl.A., Gl.A.	gleicher Ansicht
GmbH	Gesellschaft mit beschränkter Haftung
GrS	Großer Senat
h.M.	herrschende Meinung
Herv.	Hervorhebung
Herv. d. Verf.	Hervorhebung des Verfassers
HFR	Höchstrichterliche Finanzrechtsprechung
HGB	Handelsgesetzbuch
Hrsg.	Herausgeber
hrsg.	herausgegeben
HS	Halbsatz
i.d.F.	in der Fassung
i.d.R.	in der Regel
i.d.S.	in diesem Sinne
i.e.	im einzelnen
i.e.S.	im engeren Sinne
i.S.	im Sinne
i.S.d.	im Sinne des
i.S.v.	im Sinne von
i.V.m.	in Verbindung mit
incl.	inclusive
insb.	insbesondere
KG	Kammergericht
LG	Landgericht
LuF	Land- und Forstwirtschaft
m.E.	meines Erachtens
m.w.N.	mit weiteren Nachweisen
Mio	Million(en)
MünchKomm	Münchener Kommentar zum BGB
n.F.	neue Fassung
Nr.	Nummer
NZB	Nichtzulassungsbeschwerde

OFD	Oberfinanzdirektion
OHG	Offene Handelsgesellschaft
OLG	Oberlandesgericht
Preuß. EStG	Preußisches Einkommensteuergesetz
Preuß. OVG i. St.	Preußisches Oberverwaltungsgericht in Staatssteuersachen
Rdnr.	Randnummer
REG	Reichserbhofgesetz
REStG	Reichseinkommensteuergesetz
Rev.	Revision
RFH	Reichsfinanzhof
RG	Reichsgericht
RGBl	Reichsgesetzblatt
rkr.	rechtskräftig
Rz.	Randziffer
S.	Seite
s.	siehe
sog.	sogenannt
StNOG	Steuerneuordnungsgesetz
Tz.	Textziffer
u.a.	unter anderem
u.U.	unter Umständen
usw.	und so weiter
v.	vom
v.H.	von Hundert
Verf.	Verfasser
Vfg.	Verfügung
vgl.	vergleiche
Vorbem.	Vorbemerkung
VO	Verordnung
z.B.	zum Beispiel
Ziff.	Ziffer
ZPO	Zivilprozeßordnung

Verzeichnis der Zeitschriften und Sammelwerke

AgrarR	Agrarrecht
BB	Betriebs-Berater
BFH/NV	Sammlung amtlich nicht veröffentlichter Entscheidungen des BFH
BFHE	Sammlung der Entscheidungen des Bundesfinanzhofs
BGBl	Bundesgesetzblatt
BGHZ	Entscheidungen des Bundesgerichtshofs in Zivilsachen
BStBl	Bundessteuerblatt
BT-Drs.	Bundestags-Drucksache
DB	Der Betrieb
DNotZ	Deutsche Notar-Zeitschrift
DStR	Deutsches Steuerrecht
DStZ	Deutsche Steuerzeitung
EFG	Entscheidungen der Finanzgerichte
FinArch	Finanzarchiv
FR	Finanzrundschau
HFR	Höchstrichterliche Finanzrechtsprechung
Inf	Die Information über Steuer und Wirtschaft
JbFSt	Jahrbuch der Fachanwälte für Steuerrecht
JDStJG	Jahrbuch der Deutschen Steuerjuristischen Gesellschaft e.V.
JuS	Juristische Schulung
KFR	Kommentierte Finanz-Rechtsprechung
KÖSDI	Kölner Steuerdialog
LSW	Lexikon des Steuer- und Wirtschaftsrechts
MittBayNot	Mitteilungen des Bayerischen Notarvereins
NJW	Neue Juristische Wochenschrift
NWB	Neue Wirtschafts-Briefe
RGBl	Reichsgesetzblatt

RGZ	Entscheidungen des Reichsgerichts in Zivilsachen
Rpfleger	Der deutsche Rechtspfleger
RStBl	Reichssteuerblatt
RWP	Rechts- und Wirtschaftspraxis
StbJb	Steuerberater-Jahrbuch
StBp	Steuerliche Betriebsprüfung
StKongRep	Steuer-Kongreß-Report
StRK	Steuerrechtsprechung in Karteiform
StuW	Steuer und Wirtschaft
StVj	Steuerliche Vierteljahresschrift
WM	Wertpapier-Mitteilungen
WPg	Die Wirtschaftsprüfung
ZEV	Zeitschrift für Erbrecht und Vermögensnachfolge
ZRP	Zeitschrift für Rechtspolitik

Verzeichnis der Übersichten

Einführung

Nach der Rechtsprechung des Großen Senats des BFH,[1] dessen Grundsätze von der Finanzverwaltung übernommen wurden,[2] stellen die im Wege vorweggenommener Erbfolge getätigten Vermögensübertragungen entgeltliche Rechtsgeschäfte dar, wenn im Zusammenhang mit der Übertragung des Vermögens auf die nächste Generation Abstandszahlungen an den Übertragenden[3] oder Ausgleichszahlungen an weichende Erben (sog. Geschwistergleichstellungsgelder) in Form von Einmalbeträgen erbracht werden.[4] Dasselbe gilt grundsätzlich im Hinblick auf die Übernahme von Verbindlichkeiten des Übergebers.[5] Allerdings muß in diesen Fällen nach der Art des übertragenen Vermögens differenziert werden. Während bei der Übertragung von Privatvermögen[6] und einzelnen betrieblichen Wirtschaftsgütern[7] den übernommenen Verbindlichkeiten Entgeltcharakter zukommt, gilt bei der Übertragung von Betrieben (Mitunternehmeranteilen) insofern eine Ausnahme, als der Betrieb als Saldogröße, d.h. als Differenz zwischen aktiven und passiven Wirtschaftsgütern betrachtet wird.[8] Geschenkt werden daher nicht die einzelnen Wirtschaftsgüter, sondern das Reinvermögen (= Eigenkapital). Im Zusammenhang mit der Übertragung von Betrieben (Mitunternehmeranteilen) haben deshalb nur solche Schuldübernahmen Entgeltcharakter, die nicht zum übertragenen Betriebsvermögen gehören.[9]

Bestehen die übernommenen Verpflichtungen dagegen in wiederkehrenden Leistungen, die der Versorgung des Empfängers dienen und dem Übernehmer das Nachrücken in eine die Existenz wenigstens teilweise begründende Wirtschaftseinheit[10] ermöglichen, soll das Vermögen stets unentgeltlich auf

---

1 Beschluß v. 5.7.1990 - GrS 4-6/89 - BStBl 1990 II S. 847
2 BMF-Schreiben v. 13.1.1993, BStBl 1993 I S. 80 Tz. 7, 9
3 BMF-Schreiben v. 13.1.1993, BStBl 1993 I S. 80 Tz. 7
4 BMF-Schreiben v. 13.1.1993, BStBl 1993 I S. 80 Tz. 7, 31
5 BMF-Schreiben v. 13.1.1993, BStBl 1993 I S. 80 Tz. 9
6 BMF-Schreiben v. 13.1.1993, BStBl 1993 I S. 80 Tz. 27
7 BMF-Schreiben v. 13.1.1993, BStBl 1993 I S. 80 Tz. 28
8 Vgl. hierzu bereits die von *Kemmer, M.* (Teilentgeltliche Rechtsgeschäfte 1987 S. 207 ff) entwickelte Saldotheorie; so auch *Biergans, E.*, StuW 1991 S. 381
9 BMF-Schreiben v. 13.1.1993, BStBl 1993 I S. 80 Tz. 27 - 30; vgl. hierzu beispielsweise *Stuhrmann, G.*, (Erlasse 1993) S. 50 Rdnr. 143 f
10 Zum schillernden Begriff der Wirtschaftseinheit vgl. die Ausführungen auf S. 42 ff

den Erwerber übergehen.[11] Der Große Senat des BFH[12] rechtfertigt diese unterschiedliche Behandlung mit der zivil- und steuerrechtlichen Besonderheit von Vermögensübertragungen, die im Zusammenhang mit Versorgungsleistungen stehen, und hebt als Begründungselement für die einkommensteuer(recht)liche Sonderbehandlung der privaten Versorgungsleistungen die (neue) Rechtsfigur der vorbehaltenen Vermögenserträge hervor.[13] Anknüpfungspunkt dieser Überlegungen ist der zivilrechtliche, d.h. familien- und erbrechtliche Typus der Hof- und Betriebsübergabeverträge, dem die einkommensteuerrechtliche Behandlung typisierend folge.[14]

Handelt es sich daher um eine dem zivilrechtlichen Vertragstypus Übergabevertrag unter Vorbehalt von Versorgungsleistungen entsprechende Vereinbarung, sind die wiederkehrenden Leistungen gem. § 10 Abs. 1 Nr. 1 a EStG und § 22 Nr. 1 EStG grundsätzlich in vollem Umfang[15] (d.h. als dauernde Last) abziehbar und zu versteuern. Demgegenüber gelten für wiederkehrende Zahlungen, die außerhalb einer diesem Typus des Übergabevertrags zuzuordnenden Vereinbarung geleistet werden, die allgemeinen Grundsätze des Einkommensteuerrechts.[16] Soweit in diesen Fällen die wiederkehrenden Zahlungen in Bezug zu einer Gegenleistung stehen, ist zwischen dem steuerlich zu berücksichtigenden Zinsanteil und der steuerrechtlich im Privatbereich grundsätzlich irrelevanten, zeitlich gestreckten Vermögensumschichtung zu unterscheiden. Werden die Zahlungen dagegen ohne Bezug zu einer Gegenleistung eingeräumt, sind die Grundsätze des § 12 EStG und insoweit korrespondierend des § 22 Nr. 1 S. 2 EStG zu beachten.[17]

---

11 BMF-Schreiben v. 13.1.1993, BStBl 1993 I S. 80 Tz. 4 ff

12 Beschlüsse v. 5.7.1990 - GrS 4-6/89 - BStBl 1990 II S. 847; v. 15.7.1991 - GrS 1/90 - BStBl 1992 II S. 78

13 Vgl. hierzu die Ausführungen auf S. 58 ff

14 BFH v. 5.7.1990 - GrS 4-6/89 - BStBl 1990 II S. 847; v. 15.7.1991 - GrS 1/90 - BStBl 1992 II S. 78; vgl. auch das Grundsatzurteil des BFH v. 11.3.1992 - X R 141/88 - BStBl 1992 II S. 499 (501)

15 Außer es wurde ausdrücklich die Leibrentenbesteuerung gewählt; vgl. hierzu die Ausführungen auf S. 90 ff

16 BFH v. 27.2.1992 - X R 136/88 - BStBl 1992 II S. 609 (612); v. 25.11.1992 - X R 91/89 - BFHE Bd. 170 S. 82; vgl. S. 107 ff

17 BFH v. 15.7.1991 - GrS 1/90 - BStBl 1992 II S. 78 (82)

Nach geltendem Recht ist somit bei der einkommensteuerrechtlichen Behandlung der im Rahmen einer *vorweggenommenen Erbfolge* vereinbarten Leistungen generell zwischen Übergaben gegen private Versorgungsleistungen und übrigen Vermögensübertragungen zu differenzieren:

Vermögensübergaben im Wege der vorweggenommenen Erbfolge	
Vermögensübergabe gegen private Versorgungsleistungen	***Übrige Vermögensübergaben***

- Vermögensübertragung erfolgt unentgeltlich
- Bei den wiederkehrenden Bezügen handelt es sich *typischerweise* um vorbehaltene Erträge des übertragenen Vermögens
	- Vermögensübertragung erfolgt grundsätzlich entgeltlich
	- Ausnahmen:
	  - Auflagenbedingte Sachleistung
	  - Vorbehalt oder Einräumung von Nutzungsrechten an dem übertragenen Vermögen

Übersicht 1: Abgrenzung der Vermögensübergaben im Wege der vorweggenommenen Erbfolge

An diese Problemstellung anknüpfend, sorgt vor allem der X. Senat des BFH[18] für Aufsehen, indem er im Bereich der Vermögensübertragungen gegen wiederkehrende Bezüge/Leistungen generell nicht mehr nach Begriffen und deren Merkmalen - wie "Leibrente", "Rentenstammrecht" oder "dauernde Last" - differenziert, sondern danach, ob ein Sachverhalt dem Vertragsty-

---

18 Urteile v. 27.2.1992 - X R 136/88 - BStBl 1992 II S. 609 (612); v. 25.11.1992 - X R 91/89 - BFHE Bd. 170 S. 82; vgl. hierzu insbesondere *Fischer, P.*, DStR 1992 - Beihefter zu Heft 17 S. 1 (3); *ders.*, (Wiederkehrende Bezüge 1994) Rdnr. 40 ff; *Martin, S.*, BB 1993 S. 1773 (1774)

pus der Vermögensübergabe gegen private Versorgungsleistungen zugeordnet werden kann oder nicht. Im Rechtsfolgebereich bedeutet dies, daß der X. Senat von der ständigen Rechtsprechung des BFH bezüglich Rentenvereinbarungen, die im Austausch mit einer Gegenleistung vereinbart werden, abweicht und unabhängig von der Form der wiederkehrenden Zahlungen die Aufteilung in einen unter § 20 Abs. 1 Nr. 7 EStG steuerbaren Zinsanteil sowie einer nichtsteuerbaren Vermögensumschichtung annimmt.[19] Sofern daher die bisherige Rechtsprechung der vom Einkommensteuerrecht verlangten Trennung zwischen Vermögensumschichtung und Zinsanteil bei gleichbleibenden wiederkehrenden Leistungen (Stichwort: "Leibrente") durch die Besteuerung des Ertragsanteils,[20] bei abänderbaren wiederkehrenden Leistungen durch die "Wertverrechnungslehre"[21] Rechnung trug, ist dies nach Ansicht des X. Senats des BFH[22] überholt.

Demgegenüber soll die Vermögensübergabe gegen private Versorgungsleistungen im Wege vorweggenommener Erbfolge Hauptanwendungsfall der dauernden Last und spezialgesetzlich den Sonderausgaben und wiederkehrenden Bezügen zugewiesen und in einem spezifisch steuerrechtlichen Sinne unentgeltlich sein.[23] Im "dogmatischen Ansatz"[24] wurde - nach Ansicht des X. Senats[25] - allerdings eine wesentliche Korrektur vorgenommen. Die steuerrechtliche Qualifizierung als Vermögensübergabe gegen Versorgungsleistungen soll nunmehr *allein* auf der Vorstellung beruhen, daß sich der

---

19 Vgl. ausführlich die Darstellung auf S. 112 ff

20 Vgl. hierzu für viele *Biergans, E.*, (Renten 1989) S. 125, 166; *Nolde* in: *Herrmann/Heuer/Raupach*, § 10 EStG Anm. 37; *Jansen, R., Wrede, F.*, (Renten 1992) Rdnr. 469, 476 f; vgl. auch S. 119 f, 125 f

21 Danach tritt die Steuerwirksamkeit der wiederkehrenden Zahlungen erst nach Aufrechnung mit dem Verkehrswert des übertragenen Vermögens ein; Urteile v. 28.6.1963 - VI 321/61 U - BStBl 1963 III S. 424; v. 13.8.1985 - IX R 10/80 - BStBl 1985 II S. 709 (710); v. 11.9.1991 - XI R 20/89 - BFH/NV 1992 S. 166; vgl. S. 110 ff

22 Urteile v. 27.2.1992 - X R 136/88 - BStBl 1992 II S. 609 (612); v. 25.11.1992 - X R 91/89 - BFHE Bd. 170 S. 82; ebenso der IX. Senat des BFH mit Urteil v. 9.2.1994 - IX R 110/90 - DStR 1994 S. 1727; vgl. hierzu ausführlich S. 112 ff

23 Vgl. S. 15 ff, 90 ff

24 *Fischer, P.*, DStR 1992 - Beihefter zu Heft 17 - S. 1 (3); *ders.*, (Wiederkehrende Bezüge 1994) Rdnr. 163, 379; *Martin, S.*, BB 1993 S. 1773 (1774); vgl. hierzu kritisch S. 69 ff

25 BFH v. 25.3.1992 - X R 100/91 - BStBl 1992 II S. 803 (804 f); v. 14.7.1993 - X R 54/91 - BStBl 1994 II S. 19 (21)

Vermögensübergeber in Gestalt der Versorgungsleistungen Erträge seines Vermögens vorbehält, die allerdings vom Vermögensübernehmer erwirtschaftet werden müssen.[26] Außerhalb des "Rechtsinstituts der vorbehaltenen Vermögenserträge" können demnach private Versorgungsleistungen nicht vorliegen.[27]

Entgegen dieser Auffassung vertreten der IV.,[28] VIII.[29] und XI. Senat[30] des BFH sowie die Finanzverwaltung[31] die Ansicht, daß eine private Versorgungsrente auch dann vorliegen kann, wenn diese nicht aus den Erträgen des übertragenen Vermögens geleistet werden könne. Maßgebend für die Abgrenzung der privaten Versorgungsleistungen gegenüber den nichtabziehbaren Unterhaltsleistungen sei vielmehr - wie bisher - die Berechnung nach der sog. "50% - Regel".[32] In den "vorbehaltenen Vermögenserträgen" sei lediglich eine typisierende Beschreibung eines Übergabevertrags mit Vereinbarung von Versorgungsleistungen zu sehen.[33]

Die Beschlüsse des Großen Senats des BFH[34] sowie die im Anschluß daran ergangene Rechtsprechung haben somit zu einem erheblichen Maß an Rechtsunsicherheit im Bereich der Rentenbesteuerung, insbesondere der Vermögensübergabe gegen private Versorgungsleistungen im Rahmen vorweggenommener Erbfolgeregelungen, geführt.

Anliegen dieser Arbeit ist daher primär, die vom BFH für das "Rechtsinstitut der Vermögensübergabe unter Vorbehalt von Versorgungsleistungen"

---

26 In dem Beschluß vom 17.12.1992 (1 BvR 4/87 - DStR 1993 S. 315) hat das BVerfG diese Rechtsfigur als eine die Sonderbehandlung der Vermögensübertragung gegen private Versorgungsleistungen legitimierende rechtliche Vorstellung nicht beanstandet.

27 Vgl. allerdings das Urteil des X. Senats des BFH v. 16.12.1993 (X R 67/92 - BFHE Bd. 173 S. 152) sowie die Ausführungen auf S. 66 f

28 Urteile 18.2.1993 - IV R 106/92 - BStBl 1993 II S. 546 (547); v. 18.2.1993 - IV R 50/92 - BStBl 1993 II S. 548 (549); v. 18.2.1993 - IV R 51/92 - BFH/NV 1994 S. 14 (15)

29 Urteil v. 7.4.1992 - VIII R 59/89 - BStBl 1992 II S. 809 (812)

30 Urteil v. 23.1.1992 - XI R 6/87 - BStBl 1992 II S. 526 (527)

31 BMF-Schreiben v. 13.1.1993, BStBl 1993 I S. 80 Tz. 6

32 Vgl. die Ausführungen auf S. 61 ff

33 Vgl. hierzu die Ausführungen auf S. 58 ff

34 v. 5.7.1990 - GrS 4-6/89 - BStBl 1990 II S. 847; v. 15.7.1991 - GrS 1/90 - BStBl 1991 II S. 78

entwickelten Abgrenzungskriterien darzulegen und einer kritischen Analyse zu unterziehen (Teil 1).

Im zweiten Teil erfolgt die Darstellung der einkommensteuerlichen Behandlung vorweggenommener Erbfolgeregelungen gegen private Versorgungsleistungen. Es wird einerseits untersucht, wie sich die Vermögensübertragung einkommensteuerlich auswirkt, andererseits wird die steuerliche Behandlung der durch die vorweggenommene Erbfolge veranlaßten wiederkehrenden Bezüge/Leistungen erörtert.

Der dritte Teil befaßt sich mit vorweggenommenen Erbregelungen gegen wiederkehrende Zahlungen, die nicht dem Sonderrecht der Vermögensübergabe zugerechnet werden. Auch hier vertreten Rechtsprechung und Schrifttum unterschiedliche Ansätze bezüglich der Frage, wie die vom Einkommensteuerrecht verlangte Trennung von Zins- und Tilgungsanteil steuerlich zu bewältigen ist. Es wird gezeigt, welcher Ansatz den einkommensteuerrechtlichen Systemgedanken am nächsten steht und welche Lösung sich aus der bestehenden gesetzlichen Regelung ableiten läßt.

Im vierten Teil der Arbeit wird aufgezeigt, inwiefern die Behandlung der privaten Versorgungsrente den dogmatischen Grundgedanken des einkommensteuerrechtlichen Systems widerspricht. Im Anschluß daran wird untersucht, ob das "Rechtsinstitut des Übergabevertrags" aufgrund einer Anordnung des historischen Gesetzgebers ein - entgegen der Systematik - im spezifisch einkommensteuerlichen Sinne zu würdigendes Sonderrecht darstellt.

Aufgrund der Erkenntnis, daß die einkommensteuerliche Behandlung der privaten Versorgungsrente ein "Relikt" der historischen Quellentheorie darstellt, zeigt der in Teil 5 der Arbeit unterbreitete Lösungsansatz abschließend kurz auf, auf welche Weise eine systemgerechte Einordnung der privaten Versorgungsrente zu erfolgen hätte.

Teil 1

Abgrenzung des Rechtsinstituts der Vermögensübergabe unter Vorbehalt von Versorgungsleistungen

Kapitel 1

Gesetzliche Grundlage: Steuerliches Sonderrecht der Vermögensübergabe

Rechtsgrundlage für die steuer(recht)liche Behandlung der in sachlichem Zusammenhang mit einer Vermögensübergabe vereinbarten privaten Versorgungsleistungen ist nach Ansicht der Rechtsprechung[1] der "... die uralte Tradition des deutschen Einkommensteuerrechts fortführende Wille des Gesetzgebers ..." des Steuerneuordnungsgesetzes 1954,[2] "... die Vermögensübergabe steuerrechtlich zu privilegieren."[3] Anknüpfungspunkt dieser Überlegungen ist, daß im Steuerrecht ein Übergabevertrag, in dem sich der Übergeber Versorgungsleistungen ausbedungen hat, von jeher nicht als entgeltliches Veräußerungsgeschäft betrachtet wurde. Vielmehr erfaßte bereits das Preußische Einkommensteuergesetz[4] die Bezüge aus Altenteilen als Einkünfte aus Rechten auf periodische Hebungen,[5] die der Übernehmer korrespondierend hierzu als dauernde Last von seinem Gesamteinkommen abziehen konnte.[6] An diese Rechtslage knüpften auch die Reichseinkommensteuergesetze von 1920[7] und 1925[8] sowie das Einkommensteuergesetz von

---

1 BFH v. 5.7.1990 - GrS 4-6/89 - BStBl 1990 II S. 847 (851 ff); v. 15.7.1991 - GrS 1/90 - BStBl 1992 II S. 78 (79 ff); v. 11.3.1992 - X R 141/88 - BStBl 1992 II S. 499 (501); ebenso *Fischer, P.*, (Wiederkehrende Bezüge 1994) Rdnr. 106 ff; a.A. *Reiß, W.*, FR 1990 S. 381 (382); *Loritz, K.G.*, StVj 1991 S. 195 (202, 214 ff)

2 BGBl 1954 I S. 373

3 *Fischer, P.*, (Wiederkehrende Bezüge 1994) Rdnr. 163; zur Kritik vgl. S. 160 ff

4 v. 24.6.1891, PrGS 1891 S. 175; ebenso das Preuß. EStG v. 19.6.1906, PrGS 1906 S. 260; das Preuß. EStG v. 1891 ist der Vorläufer der Reichseinkommensteuergesetze; zur Rechtsentwicklung vgl. S. 138 ff

5 § 7 Nr. 4 i.V.m. § 15 Abs. 1 Preuß. EStG 1891; § 6 Nr. 4 i.V.m. § 14 Preuß. EStG 1906

6 § 9 Abs. 1 Nr. 3 Preuß. EStG 1891; § 8 Abs. 2 Nr. 2 Preuß. EStG 1906

7 v. 29.3.1920, RGBl 1920 S. 359

8 v. 10.8.1925, RGBl 1925 I S. 189

1934[9] an, indem sie das eigens erwähnte "Leibgedinge" zu den "sonstigen Einkünften"[10] bzw. "anderen wiederkehrenden Bezügen"[11] rechneten und andererseits den Abzug als dauernde Last vom Gesamtbetrag der Einkünfte festlegten.[12] Durch die Erwähnung des "Leibgedinges" - so der Große Senat vom 5.7.1990[13] - war auf ein Institut des Zivilrechts verwiesen, dem die einkommensteuerrechtliche Behandlung *typisierend* folgt.[14] An diesem Rechtszustand sollte auch das Einkommensteuergesetz 1955 in der Fassung des Steuerneuordnungsgesetzes 1954[15] nichts ändern.[16] Die weitere Erwähnung des "Leibgedinges" hielt der Gesetzgeber deshalb für entbehrlich, weil es ohne weiteres unter den Begriff der wiederkehrenden Bezüge eingeordnet werden konnte.[17]

---

9 v. 16.10.1934, RStBl 1934 S. 1261

10 § 5 i.V.m. § 11 Nr. 1 REStG 1920; § 2 Abs. 3 Nr. 7 i.V.m. § 22 Nr. 1 b EStG 1934; insofern, als das REStG 1920 von "sonstigen Einnahmen" spricht, ist anzumerken, daß damals der Begriff der Einnahmen und der der Einkünfte synonym verwendet wurde; vgl. *Glaser, F.*, (Einkommensteuergesetz 1922) § 5 Anm. 3; *Strutz, G.*, (Handausgabe 1920) § 5 Anm. 2

11 § 6 Abs. 1 Nr. 7 i.V.m. § 40 Nr. 2 REStG 1925

12 § 13 Nr. 2 REStG 1920; § 15 Abs. 1 Nr. 3 S. 1 REStG 1925; § 10 Abs. 1 Nr. 2 EStG 1934

13 GrS 4-6/89 - BStBl 1990 II S. 847 (852)

14 Vgl. hierzu ausführlich S. 9 ff

15 BGBl 1954 I S. 373

16 Vgl. hierzu kritisch *Paus, B.*, DStZ 1994 S. 464 (465) sowie die Ausführungen auf S. 160 ff

17 BT-Drs. II/481 S. 85; vgl. auch die Ausführungen auf S. 155

Kapitel 2
Vertragstypus des Übergabevertrags im Zivilrecht

Der Übergabevertrag ist ein Vertrag, durch den Eltern ihr Vermögen, insbesondere ihren Grundbesitz, zu Lebzeiten mit Rücksicht auf die künftige Erbfolge an einen ihrer Abkömmlinge übergeben[1] und dabei für sich einen ausreichenden Lebensunterhalt und für die außer dem Übernehmer noch vorhandenen weiteren Abkömmlinge eine Abfindung ausbedingen.[2] Seinen Ursprung hat der Übergabevertrag in bäuerlichen Verhältnissen, wo er auch als Altenteil oder Leibgedinge bezeichnet wird.[3] Nach allgemeiner Auffassung handelt es sich um einen Vertrag unter Lebenden, wenngleich das Recht auf die Bestellung eines Leibgedinges auch durch eine Verfügung von Todes wegen begründet werden kann.[4] Denn entscheidend für das Vorliegen eines Leibgedinges (Altenteils etc.) ist nicht der Rechtsgrund der Bestellung. Ausschlaggebend sind vielmehr "... die in ihm zu einer Einheit verkörperten dinglichen Rechte."[5]

Der Typus des Übergabevertrags ist nicht auf den landwirtschaftlichen Bereich beschränkt; vielmehr wird ihm auch die Übertragung von städtischem und gewerblich genutztem Grundbesitz zugerechnet.[6] Wesentliches Merkmal ist das Nachrücken der folgenden Generation in eine die Existenz - wenigstens teilweise - begründende Wirtschaftseinheit,[7] wobei unter Abwägung des Versorgungsinteresses des Übergebers und des Nutzungsinteresses

---

1 Auch familienfremde Personen kommen in Betracht; vgl. S. 13 f

2 RG v. 9.7.1927 - V B 20/27 - RGZ Bd. 118 S. 17 (20)

3 Das *Leibgedinge* ist ein Inbegriff von Rechten verschiedener Art, die durch ihre Zweckbestimmung, dem Berechtigten ganz oder teilweise, für eine bestimmte Zeit oder dauernd Versorgung zu gewähren, zu einer Einheit verbunden sind; BGH v. 26.9.1962 - V ZR 91/61 - NJW 1962 S. 2249 (2250); OLG Hamm v. 30.1.1969 - 15 W 415/68 - DNotZ 1970 S. 37; OLG Köln v. 1.4.1992 - 2 Wx 7/91 - Rpfleger 1992 S. 431

4 RG v. 30.10.1939 - V 83/39 - RGZ Bd. 162 S. 52 (55); OLG Oldenburg v. 12.7. 1968 - 3 Wlw 46/67 - RdL 1968 S. 236; OLG Celle v. 12.6.1972 - 7 Wlw 15/72 - AgrarR 1971/72 S. 471

5 RG v. 30.10.1939 - V 83/39 - RGZ Bd. 162 S. 52 (55)

6 RG v. 21.8.1936 - V 76/36 - RGZ Bd. 152 S. 104 (109); BGH v. 2.10.1951 - V ZR 77/50 - NJW 1952 S. 20 (21); v. 26.9.1962 - V ZR 91/61 - NJW 1962 S. 2249 (2250); v. 19.6.1964 - V ZR 4/63 - RdL 1964 S. 299; v. 31.10.1969 - V ZR 138/66 - NJW 1970 S. 282 (283); v. 3.4.1981 - V ZR 55/80 - NJW 1981 S. 2568 (2569)

7 Zum Begriff der Wirtschaftseinheit in der steuerlichen Rechtsprechung vgl. S. 42 ff

des Übernehmers eine *personale Bindung* geknüpft wird.[8] Der Übertragende übergibt im Rahmen einer *vorweggenommenen Erbfolgeregelung* seine wirtschaftliche Lebensgrundlage, "... um dafür in die persönliche Gebundenheit eines abhängigen Versorgungsverhältnisses einzutreten ...," während der Übernehmer die Versorgung "... aus dem übernommenen Vermögen miterwirtschaftet."[9]

Für die Zuordnung eines Sachverhalts zum Typus des Übergabevertrags, der ein "... selbständiges Rechtsgebilde ..."[10] darstellt, ist nicht die Form, sondern der tatsächliche Charakter des Rechts entscheidend,[11] wobei der Zusammenhang mit einer *vorweggenommenen Erbfolgeregelung* und die *personale Bindung* zwischen Übergeber und Übernehmer konstitutive Merkmale darstellen.[12] Ein Übergabevertrag liegt daher nur vor, soweit der Übergeber durch die vorweggenommene Erbfolgeregelung seine wirtschaftliche Selbständigkeit[13] zugunsten einer persönlichen Versorgung und einer gewissen Verknüpfung der beiderseitigen Lebensverhältnisse weitgehend aufgibt.[14] Aus diesem Grund sind die im Vertrag ausbedungenen Leistungen weniger unter dem Gesichtspunkt von Leistung und Gegenleistung, als nach dem Bedarf des Berechtigten und der Leistungsfähigkeit des Verpflichteten

---

8 BGH v. 26.9.1962 - V ZR 91/61 - NJW 1962 S. 2249 (2250); v. 31.10.1969 - V ZR 138/66 - NJW 1970 S. 282 (283); v. 3.4.1981 - V ZR 55/80 - NJW 1981 S. 2568 (2569); v. 4.12.1981 - V ZR 37/81 - WM 1982 S. 208 (209)

9 BGH v. 17.10.1952 - V ZR 157/51 - RdL 1953 S. 10; *Pecher* in: *MünchKomm*, Art. 96 EGBGB Rdnr. 5

10 RG v. 5.4.1922 - V 591/21 - RGZ Bd. 104 S. 272; der typische Übergabevertrag ist weder ein Kaufvertrag noch eine Schenkung unter Auflage oder eine gemischte Schenkung; *Wulff, R.*, RdL 1952 S. 113; *Pecher* in: *MünchKomm*, Art. 96 EGBGB Rdnr. 6, 25

11 RG v. 9.7.1927 - V B 20/27 - RGZ Bd. 118 S. 17; v. 9.4.1930 - V B 33/29 - RGZ Bd. 128 S. 198; v. 21.8.1936 - V 76/36 - RGZ Bd. 152 S. 104; v. 30.10.1939 - V 83/39 - RGZ Bd. 162 S. 52; OLG Hamm v. 30.1.1969 - 15 W 415/68 - DNotZ 1970 S. 37 (38); OLG Köln v. 1.4.1992 - 2 Wx 7/91 - Rpfleger 1992 S. 431; BGH v. 3.2. 1994 - V ZB 31/93 - ZEV 1994 S. 166 (167)

12 Vgl. *Lüdtke-Handjery, C.*, DNotZ 1985 S. 332; *Olzen, D.*, (Vorweggenommene Erbfolge 1984) S. 22 f; *Pecher* in: *MünchKomm*, Art. 96 EGBGB Rdnr. 5 f; *Steppuhn, D.*, RdL 1960 S. 229; *Wulff, R.*, RdL 1952 S. 113

13 Nach Ansicht des BayObLG (U. v. 23.10.1964 - RReg. 1 a Z 241/63 - RdL 1965 S. 51) ist es nicht notwendig, daß das übertragene Vermögen in vollem Umfang die Existenzgrundlage des Übergebers bildete.

14 Vgl. *Pecher* in: *MünchKomm*, Art. 96 EGBGB Rdnr. 6, 14

bestimmt.[15] Nach Ansicht des BGH[16] ist es für den Übergabevertrag gerade charakteristisch, daß die vereinbarten Leistungen in der Regel kein Entgelt für die Übertragung des Vermögens darstellen. Vielmehr trägt der Übernehmer durch seine "Gegenleistung" dem Umstand Rechnung, daß er gegenüber den übrigen Erben bevorzugt wird, und der Übergeber ihm seine Existenzgrundlage überlassen hat. Vereinbarungen, die nicht am persönlichen Bedarf, sondern am tatsächlichen Gegenwert der Vermögenszuwendung anknüpfen, widersprechen daher dem Charakter eines Übergabevertrags.[17] In solchen Fällen wird deshalb grundsätzlich die synallagmatische Beziehung von als gleichwertig angesehenen Leistungen im Vordergrund stehen.[18]

Nicht erforderlich ist allerdings, daß die vereinbarten Leistungen der vollständigen Versorgung des Berechtigten dienen.[19] Ebenso steht es der Annahme eines Altenteils nicht entgegen, wenn sich der Übergeber zu Arbeitsleistungen verpflichtet.[20]

Nach der in der Rechtsprechung[21] und im Schrifttum[22] vorherrschenden Ansicht kann auch ein Nießbrauch Bestandteil eines Altenteils sein. Kein Übergabevertrag liegt jedoch vor, wenn ein Grundstück unter Vorbehalt eines *(Total-) Nießbrauchs* übertragen wird,[23] da dem Übergeber hier kein

---

15 BGH v. 4.12.1981 - V ZR 37/81 - WM 1982 S. 208 (209); KG v. 15.10.1959 - 1 W 1546/59 - MDR 1960 S. 234 Nr. 101

16 v. 2.10.1951 - 5 ZR 77/50 - NJW 1952 S. 20 f

17 OLG Hamm v. 12.8.1969 - 14 W 39/69 - DNotZ 1970 S. 659; OLG Köln v. 1.4. 1992 - 2 Wx 7/91 - Rpfleger 1992 S. 431 (432); BGH v. 3.2.1994 - V ZB 31/93 - ZEV 1994 S. 166 (167)

18 BGH v. 17.10.1952 - V ZR 157/51 - RdL 1953 S. 10; ausführlich zur Abgrenzung zwischen Übergabevertrag und Kaufvertrag vgl. OLG Freiburg v. 24.9.1952 - 2 W 54/52 - RdL 1953 S. 11 f; BGH v. 3.4.1981 - V ZR 55/80 - NJW 1981 S. 2568; v. 4.12.1981 - V ZR 37/81 - WM 1982 S. 208 (209)

19 RG v. 21.8.1936 - V 76/36 - RGZ Bd. 152 S. 104 (107); BayObLG v. 23.10.1964 - RReg. 1 a Z 241/63 - RdL 1965 S. 51

20 BGH v. 26.9.1962 - V ZR 91/61 - NJW 1962 S. 2249 (2250)

21 OLG Hamm v. 30.1.1969 - 15 W 415/68 - DNotZ 1970 S. 37; OLG Celle v. 24.4. 1972 - 7 Wlw 65/71 - AgrarR 1971/72 S. 472

22 *Amann* in: *Staudinger,* Vorbem. zu §§ 1105 - 1112 BGB Rdnr. 32; *Pecher* in: *MünchKomm,* Art. 96 EGBGB Rdnr. 13; *Promberger* in: *Staudinger,* Vorbem. zu §§ 1030 ff BGB Rdnr. 53; *Weirich, H.-A.,* (Erbrecht 1991) Rz. 609

23 Zur Unterscheidung zwischen Nießbrauch und Altenteil vgl. insbesondere OLG Hamm v. 30.1.1969 - 15 W 415/68 - DNotZ 1970 S. 37 (38); BGH v. 19.6.1964 - V ZR 4/63 - RdL 1964 S. 299; v. 4.12.1981 - V ZR 37/81 - WM 1982 S. 208 f; *Amann*

Recht zur Sicherung seiner Versorgung, sondern ein Recht zur Sicherung einer eigenwirtschaftlichen Tätigkeit als Nießbraucher eingeräumt wird.[24] Überläßt der Übergeber dagegen gleichzeitig mit der Bestellung des Nießbrauchs dessen Ausübung nach § 1059 BGB dem Übernehmer, so schließt dies die Anerkennung weiterer Rechte als Altenteil nicht aus.[25] Demgegenüber ist eine zeitlich gestreckte, gleitende Vermögensübergabe anzunehmen, wenn ein Grundstück zunächst unter Vorbehalt des (Total-) Nießbrauchs übertragen wird und sich der Berechtigte erst später, unter Verzicht auf den Nießbrauch, ein Altenteil einräumen läßt.[26]

Hinsichtlich der *Art des übertragenen Vermögens* ist der Übergabevertrag grundsätzlich nicht einzugrenzen. Obwohl als Gegenstand vorweggenommener Erbfolgeregelungen in erster Linie die Übertragung von Grundbesitz in Betracht kommt, ist der Zusammenhang mit der Überlassung eines Grundstücks nicht begriffswesentlich.[27] Sofern für den Übernehmer die Möglichkeit des Nachrückens in eine die Existenz begründende Wirtschaftseinheit besteht, ist auch die Übertragung von Geschäftsbeteiligungen, Wertpapieren oder anderen Vermögenswerten möglich.[28] Ein reines Wohn-

---

in: *Staudinger*, Vorbem. zu §§ 1105 - 1112 BGB Rdnr. 32; *Pecher* in: *MünchKomm*, Art. 96 EGBGB Rdnr. 15; *Weirich, H.-A.*, (Erbrecht 1991) Rz. 609; einschränkend: *Promberger* in: *Staudinger*, Vorbem. zu §§ 1030 ff BGB Rdnr. 53

24 Auch ist dem Übernehmer das Nachrücken in eine die Existenz wenigstens teilweise begründende Wirtschaftseinheit verwehrt; BayObLG v. 25.3.1975 - BReg. 2 Z 8/75 - DNotZ 1975 S. 622; aus diesem Grund lehnt der X. Senat die Anerkennung von wiederkehrenden Zahlungen, die anläßlich der Übertragung von Vermögen unter Vorbehalt eines (Total-) Nießbrauchs vereinbart werden, als Versorgungsleistungen ab; vgl. S. 16

25 BGH v. 31.10.1969 - V ZR 138/66 - NJW 1970 S. 282; vgl. auch *Steppuhn, D.*, RdL 1960 S. 229; zur steuerlichen Problematik vgl. S. 64 f

26 OLG Hamm v. 30.1.1969 - 15 W 415/68 - DNotZ 1970 S. 37 (38); aus diesem Grund erkennt der X. Senat des BFH die im Rahmen einer gleitenden Vermögensübergabe vereinbarten wiederkehrenden Zahlungen als private Versorgungsleistungen an; vgl. S. 17 ff

27 RG v. 30.10.1939 - V 83/39 - RGZ Bd. 162 S. 52 (56 ff); BayObLG v. 23.10.1964 - RReg. 1 a Z 241/63 - RdL 1965 S. 51 (52); v. 25.3.1975 - BReg. 2 Z 8/75 - DNotZ 1975 S. 622 (624 f); BGH v. 3.2.1994 - V ZB 31/93 - ZEV 1994 S. 166 (167); lediglich die landesrechtlichen Vorschriften setzen gem. Art. 96 EGBGB den Zusammenhang mit einer Grundstücksüberlassung voraus.

28 Vgl. *Coing, H.*, NJW 1967 S. 1777; *Olzen, D.*, (Vorweggenommene Erbfolge 1984) S. 17, 23; zum Begriff der Wirtschaftseinheit im Steuerrecht vgl. S. 42 ff

grundstück stellt nach Ansicht des BGH[29] dagegen keine Existenzgrundlage dar. Demgegenüber nimmt das BayObLG[30] an, daß auch die Übertragung eines Wohnhauses Gegenstand eines Übergabevertrags sein kann, da dieser nicht fordert, daß "... der Empfänger seine *wirtschaftliche Selbständigkeit* erhalten solle."[31]

Desweiteren ist der Übergabevertrag in der Regel dadurch bestimmt, daß er die Vorwegnahme der Erbfolge im Kreise der Familie kennzeichnet.[32] Der potentielle Erblasser überträgt die wirtschaftliche Grundlage seiner Existenz mit Rücksicht auf die künftige Erbfolge bereits zu Lebzeiten. Der *Kreis der Personen*, an die das Vermögen übertragen werden kann, ist jedoch nicht auf die gesetzlichen Erben einzuschränken.[33] Zwar sprechen familiäre Bindungen eher für das Vorliegen eines Übergabevertrags.[34] Allerdings kann das Vermögen auch an familienfremde Personen übertragen werden, sofern eine persönliche Verbundenheit (nicht notwendig verwandtschaftliche)[35] zwischen Übergeber und Übernehmer besteht.[36] Ebenso wie der Erblasser durch grundsätzliche Testierfreiheit einen geeigneten Erben bestimmen kann, ist es auch dem künftigen Erblasser unbenommen, an wen er sein Vermögen im Rahmen einer vorweggenommenen Erbfolgeregelung übergibt.

Die im Vertrag ausbedungenen Leistungen werden in der Regel zugunsten des Übergebers bzw. des Ehegatten des Übergebers oder der außer dem

---

29 Urteil v. 19.6.1964 - V ZR 4/63 - RdL 1964 S. 299 (300)

30 Urteil v. 23.10.1964 - RReg. 1 a Z 241/63 - RdL 1965 S. 51 (52) (Herv. d. Verf.)

31 Zur steuerlichen Problematik, insbesondere hinsichtlich der Rechtsfigur der vorbehaltenen Vermögenserträge vgl. S. 63 ff, 66

32 RG v. 30.10.1939 - V 83/39 - RGZ Bd. 162 S. 52

33 BGH v. 17.10.1952 - V ZR 157/51 - RdL 1953 S. 10 (11); ebenso *Lüdtke-Handjery, C.*, DNotZ 1985 S. 332 (333, 338); *Olzen, D.*, (Vorweggenommene Erbfolge 1984) S. 22 f; *Pecher* in: *MünchKomm*, Art. 96 EGBGB Rdnr. 7; *Steppuhn, D.*, RdL 1960 S. 229; *Wulff, R.*, RdL 1952 S. 113 (114); eine gegenteilige Auffassung wurde lediglich für das Reichserbhofrecht vertreten, da diesem der Gedanke zugrundelag, daß der Hof der Sippe erhalten werden müsse; *Vogels, W.*, § 37 REG Anm. 106; *Wöhrmann, O.*, § 37 REG Anm. 131

34 Dabei ist es unerheblich, inwieweit die getroffenen Vereinbarungen sich mit bestehenden gesetzlichen Unterhaltspflichten decken; *Pecher* in: *MünchKomm*, Art. 96 EG BGB Rdnr. 7

35 RG v. 22.9.1923 - V 427/23 - JW 1924 S. 813

36 BayObLG v. 25.3.1975 - BReg. 2 Z 8/75 - DNotZ 1975 S. 622 (623)

Übernehmer noch vorhandenen Abkömmlinge vereinbart.[37] Da der Übergabevertrag nach Vertragsparteien jedoch generell nicht einzugrenzen ist,[38] kann die Versorgung auch zugunsten entfernterer Angehöriger ausbedungen werden.

37 RG v. 9.7.1927 - V B 20/27 - RGZ 118 S. 17 (20); BGH v. 17.10.1952 - V ZR 157/51 - RdL 1953 S. 10

38 Vgl. *Olzen, D.*, (Vorweggenommene Erbfolge 1984) S. 22 f; *Wulff, R.*, RdL 1952 S. 113 (114)

Kapitel 3
Steuerrechtlicher Typus der Vermögensübergabe unter Vorbehalt von Versorgungsleistungen

A. Vorweggenommene Erbfolge als Anlaß der Vermögensübergabe

I. Vorweggenommene Erbfolgeregelungen im engeren Sinne

(1) Idealfall der vorweggenommenen Erbfolge

Die anläßlich von Vermögensübertragungen im Wege der vorweggenommenen Erbfolge vereinbarten wiederkehrenden Zahlungen stellen private Versorgungsleistungen dar, wenn sich der Vorgang insgesamt nicht als geschäftlicher, sondern als solcher des Familien- und Erbrechts darstellt. Da der besondere Verpflichtungsgrund zur Zahlung der Versorgungsrente nicht in der Übertragung des Vermögens als Veräußerung, sondern im "... *Zusammenhang der Rente mit der verfrühten Erbfolge*"[1] gesehen wird, sind die wiederkehrenden Zahlungen weder als Veräußerungsentgelt noch als Anschaffungskosten zu qualifizieren. Der Große Senat des BFH[2] vertritt vielmehr die Auffassung, daß die versprochenen Versorgungsleistungen spezialgesetzlich den Sonderausgaben und wiederkehrenden Bezügen zugewiesen sind.[3] Wesentliches Begründungselement für diese Zuordnung ist der Umstand, daß "... sich der Vermögensübergeber in Gestalt der Versorgungsleistungen *typischerweise* Erträge seines Vermögens vorbehält, die nunmehr allerdings vom Vermögensübernehmer erwirtschaftet werden müssen"[4] und an den Übergeber[5] weitergeleitet werden.[6] Durch die Vorwegnahme des Erbfalls gegen Übernahme der persönlichen Versorgung soll der nachfol-

---

1 *Becker, E.*, StuW 1936 I Sp. 953 (954)

2 Beschluß v. 5.7.1990 - GrS 4-6/89 - BStBl 1990 II S. 847 (852); v. 15.7.1991 - GrS 1/90 - BStBl 1992 II S. 78 (80 f)

3 Diese Schlußfolgerung ist *m.E.* rechtssystematisch nicht nachvollziehbar und nur historisch begründbar; vgl. hierzu die Ausführungen auf S. 138 ff

4 BFH v. 5.7.1990 - GrS 4-6/89 - BStBl 1990 II S. 847 (852); v. 15.7.1991 - GrS 1/90 - BStBl 1992 II S. 78 (84) (Herv. d. Verf.)

5 Allerdings nicht zwingend; zum berechtigten Personenkreis vgl. S. 40 f

6 Zur Rechtsfigur der vorbehaltenen Vermögenserträge vgl. die Ausführungen auf S. 63 ff

genden Generation das Nachrücken in eine die Existenz zumindest teilweise begründende Wirtschaftseinheit[7] ermöglicht werden.[8]

Keine Vermögensübergabe im Wege der vorweggenommenen Erbfolge liegt nach Ansicht des X. Senats des BFH[9] daher vor, wenn das Vermögen unter *Vorbehalt eines (Total-) Nießbrauchs* übertragen wird und der Übernehmer für die Übertragung wiederkehrende Zahlungen leistet.[10] Da sich der Übergeber den gesamten Ertrag vorbehalten hat und ihm die Einkünfte aus der Nutzung des Vermögens ohnehin originär zugerechnet werden, sieht der X. Senat[11] keinen rechtlichen Grund, die Leistungen des Übernehmers an den Übergeber als private Versorgungsleistungen zu qualifizieren und vom Abzugsverbot des § 12 Nr. 2 EStG auszunehmen.[12]

Eine andere Auffassung vertritt allerdings der XI. Senat des BFH[13] und ihm folgend die Finanzverwaltung,[14] welche - entgegen dem X. Senat[15] - in der Rechtsfigur der vorbehaltenen Vermögenserträge nicht die rechtlich allein legitimierende Vorstellung für das "Sonderrecht der Vermögensübergabe unter Vorbehalt von Versorgungsleistungen" sehen. Nach Meinung des XI. Senats[16] liegt eine private Versorgungsrente daher auch vor, wenn diese nicht aus den Erträgen des übertragenen Vermögens geleistet werden

---

7 Zum Begriff der Wirtschaftseinheit vgl. S. 42 ff

8 Vgl. insbesondere BFH v. 11.3.1992 - X R 141/88 - BStBl 1992 II S. 499 (501)

9 Urteile v. 25.3.1992 - X R 100/91 - BStBl 1992 II S. 803 (804 f); v. 14.7.1993 - X R 54/91 - BStBl 1994 II S. 19 (20 f)

10 Bei der Vermögensübergabe unter Vorbehalt eines (Total-) Nießbrauchs wird die starke Anlehnung des X. Senats an den zivilrechtlichen Typus des Übergabevertrags besonders deutlich.

11 BFH v. 25.3.1992 - X R 100/91 - BStBl 1992 II S. 803 (804 f); v. 14.7.1993 - X R 54/91 - BStBl 1994 II S. 19 (20 f)

12 Ausdrücklich offen ließ der X. Senat dagegen die Frage, ob dies auch gilt, wenn der Nießbrauch lediglich zur Sicherung der Altenteilsleistungen bestellt ist; vgl. hierzu S. 64 f

13 Urteil v. 23.1.1992 - XI R 6/87 - BStBl 1992 II S. 526 (527)

14 BMF-Schreiben v. 13.1.1993, BStBl 1993 I S. 80 Tz. 6

15 Urteile v. 25.3.1992 - X R 100/91 - BStBl 1992 II S. 803 (804 f); v. 14.7.1993 - X R 54/91 - BStBl 1994 II S. 19 (20 f); v. 16.12.1993 - X R 67/92 - BFHE Bd. 173 S. 152

16 Urteil v. 23.1.1992 - XI R 6/87 - BStBl 1992 II S. 526 (527)

kann.[17] Ob es sich um Versorgungsleistungen nach der Art vorbehaltener Erträge handelt, ergibt ein Vergleich des Kapitalwerts der Leistungen mit dem Wert des übertragenen Vermögens.[18] Dabei ist es - so der XI. Senat[19] - unerheblich, ob und in welchem Umfang das übertragene Vermögen Erträge abwirft.[20]

(2) Zeitlich gestreckte - gleitende - Vermögensübergabe

(a) Klassischer Fall der gleitenden Vermögensübergabe

Im idealtypischen Fall werden die privaten Versorgungsrenten in unmittelbarem sachlichen und zeitlichen Zusammenhang mit der Übertragung des Vermögens eingeräumt.[21] Der für die Abziehbarkeit erforderliche *sachliche* Zusammenhang mit einer vorweggenommenen Erbfolgeregelung[22] ist allerdings - in Anlehnung an den zivilrechtlichen Typus des Übergabevertrags - auch dann gegeben, wenn sich der Übergeber[23] zunächst den Nießbrauch[24] an dem unentgeltlich übertragenen Vermögen vorbehalten hat[25] und das

---

17 Um diese Problematik zu verdeutlichen, wird im folgenden sowohl von der Vermögensübergabe *unter Vorbehalt* von Versorgungsleistungen als auch von der Vermögensübergabe *gegen* private Versorgungsleistungen gesprochen.

18 Zur sog. 50% - Regel vgl. S. 61 ff

19 Urteil v. 23.1.1992 - XI R 6/87 - BStBl 1992 II S. 526 (527)

20 Vgl. zu dieser Problematik ausführlich S. 61 ff

21 *Biergans, E.*, *Koller, A.*, DStR 1993 S. 741 (742); BFH v. 5.7.1990 - GrS 4-6/89 - BStBl 1990 II S. 847; v. 15.7.1991 - GrS 1/90 - BStBl 1992 II S. 78

22 Es handelt sich hier um ein konstitutives Merkmal des Übergabevertrags; BFH v. 3.6. 1992 - X R 147/88 - BStBl 1993 II S. 98 (99); vgl. auch die Ausführungen auf S. 9 ff

23 Eine Qualifizierung der Ablösezahlungen als private Versorgungsleistungen ist auch dann vorzunehmen, wenn das Nutzungsrecht in sachlichem Zusammenhang mit einer vorweggenommenen Erbregelung zugunsten des Ehegatten des Übergebers eingeräumt wurde und später vom Vermögensempfänger durch wiederkehrende Zahlungen abgelöst wird; zur Problematik des begünstigten Personenkreises vgl. S. 38 ff

24 Der Begriff des Nießbrauchs wird im folgenden stellvertretend für Nutzungsrechte verwendet. Die Ausführungen gelten somit auch für andere dingliche Nutzungsrechte (z.B. dingliche Wohnrechte) und für obligatorische Nutzungsrechte; vgl. auch *Seithel, R.*, DStR 1993 S. 674 (676)

25 Zu erwähnen ist in diesem Zusammenhang, daß der BGH im Urteil v. 27.4.1994 (IV ZR 132/93 - ZEV 1994 S. 233) entschieden hat, daß bei einer Grundstücksüberlassung gegen Vorbehaltsnießbrauch die Zehn-Jahres-Frist des § 2325 Abs. 3 BGB nicht zu laufen beginnt. Bei der Vermögensübergabe unter Vorbehalt von Versorgungsleistungen, durch die sich ein wirtschaftlich ähnliches Ergebnis erzielen läßt, besteht an

Nutzungsrecht erst später durch eine Versorgungsrente abgelöst wird.[26] Die Vereinbarung des Vorbehaltsnießbrauchs und die Ablösung durch die Versorgungsrente erscheinen somit als Teilakte einer zeitlich gestreckten - "gleitenden" - Vermögensübergabe im Wege einer vorweggenommenen Erbfolge. Dies gilt nicht nur für den Fall, daß die Ablösung des Nießbrauchs von vornherein im Übergabevertrag vereinbart war;[27] der erforderliche Zusammenhang mit der Vermögensübergabe ist selbst dann gewahrt, wenn der Nießbrauch erst aufgrund eines später gefaßten Entschlusses durch private Versorgungsleistungen ersetzt wird.[28] Ob man in diesem Zusammenhang von einem sog. *Surrogationsprinzip* (die Ablösezahlungen sind steuerlich so zu beurteilen, wie sie zu beurteilen gewesen wären, wenn sie von Anfang an anstelle des Nutzungsrechts vereinbart worden wären)[29] sprechen kann, läßt der X. Senat[30] dahingestellt. Ausschlaggebend sei - so der X. Senat - lediglich der sachliche Zusammenhang mit der ursprünglichen Vermögensübergabe.[31]

Der sachliche Zusammenhang der Versorgungsleistungen mit der Vermögensübergabe wird auch nicht dadurch unterbrochen, daß das nießbrauchbelastete Wirtschaftsgut aufgrund vertraglichen Einvernehmens der Vertragspartner zwischenzeitlich ausgewechselt wurde. Der BFH[32] ist vielmehr der Auffassung, daß im Hinblick auf die steuerrechtliche Beurteilung am Maßstab des § 12 Nr. 2 EStG das dingliche Nutzungsrecht - trotz der Übertra-

---

einer Leistung i.S.d. § 2325 Abs. 3 BGB dagegen kein Zweifel; vgl. hierzu ausführlich *Mayer, N.*, ZEV 1994 S. 325 ff; *Wegmann, B.*, MittBayNot 1994 S. 307

26 BFH v. 3.6.1992 - X R 14/89 - BStBl 1993 II S. 23 (25); v. 3.6.1992 - X R 147/88 - BStBl 1993 II S. 98 (99); v. 25.11.1992 - X R 148/90 - BFH/NV 1993 S. 586 (588); FG Münster v. 23.5.1991 - 6 K 1409/88 - EFG 1991 S. 667 (rkr.); FG Saarland v. 7.7.1993 - 2 K 88/89 - EFG 1994 S. 30 (rkr.); *Biergans, E., Koller, A.*, DStR 1993 S. 741 (742); *Seithel, R.*, DStR 1993 S. 674 (675)

27 BFH v. 3.6.1992 - X R 14/89 - BStBl 1993 II S. 23 (25)

28 BFH v. 3.6.1992 - X R 147/88 - BStBl 1993 II S. 98 (99); FG Saarland v. 15.12. 1993 - 1 K 344/92 - EFG 1994 S. 519 (520) (NZB: X B 122/94); H 87 EStR "Ablösung"; kritisch hierzu *Schmitz, B.*, DStR 1993 S. 497 (501)

29 Vgl. hierzu *Seithel, R.*, (Einkommensteuerliche Behandlung 1985) S. 23, 29 f, 37; *ders.*, StKongRep 1988 S. 227 (259 f); *ders.*, DStR 1993 S. 674 (675 f)

30 Urteil v. 3.6.1992 - X R 147/88 - BStBl 1993 II S. 98 (99)

31 Der IX. Senat lehnte im Urteil v. 21.7.1992 (IX R 14/89 - BStBl 1993 II S. 484) dagegen das Surrogationsprinzip ausdrücklich ab.

32 Urteil v. 3.6.1992 - X R 147/88 - BStBl 1993 II S. 98 (99)

gung auf ein anderes Wirtschaftsgut - seinen rechtlichen Charakter als Vorbehaltsnießbrauch behält.[33]

Beispiel:

Anläßlich der Heirat seiner Tochter T überträgt der 55-jährige V seinen Betrieb im Wege einer vorweggenommenen Erbfolgeregelung auf T. Allerdings behält sich V bis zu seinem 65. Lebensjahr den Nießbrauch am Betrieb vor. T verpflichtet sich im Übergabevertrag, nach Ablauf des Nießbrauchs an ihren Vater V eine monatliche Rente zu zahlen. Die Rentenzahlungen sind als private Versorgungsleistungen zu qualifizieren. Dies gilt selbst dann, wenn die Versorgungsleistungen erst bei Ablauf des Nießbrauchs zugesagt werden.

Ungeklärt erscheint in diesem Zusammenhang, ob der für die Annahme privater Versorgungsleistungen erforderliche sachliche Zusammenhang mit einer vorweggenommenen Erbfolgeregelung auch dann vorliegt, wenn das Grundstück, an dem der Nießbrauch bestellt war, nach Verzicht auf das Nießbrauchsrecht veräußert wird und dem Übergeber als Gegenleistung die Zinserträge aus dem angelegten Grundstücksverkaufserlös eingeräumt werden.[34] Denn nach der Rechtsprechung des BFH[35] liegt eine Vermögensübergabe gegen Versorgungsleistungen nicht vor, wenn Kapitalbeträge gegen Rentenzahlungen übertragen werden, da in einem Geldbetrag keine "Wirtschaftseinheit" zu erblicken sei, deren Übertragung herkömmlicherweise dem Typus der zivil- und steuerrechtlichen Vermögensübergabe zugeordnet werden könne.[36] *M.E.* dürfte allerdings für den oben genannten Fall eine

---

33 Die Ansicht der Finanzverwaltung, die Zahlungen zur Ablösung eines unentgeltlich eingeräumten Nießbrauchrechts grundsätzlich als Zuwendungen i.S.d. § 12 Nr. 2 EStG beurteilt (BMF-Schreiben v. 15.11.1984, BStBl 1984 I S. 561 Tz. 25 i.V.m. Tz. 46), ist somit für den Fall der gleitenden Vermögensübergabe im Wege einer *vorweggenommenen Erbfolgeregelung* überholt.

34 Bejahend: FG Saarland v. 7.7.1993 - 2 K 88/89 - EFG 1994 S. 30 (31) (rkr.); nach Auffassung des FG Saarland liegt hier nicht ein Fall des sog. "Unterhaltskaufs" vor, der sich nicht unter den Tatbestand der Vermögensübertragung gegen private Versorgungsleistungen subsumieren läßt. Ob der X. Senat des BFH dieser Ansicht folgen könnte, erscheint fraglich; vgl. zu dieser Problematik ausführlich S. 107 ff

35 Urteile v. 28.6.1963 - VI 321/61 U - BStBl 1963 III S. 424; v. 13.8.1985 - IX R 10/80 - BStBl 1985 II S. 709 (710); v. 27.2.1992 - X R 136/88 - BStBl 1992 II S. 609 (611); v. 27.2.1992 - X R 40/89 und X R 55/89 - BFH/NV 1992 S. 647 (648)

36 A.A. FG Hessen v. 25.10.1993 - 3 K 1116/90 - EFG 1994 S. 521 (rkr.); zur Problematik der sog. Wirtschaftseinheit vgl. S. 42 ff

private Versorgungsrente anzuerkennen sein, da sich der Nießbrauch vor der Ablösung auf eine existenzsichernde Wirtschaftseinheit bezog.[37]

Beispiel:

Anläßlich der Heirat ihrer Tochter T im Jahre 1990 übertrug die 60-jährige M ein bebautes Grundstück auf T. Allerdings behielt sich M ein lebenslängliches Nießbrauchsrecht am Grundstück vor. Im Jahre 1995 verzichtet M auf das Nießbrauchsrecht, damit T das Grundstück veräußern kann. T verwendet den Veräußerungserlös zum Kauf von Festgeld und Wertpapieren. Als Gegenleistung für den Verzicht auf den Nießbrauch behält sich M die Erträge aus dem angelegten Vermögen zurück. Die von T erzielten und an M weitergeleiteten Zinserträge sind als private Versorgungsleistungen zu qualifizieren.

Die Annahme einer zeitlich gestreckten Vermögensübergabe setzt insbesondere voraus, daß der Nießbrauch anläßlich einer *unentgeltlichen* Übertragung vereinbart wurde.[38] Daher kann eine Ablösungsvereinbarung nicht als zweiter Teilakt einer gleitenden Vermögensübergabe qualifiziert werden, wenn sich der Übergeber den Nießbrauch im Rahmen einer *entgeltlichen* Übertragung vorbehalten hat.[39] Nach Auffassung des BFH[40] kann allerdings in dem *Verzicht auf das Nießbrauchsrecht gegen Einräumung wiederkehrender Zahlungen* selbst eine Vermögensübergabe im Wege einer vorweggenommenen Erbfolge zu sehen sein.[41] Dies ist der Fall, wenn der aufgegebene Nießbrauch sich auf eine existenzsichernde Wirtschaftseinheit[42] bezog und der Verzicht einem typischen Übergabevertrag wirtschaftlich

---

37 Die Differenzierung zwischen Realvermögen und Geldvermögen dient lediglich der Verhinderung "mißbrauchsverdächtiger Mitnahmeeffekte"; vgl. S. 42 ff

38 Zur erbrechtlichen Version der gleitenden Vermögensübergabe vgl. S. 35 ff

39 Es fehlt am sachlichen Zusammenhang mit einer vorweggenommenen Erbfolgeregelung.

40 Urteil v. 25.11.1992 - X R 34/89 - BFHE Bd. 170 S. 76; v. 25.11.1992 - X R 148/90 - BFH/NV 1993 S. 586 (588)

41 Vgl. hierzu auch *Biergans, E.*, *Koller, A.*, DStR 1993 S. 741 (742)

42 Das dingliche Wohnungsrecht an einer einzelnen Wohnung ist nach Ansicht des X. Senats (Urteil v. 13.10.1993 - X R 86/89 - BStBl 1994 II S. 451 (453)) jedenfalls dann keine existenzsichernde Wirtschaftseinheit, wenn sein verhältnismäßig geringer Wert (im Urteilsfall monatlich DM 250) keinen wirklichen Grund für eine Verknüpfung der beiderseitigen Lebensverhältnisse erkennen läßt. Zum Begriff der Wirtschaftseinheit vgl. die Ausführungen auf S. 42 ff

gleichzustellen ist.[43] Daß der Nießbrauch im Fall des Verzichts nicht Gegenstand einer bürgerlich-rechtlichen "Übertragung" ist, sondern durch den Verzicht erlischt, ist dabei unerheblich. Entscheidend ist vielmehr, daß der Eigentümer "... aufgrund des Verzichts die zuvor `abgespaltene´ dingliche Nutzungsbefugnis erwirbt und sein Eigentum dadurch `zum Vollrecht erstarkt´."[44]

Beispiel:

V veräußert sein Einzelunternehmen im Alter von 60 Jahren an seinen 40-jährigen Sohn S. Da er die wirtschaftliche Verantwortung noch nicht aus der Hand geben will, behält er sich den lebenslänglichen Nießbrauch am Betrieb vor; das Veräußerungsentgelt wird daher in Höhe des Verkehrswerts unter Berücksichtigung des vorbehaltenen dinglichen Nutzungsrechts vereinbart. Nach weiteren fünf Jahren ist V der Ansicht, daß das unternehmerische Geschick des S inzwischen soweit gereift sei, daß dieser den Betrieb in alleiniger Verantwortung führen kann. Aus diesem Grund wird das Nießbrauchsrecht durch wiederkehrende Zahlungen abgelöst.

In dem Verzicht auf das Nutzungsrecht ist eine Vermögensübertragung gegen private Versorgungsleistungen zu sehen, sofern die Ablösungsvereinbarung weniger unter dem Gesichtspunkt von Leistung und Gegenleistung, als nach dem Bedarf des V und der Leistungsfähigkeit des übertragenen Betriebs getroffen wird.

---

43 BFH v. 13.10.1993 - X R 86/89 - BStBl 1994 II S. 451 (453)

44 BFH v. 25.11.1992 - X R 34/89 - BFHE Bd. 170 S. 76 (80); v. 25.11.1992 - X R 148/90 - BFH/NV 1993 S. 586 (588) (Herv. im Original)

(b) Wirtschaftsüberlassungsvertrag als "umgekehrt" gleitende Vermögensübergabe

(i) Rechtslage

Als eine Möglichkeit der gleitenden Hofnachfolge wird auch der sog. Wirtschaftsüberlassungsvertrag gesehen.[45] Im Regelfall handelt es sich hierbei um einen schuldrechtlichen Vertrag zur unentgeltlichen Nutzungsüberlassung eines land- und forstwirtschaftlichen Betriebs[46] an den künftigen Erben[47] gegen Übernahme der Versorgung des Hofeigentümers. Der Inhaber eines land- und forstwirtschaftlichen Betriebs überläßt den Hof, ohne selbst das Eigentum an den wesentlichen Grundlagen des Betriebs[48] aufzugeben, seinem späteren Erben derart zur Bewirtschaftung, daß dieser den Hof nunmehr auf eigene Rechnung und Gefahr betreibt.

Für die steuerliche Anerkennung der unentgeltlichen Nutzungsüberlassung ist es unerheblich, ob das Nutzungsverhältnis auch zivilrechtlich als Wirtschaftsüberlassungsvertrag oder als Pachtvertrag ausgestaltet ist. Entscheidend ist der tatsächliche Inhalt der getroffenen Vereinbarung.[49] Die Rechtsprechung des BFH[50] nimmt daher einen Wirtschaftsüberlassungsvertrag im Zweifel[51] auch dann an, wenn dieser aus einem "verunglückten" Pachtvertrag zwischen nahen Angehörigen hervorgegangen ist, d.h. in den Fällen, in denen der Pachtvertrag einkommensteuerrechtlich nicht anzuerkennen ist,

---

45 Vgl. beispielsweise *Pikalo, A.*, DNotZ 1968 S. 69 (76)

46 Nach *Wätzig* (Inf 1982 S. 437) hat der Wirtschaftsüberlassungsvertrag nur in der Landwirtschaft Bedeutung; zu Recht a.A. *Korn, K.*, KÖSDI 1993 S. 9426; vgl. S. 103

47 Das Merkmal des *künftigen Hoferben* ist allerdings keine unabdingbare Voraussetzung für die Annahme eines Wirtschaftsüberlassungsvertrags; vgl. BFH v. 2.2.1989 - IV R 96/87 - BStBl 1989 II S. 504; v. 17.7.1989 - IV R 84/87 - BFH/NV 1990 S. 623; v. 26.11.1992 - IV R 53/92 - BStBl 1993 II S. 395; FG Baden-Württemberg v. 13.7.1990 - IX K 75/84 - EFG 1991 S. 191 (rkr.)

48 Zum Begriff der wesentlichen Betriebsgrundlage vgl. *Biergans, E.*, (Einkommensteuer 1992) S. 133 ff

49 *Felsmann, W.*, (Einkommensbesteuerung) Abschn. A Anm. 694; *Leingärtner, W.*, *Zaisch, H. G.*, (Land- und Forstwirtschaft 1991) S. 686 Rdnr. 1435

50 Vgl. insbesondere die Urteile v. 24.7.1975 - IV R 99/72 - BStBl 1975 II S. 772 und v. 5.2.1976 - IV R 31/74 - BStBl 1976 II S. 335

51 Sofern die Merkmale zur Anerkennung von Wirtschaftsüberlassungsverträgen vorliegen; vgl. S. 23

weil die getroffenen Vereinbarungen einem Fremdvergleich nicht standhalten.[52] Der BFH[53] würdigt den Wirtschaftsüberlassungsvertrag daher als einen "... gemischten Vertrag zur Einleitung der endgültigen Hofübergabe ... mit stark ausgeprägten Pachtelementen ...." Der Unterschied zum Pachtvertrag besteht lediglich darin, daß der Hofeigentümer anstelle der Pachtzinsen *Versorgungsleistungen* vom Nutzungsberechtigten erhält.[54]

Die einkommensteuerrechtliche Beurteilung des Wirtschaftsüberlassungsvertrags, die "... auf einer Gesamtanalogie zu den für Betriebsverpachtung und vorweggenommene Erbfolge maßgebenden Vorschriften und Rechtsgrundsätzen"[55] beruht, basiert auf den beiden Grundsatzentscheidungen des IV. Senats des BFH vom 24.7.1975[56] und vom 5.2.1976.[57]

Danach liegt ein Wirtschaftsüberlassungsvertrag nur vor, wenn dem Nutzungsberechtigten

(1) das alleinige Nutzungsrecht[58] am land- und forstwirtschaftlichen Betrieb bis zum Eintritt des Erbfalls, zumindest aber nicht nur für einen vorübergehenden Zeitraum[59] nach außen hin erkennbar eingeräumt,

(2) das Eigentum am lebenden und toten Inventar entgeltlich oder unentgeltlich übertragen oder zumindest die volle Verfügungsmacht am Inventar, z.B. nach Maßgabe der für die Verpachtung mit eisernem Inventar geltenden Grundsätze, zugestanden und

(3) die alleinige Entscheidungsbefugnis über sämtliche zur Führung des Betriebs erforderlichen Maßnahmen überlassen wird.

---

52 Zur Abgrenzung zwischen Pachtvertrag und Wirtschaftsüberlassungsvertrag vgl. ausführlich *Pape, M.*, Inf 1991 S. 49

53 Urteil v. 11.3.1965 - IV 60/61 U - BStBl 1965 III S. 286 (287)

54 BFH v. 5.2.1976 - IV R 31/74 - BStBl 1976 II S. 335; v. 23.1.1992 - IV R 104/90 - BStBl 1993 II S. 327

55 *Kanzler, H.-J.*, FR 1992 S. 239

56 IV R 99/72 - BStBl 1975 II S. 772

57 IV R 31/74 - BStBl 1976 II S. 335

58 Gemeint ist damit die Übertragung des originären Fruchtziehungsrechts; die Nutzung durch Vermietung und Verpachtung genügt zur Anerkennung eines Wirtschaftsüberlassungsvertrags nicht; vgl. BFH v. 26.8.1993 - IV B 32/93 - BFH/NV 1994 S. 539

59 Der BFH (Urteil v. 24.7.1975 - IV R 99/72 - BStBl 1975 II S. 772 (774); v. 5.2.1976 - IV R 31/74 - BStBl 1976 II S. 335) hat einen vorübergehenden Zeitraum von neun und zwölf Jahren als ausreichend angesehen.

Die Möglichkeit der zeitlich befristeten und nicht auf den Eintritt des Erbfalls ausgerichteten Überlassung hat zur Folge, daß - bei Vorliegen der übrigen Voraussetzungen[60] - unter den Typus des Wirtschaftsüberlassungsvertrags auch solche Sachverhalte subsumiert werden, bei denen der Nutzungsberechtigte nicht der zukünftige Hoferbe ist.[61] Ein Wirtschaftsüberlassungsvertrag liegt deshalb auch dann vor, wenn die Überlassung des land- und forstwirtschaftlichen Betriebs nicht an den potentiellen Erben, sondern an andere Angehörige erfolgt.[62] Daher ist nach Ansicht des BFH[63] nach den Grundsätzen des Betriebsüberlassungsvertrags auch in den Fällen zu verfahren, in denen ein minderjähriges Kind als Hofeigentümer die Bewirtschaftung des Betriebs seinen Eltern auf deren Rechnung und Gefahr überläßt, oder ein derartiger Vertrag mit den Geschwistern des Hofeigentümers[64] oder seinem Ehegatten[65] abgeschlossen wird.

(ii) Stellungnahme

Bei der einkommensteuerrechtlichen Beurteilung eines Wirtschaftsüberlassungsvertrags ist danach zu differenzieren, ob ein *typischer*[66] oder ein *atypischer*[67] Wirtschaftsüberlassungsvertrag vorliegt.

Eine Analogie zur vorweggenommenen Erbfolge gegen Versorgungsleistungen kann *m.E.* nur beim *typischen Wirtschaftsüberlassungsvertrag* hergestellt werden. Denn abgesehen davon, daß selbst der typische Wirtschaftsüberlassungsvertrag keine Vermögensübergabe gegen Versorgungsleistungen, sondern lediglich "... die Vorstufe zur Vermögensübertragung im Wege

60 Zum Inhalt der einzelnen Voraussetzungen vgl. ausführlich *Kanzler, H.-J.*, FR 1992 S. 239

61 A.A. *Wätzig, M.*, Inf 1982 S. 437

62 BFH v. 2.2.1989 - IV R 96/87 - BStBl 1989 II S. 504; v. 17.7.1989 - IV R 84/87 - BFH/NV 1990 S. 623; v. 26.11.1992 - IV R 53/92 - BStBl 1993 II S. 395; FG Baden-Württemberg v. 13.7.1990 - IX K 75/84 - EFG 1991 S. 191 (rkr.)

63 Urteil v. 17.7.1989 - IV R 84/87 - BFH/NV 1990 S. 623

64 FG Baden-Württemberg v. 13.7.1990 - IX K 75/84 - EFG 1991 S. 191 (rkr.)

65 BFH v. 26.11.1992 - IV R 53/92 - BStBl 1993 II S. 395; auf das Abgrenzungsproblem zwischen Wirtschaftsüberlassungsvertrag und stillschweigend vereinbarter Innengesellschaft und damit Mitunternehmerschaft zwischen Landwirtseheleuten wird in diesem Zusammenhang nicht näher eingegangen.

66 Der Nutzungsberechtigte ist zugleich künftiger Hoferbe.

67 Der Nutzungsberechtigte ist nicht zugleich künftiger Hoferbe.

vorweggenommener Erbfolge"[68] darstellt, kann in den Fällen, in denen der Nutzungsberechtigte nicht zugleich künftiger Hoferbe wird, von einem - die Vorwegnahme des Erbfalls kennzeichnenden - Nachrücken der *nachfolgenden Generation* in eine die Existenz wenigstens teilweise begründende Wirtschaftseinheit, keine Rede sein. Im Unterschied zum klassischen Fall der zeitlich gestreckten Vermögensübergabe beinhaltet der typische Wirtschaftsüberlassungsvertrag allerdings eine *"umgekehrt" gleitende Vermögensübergabe*. Denn während im klassischen Fall der gleitenden Vermögensübergabe der "Übertragungsakt" bereits vollzogen ist, verbleibt beim Wirtschaftsüberlassungsvertrag das Eigentum an den wesentlichen Grundlagen des Betriebs beim (künftigen) Übergeber, der (voraussichtliche) Erbe ist lediglich Nutzungsberechtigter.

Unterschied zwischen "klassischer" und "umgekehrt" gleitender Vermögensübergabe

	Eigentum	***Nutzungsrecht***
"Klassische" gleitende Vermögensübergabe	Übernehmer	Übergeber
"Umgekehrt" gleitende Vermögensübergabe	Übergeber	Übernehmer

Übersicht 2: "Klassische" versus "umgekehrt" gleitende Vermögensübergabe

Der Tatsache, daß im Falle der "umgekehrt" gleitenden Vermögensübergabe private Versorgungsleistungen bereits anerkannt werden, bevor das Vermögen auf den künftigen Erben übertragen wird, ist *m.E.* durch eine vorläufige Steuerfestsetzung gem. § 165 Abs. 1 S. 1 AO Rechnung zu tragen. Denn zu-

68 *Kanzler, H.-J.*, NWB F. 3 d S. 537 (538)

nächst ist ungewiß, ob die Vereinbarung letztendlich alle konstitutiven Merkmale eines Übergabevertrags, wozu insbesondere die Übertragung des Vermögens gehört, erfüllt. Die Vorläufigkeit ist erst dann aufzuheben,[69] wenn das Eigentum an den wesentlichen Grundlagen des Betriebs auf den bisherigen Nutzungsberechtigten übertragen wird.[70]

Beispiel:

Der Landwirt M überläßt seinen land- und forstwirtschaftlichen Betrieb, ohne selbst das Eigentum an den wesentlichen Grundlagen des Hofs aufzugeben, seinem Sohn und voraussichtlich künftigen Erben S zur eigenverantwortlichen Bewirtschaftung. Da er S nicht mit einem marktüblichen Pachtzins belasten will, sichert er seine Versorgung lediglich durch herkömmliche Altenteilsleistungen (z.B. Beköstigung und geringe Barzahlungen).

Die Altenteilsleistungen sind bei S als Sonderausgaben abzugsfähig, M hat korrespondierend hierzu wiederkehrende Bezüge zu versteuern. Die Veranlagungen sind gem. § 165 Abs. 1 S. 1 AO vorläufig durchzuführen.

Insofern als hinsichtlich der Beurteilung der einkommensteuerrechtlichen Folgen eines Wirtschaftsüberlassungsvertrags[71] bezüglich etwaiger Versorgungsleistungen die Rechtsgrundsätze der unentgeltlichen Übertragung von Vermögen im Wege der vorweggenommenen Erbfolge auch dann gelten sollen, wenn ein *atypischer Wirtschaftsüberlassungsvertrag* vorliegt, kann dieser Ansicht *m.E.* nicht gefolgt werden. Denn von einer Analogie zur vorweggenommenen Erbfolge kann nicht die Rede sein, wenn das Vermögen letztendlich nicht auf den künftigen Erben übertragen wird. Hinsichtlich der steuerlichen Behandlung der vom Nutzungsberechtigten für die Betriebsüberlassung im Rahmen einer *nicht der vorweggenommenen Erbfolge auf Probe* dienenden Gestaltung zu erbringenden Gegenleistungen sind daher die Kriterien, die für den typischen Wirtschaftsüberlassungsvertrag gelten, nicht anwendbar. Da in diesen Fällen selbst ein der Vermögensübergabe im Wege der vorweggenommenen Erbfolge wirtschaftlich vergleichbarer Vorgang nicht vorliegt, kann es sich bei den vom Nutzungsberechtigten für die Betriebsüberlassung zu erbringenden Gegenleistungen nicht um altenteils-

69 § 165 Abs. 2 S. 2 AO
70 Vgl. hierzu auch S. 105
71 Vgl. hierzu ausführlich S. 103 ff

ähnliche Leistungen handeln.[72] Sofern die Leistungen des Nutzungsberechtigten daher nicht als Pachtzahlungen zu qualifizieren sind, sind *m.E.* steuerlich irrelevante Zuwendungen anzunehmen, die aus dem Verwandtschaftsverhältnis resultieren.[73]

II. Anerkennung von Versorgungsleistungen im Zusammenhang mit Erwerben von Todes wegen

(1) Testamentarisch angeordnete Versorgungsleistungen

Da der Rechtsgrund für die Begründung privater Versorgungsleistungen neben einem Vertrag unter Lebenden (vorweggenommene Erbfolge) auch eine Verfügung von Todes wegen (Erbeinsetzung und Vermächtnis) sein kann,[74] sind wiederkehrende Leistungen (Renten und dauernde Lasten), die ein Erbe aufgrund eines Vermächtnisses an einen Dritten[75] zu zahlen hat, als Sonderausgaben abzugsfähig, sofern diesen der "... *Charakter einer Versorgungsleistung* beizumessen ist."[76] Nach Ansicht des X. Senats des BFH[77] wird eine erbrechtliche Version der Vermögensübergabe gegen private Versorgungsleistungen insbesondere dann anzunehmen sein, wenn der Erblasser seinen Erben (Vermächtnisnehmern)[78] auferlegt, den überlebenden Ehegatten und/oder andere erbberechtigte Abkömmlinge[79] aus dem ihnen an

---

72 Gl.A. *Leingärtner, W., Zaisch, H. G.*, (Land- und Forstwirtschaft 1991) S. 689 Rdnr. 1439; a.A. *Kanzler, H.-J.*, FR 1992 S. 239 (244)

73 A.A. *Leingärtner, W., Zaisch, H. G.*, (Land- und Forstwirtschaft 1991 S. 689 Rdnr. 1439), die eine Verrechnung mit dem Wert des Nutzungsrechts vornehmen wollen.

74 RFH v. 27.11.1929 - VI A 1015/29 - StuW 1930 II Nr. 242; v. 8.8.1934 - VI A 2012/32 - StuW 1934 II Nr. 654; BFH v. 27.2.1992 - X R 139/88 - BStBl 1992 II S. 612 (613); v. 26.1.1994 - X R 54/92 - BFHE Bd. 173 S. 360; vgl. die Ausführungen auf S. 9

75 Zum berechtigten Personenkreis vgl. S. 40 ff

76 *Biergans, E., Koller, A.*, DStR 1993 S. 741 (749) (Herv. im Original); gl.A. *Fischer, P.*, FR 1992 S. 765; *Schmidt, L.*, FR 1992 S. 548

77 Urteile v. 27.2.1992 - X R 139/88 - BStBl 1992 II S. 612 (613); v. 26.1.1994 - X R 54/92 - BFHE Bd. 173 S. 360

78 Nach § 2147 S. 1 BGB kann ein Vermächtnisnehmer mit einem sog. Untervermächtnis beschwert werden.

79 Hier wird allerdings zu beachten sein, daß Geschwister und andere erbberechtigte Abkömmlinge im Zweifel gleichgestellt, und nicht aus dem ihnen an sich zustehenden Erbanteil versorgt werden wollen, so daß im Zweifel kein dem Rechtstypus der Ver-

sich zustehenden, existenzsichernden Vermögen[80] zu versorgen. Sofern dies allerdings nur dann gelten soll, wenn der durch die Vermächtniszahlungen Begünstigte der Versorgung bedarf, weil er neben dem Rentenvermächtnis generell kein existenzsicherndes Vermögen aus der Erbmasse erhalten hat,[81] kann dem nicht gefolgt werden.[82] Es besteht kein Grund, bei der Beurteilung von Rentenvermächtnissen - in Abweichung zu den vorweggenommenen Erbfolgeregelungen im engeren Sinne[83] - auf ein Versorgungsbedürfnis auf seiten des Berechtigten abzustellen. Die rechtliche Qualifizierung einer Vermächtnisrente kann daher *m.E.* nicht davon abhängig gemacht werden, ob der Berechtigte zusätzlich existenzsicherndes Vermögen erhalten hat oder nicht.

Vom Sonderfall der *erbrechtlichen Version der Vermögensübergabe gegen private Versorgungsleistungen* abgesehen, sind wiederkehrende Leistungen (Renten und dauernde Lasten), die ein Erbe aufgrund eines Vermächtnisses an einen Dritten zu zahlen hat, nach der Rechtsprechung des BFH[84] nicht als Renten oder dauernde Lasten unter den Sonderausgaben i.S.d. § 10 Abs. 1 Nr. 1 a EStG abzugsfähig. Der BFH[85] begründet dies in zweierlei Hinsicht: Zum einen stehe dem Abzug der vermächtnisweise auferlegten Renten und dauernden Lasten die Vorschrift des § 12 Nr. 2 EStG entgegen, wonach Zuwendungen aufgrund einer freiwillig begründeten Rechtspflicht nicht abgezogen werden dürfen.[86] Im Hinblick auf das Tatbestandsmerkmal "freiwillig" ist nach Ansicht des BFH[87] nämlich nicht auf die Person des Er-

---

mögensübergabe vergleichbarer Sachverhalt gegeben ist; *Fischer, P.*, (Wiederkehrende Bezüge 1994) Rdnr. 276

80 Zum Begriff der Wirtschaftseinheit vgl. S. 42 ff

81 BFH v. 26.1.1994 - X R 54/92 - BFHE Bd. 173 S. 360

82 Kritisch hierzu auch *Schmidt, L.*, FR 1994 S. 328; vgl. ebenso *Paus, B.*, BB 1994 S. 1759 ff

83 BFH v. 23.1.1992 - XI R 6/87 - BStBl 1992 II S. 526 (527 f); v. 29.4.1992 - XI R 7/85 - BFH/NV 1992 S. 734 (736); vgl. die Ausführungen auf S. 15 ff, 49

84 Urteil v. 27.2.1992 - X R 139/88 - BStBl 1992 II S. 612

85 Urteil v. 27.2.1992 - X R 139/88 - BStBl 1992 II S. 612

86 § 10 Abs. 1 Nr. 1 a EStG steht nicht unter dem "soweit - Vorbehalt" des § 12 EStG; BFH v. 13.8.1985 - IX R 10/80 - BStBl 1985 II S. 709

87 Urteil v. 27.2.1992 - X R 139/88 - BStBl 1992 II S. 612; gl.A. FG Münster v. 25.3.1980 - VI 1398/76 E - EFG 1980 S. 441 (rkr.); FG Köln v. 20.12.1984 - VIII 120/79 E und VIII 19/81 E - EFG 1985 S. 494 (rkr.); *Fischer* in: *Kirchhof/Söhn*, § 22 EStG Rdnr. B 362; *Jansen, R., Wrede, F.*, (Renten 1992) Rdnr. 122, 486

ben, sondern auf die des Erblassers abzustellen, da die dem Erben auferlegte Verpflichtung "... allein durch den erklärten Willen des Erblassers inhaltlich und rechtlich bestimmt"[88] ist. Handelt es sich daher aus der Sicht des Erblassers um eine freiwillig begründete Rechtspflicht, geht diese "Freiwilligkeit" im Zuge der Gesamtrechtsnachfolge[89] auf den Erben über. Auf die Frage, *wer* die Verpflichtung erfüllt, soll es nicht ankommen.[90]

Gegen die Abzugsfähigkeit der Vermächtniszahlungen spricht nach Ansicht des BFH[91] auch, "... daß im Hinblick auf den erhaltenen Verrechnungswert wirtschaftlich keine als Sonderausgabe abziehbare *Last* vorliegt." Da das Vermächtnis "aus dem Nachlaß" zu entrichten ist,[92] wird der Erbe durch die Auszahlung der Vermächtnisrente wirtschaftlich nicht belastet;[93] er erhält quasi das Nachlaßvermögen von vornherein geschmälert um den Wert der Vermächtnisansprüche. Denn solange die Aufwendungen den Wert des Nachlasses nicht übersteigen, würde ein Abzug der Vermächtniszahlungen dem Prinzip der Besteuerung nach der Leistungsfähigkeit widersprechen,[94] wonach Vermögensumschichtungen steuerlich unbeachtlich sind.[95] Eine Vermögensumschichtung liegt zwar nur in Höhe des Tilgungsanteils vor. Allerdings kommt ein Abzug des in den Vermächtnisrenten enthaltenen Ertragsanteils nach Meinung des BFH[96] ebenfalls nicht in Betracht, weil bei der im Ergebnis vom Erblasser zugewendeten Rente "... nicht nur der ... Vermögensstamm, sondern auch der *Zinsanteil* freiwillig bzw. auf Grund freiwillig begründeter Rechtspflicht zugewendet wird." Diese Sichtweise ist insofern konsequent, als im Hinblick auf die Anwendung des § 12 Nr. 2

88 Urteil v. 27.2.1992 - X R 139/88 - BStBl 1992 II S. 612 (615)

89 § 1922 Abs. 1 BGB

90 Dagegen kann nach Auffassung von *Biergans* (Renten 1993 S. 237 f) aufgrund des Subjektcharakters der Einkommensteuer die Qualifikation der Zahlungen nur *aus der Sicht des belasteten Erben* vorgenommen werden.

91 Urteil v. 27.2.1992 - X R 139/88 - BStBl 1992 II S. 612 (613) (Herv. im Original)

92 §§ 1975 ff BGB

93 Vgl. auch BFH v. 26.1.1994 - X R 54/92 - BFHE Bd. 173 S. 360

94 BFH v. 4.4.1989 - X R 14/85 - BStBl 1989 II S. 779 ("Grabpflegekostenurteil")

95 Der BFH verkennt dabei, daß das Prinzip der Besteuerung nach der Leistungsfähigkeit im Bereich der Sonderausgaben keine Gültigkeit beanspruchen kann; vgl. hierzu insbesondere *Biergans, E., Stockinger, R.*, FR 1982 S. 1 (6)

96 Urteil v. 27.2.1992 - X R 139/88 - BStBl 1992 II S. 612 (615) (Herv. im Original)

EStG ebenfalls nicht auf die Person des Erben, sondern auf die Person des Erblassers abgestellt wird.[97]

(2) Verzicht auf Erwerbe von Todes wegen gegen wiederkehrende Zahlungen

(a) Zu Lebzeiten des Erblassers

(i) Rechtslage

Verzichtet ein Berechtigter zu Lebzeiten des (potentiellen) Erblassers gegen Gewährung von wiederkehrenden Zahlungen auf seine Erb-[98] und Pflichtteilsansprüche, ist nach Ansicht des VIII. Senats des BFH[99] nicht von einem entgeltlichen Rechtsgeschäft auszugehen, weil in der vor Eintritt des Erbfalls weder übertragbaren noch pfändbaren Erwerbschance keine zur Wertverrechnung[100] geeignete gegenwärtige geldwerte Vermögensposition zu sehen ist. Andererseits soll der Erb- und Pflichtteilsverzicht gewichtig genug sein, um als "Gegenleistung" das Abzugsverbot des § 12 Nr. 2 EStG auszuschließen.[101] Im Gegensatz zu den privaten Versorgungsleistungen gilt dies sogar ohne Überprüfung anhand der 50% - Grenze,[102] d.h. eine Berücksichtigung des Wertverhältnisses von Leistung (Barwert der wiederkehrenden Zahlungen) und Gegenleistung (Wert des Erb- oder Pflichtteilsverzichts) findet nicht statt.[103] Hinsichtlich der steuerlichen Behandlung der für

97 Vgl. hierzu allerdings kritisch Fn. 90 auf S. 29

98 Den Erbansprüchen gleichgestellt sind dabei die Erbersatzansprüche nicht - ehelicher Kinder i.S.d. § 1934 a BGB; vgl. auch BFH v. 8.12.1988 - IX R 157/83 - BStBl 1989 II S. 282

99 Urteil v. 7.4.1992 - VIII R 59/89 - BStBl 1992 II S. 809 (811)

100 Zur Wertverrechnung vgl. die grundsätzlichen Ausführungen auf S. 4 sowie S. 110 ff

101 RFH v. 30.3.1938 - VI 197/38 - StuW 1938 II Nr. 233; BFH v. 10.4.1953 - IV 384/52 U - BStBl 1953 III S. 157; v. 4.2.1975 - VIII R 71/70 - BStBl 1975 II S. 529; v. 7.4.1992 - VIII R 59/89 - BStBl 1992 II S. 809 (812); vgl. auch *Conradi* in: *Littmann/Bitz/Hellwig*, § 12 EStG Rn. 141; *Arndt* in: *Kirchhof/Söhn*, § 12 EStG Rdnr. C 13; *Mathiak, W.*, (LSW Gruppe 3 S. 3903) vertritt zu Recht die Auffassung, daß das Urteil v. 7.4.1992 zwar vorgibt, "... der wirtschaftlichen Betrachtungsweise zum Durchbruch zu verhelfen. In Wirklichkeit betreibt es aber Haarspalterei."

102 Generell zur Überprüfung anhand der 50% - Grenze vgl. die Ausführungen auf S. 110 ff

103 BFH v. 7.4.1992 - VIII R 59/89 - BStBl 1992 II S. 809 (812)

den Erb- und Pflichtteilsverzicht vereinbarten wiederkehrenden Zahlungen nimmt der VIII. Senat des BFH[104] eine Parallelwertung zur Vermögensübergabe gegen private Versorgungsleistungen vor.[105] Der Verpflichtete (potentieller Erblasser) kann deshalb die wiederkehrenden Zahlungen von Beginn an als Sonderausgaben gem. § 10 Abs. 1 Nr. 1 a EStG absetzen, beim Berechtigten (Verzichtender) sind die Bezüge als sonstige Einkünfte i.S.d. § 22 Nr. 1 EStG zu erfassen.[106]

(ii) Stellungnahme

Der Auffassung des VIII. Senats des BFH[107] kann weder im Hinblick auf die Anwendung der Grundsätze der privaten Versorgungsleistungen noch hinsichtlich der Ablehnung eines veräußerungsähnlichen Rechtsgeschäfts[108] gefolgt werden. Die bisherige Rechtsprechung[109] hat zwar - wie der VIII. Senat ausführt[110] - im Erb- bzw. Pflichtteilsverzicht generell einen Fall der vorweggenommenen Erbfolge gesehen und den Vorgang der familien- und erbrechtlichen Sphäre der Beteiligten zugeordnet. Eine Parallele zur *Vermögensübergabe* im Wege der vorweggenommenen Erbfolge wurde indes nicht gezogen, da weder Vermögen im Wege der vorweggenommenen Erbfolge übergeben wird noch eine erbrechtliche Version der Vermögensübergabe[111] vorliegt.[112] Diese Feststellung trifft sogar der VIII. Senat des BFH,[113] wenn er ausführt, daß aus der Zuordnung des Erb- und Pflichtteilsverzichts zur vorweggenommenen Erbfolge nicht der Vergleich zu den "... *an* den Übergeber geleisteten Abstandszahlungen im Rahmen von Übergabeverträgen ..." gezogen werden darf, da *kein Übergabevertrag* vorliegt.

---

104 Urteil v. 7.4.1992 - VIII R 59/89 - BStBl 1992 II S. 809 (811)

105 Gl.A. *Biergans, E., Koller, A.*, DStR 1993 S. 902 (904)

106 Zur Höhe der abzugsfähigen Sonderausgaben bzw. der sonstigen Einkünfte vgl. die Ausführungen auf S. 99 ff

107 Urteil v. 7.4.1992 - VIII R 59/89 - BStBl 1992 II S. 809

108 Vgl. hierzu die Ausführungen auf S. 123 ff

109 RFH v. 11.8.1937 - VI A 427/37 - StuW 1937 II Nr. 467; v. 30.3.1938 - VI 197/38 - StuW 1938 II Nr. 233; BFH v. 4.2.1975 - VIII R 71/70 - BStBl 1975 II S. 529

110 BFH v. 7.4.1992 - VIII R 59/89 - BStBl 1992 II S. 809 (811)

111 Vgl. S. 27 ff

112 *Fischer* (Wiederkehrende Bezüge 1994 Rdnr. 268) kritisiert daher zu Recht, daß hier eine Versteuerung nach der äußeren Form der Wiederkehr erfolgt.

113 Urteil v. 7.4.1992 - VIII R 59/89 - BStBl 1992 II S. 809 (811) (Herv. im Original)

Dies bedeutet *m.E.* zugleich, daß für die im Rahmen des Erb- und Pflichtteilsverzichts vereinbarten Zahlungen die Grundsätze, die für die Vermögensübergabe gegen Versorgungsleistungen gelten, nicht zur Anwendung kommen können.[114] Denn in allen Fällen, in denen der Rechtsgrund für die wiederkehrenden Zahlungen außerhalb des Rechtsinstituts der Vermögensübergabe unter Vorbehalt von Versorgungsleistungen liegt, sind die Grundsätze des § 12 EStG[115] bzw. - bei Annahme eines veräußerungsähnlichen Geschäfts - diejenigen für Gegenleistungsrenten[116] zu beachten.

Würde man daher der Ansicht des VIII. Senats folgen, daß es sich in der "... ungesicherten Erwerbsaussicht des Erb- und Pflichtteilsberechtigten ..." um keine zur "... Wertverrechnung geeignete Vermögensposition ...,"[117] handelt, so würden sich die Rechtsfolgen nach § 12 Nr. 2 EStG und § 22 Nr. 1 S. 2 EStG bestimmen. Der Verpflichtete (potentieller Erblasser) könnte daher die wiederkehrenden Zahlungen nicht als Sonderausgaben vom Gesamtbetrag seiner Einkünfte abziehen,[118] beim Berechtigten (Verzichtender) wären die wiederkehrenden Bezüge nicht steuerpflichtig.

M.E.[119] kann allerdings die Erwerbschance des Erb- und Pflichtteilsberechtigten - ebenso wie jede andere Anwartschaft auf eine vermögenswerte Position - ein wirtschaftliches Gewicht haben, und damit "... rechtstatsächliche Grundlage und bewertbares Verfügungsobjekt einer vorweggenommenen Erbregelung"[120] sein. Der künftige Erbe hat zwar zu Lebzeiten des Erblassers weder ein gegenwärtiges Recht noch eine schutzfähige Anwartschaft auf sein Erbe.[121] Ein Verzicht auf einen realen Vermögenswert und damit eine Gegenleistung liegt allerdings insofern vor, als der Erb- und Pflichtteil

---

114 Davon abgesehen, daß der Pflichtteilsanspruch ein reiner Geldanspruch ist und "Geld" nach Ansicht des BFH keine Wirtschaftseinheit darstellt; vgl. hierzu allerdings die Ausführungen auf S. 121 f

115 BFH v. 15.7.1991 - GrS 1/90 - BStBl 1992 II S. 78

116 BFH v. 15.7.1991 - GrS 1/90 - BStBl 1992 II S. 78; vgl. hierzu die grundsätzlichen Ausführungen auf S. 4 sowie S. 123 ff

117 BFH v. 7.4.1992 - VIII R 59/89 - BStBl 1992 II S. 809 (811)

118 § 10 Abs. 1 Nr. 1 a EStG steht nicht unter dem "soweit" - Vorbehalt des § 12 EStG.

119 Gl.A. *Biergans, E.*, *Koller, A.*, DStR 1993 S. 902 (905); ausdrücklich offengelassen durch den X. Senat des BFH im Urteil v. 26.11.1992 - X R 187/87 - BStBl 1993 II S. 298 (300)

120 *Fischer, P.*, FR 1992 S. 627

121 Zu beachten ist allerdings der Pflichtteilsergänzungsanspruch des § 2325 BGB.

durch die Einräumung der wiederkehrenden Zahlungen *abgegolten* wird.[122] Die für den Erb- und Pflichtteilsverzicht vereinbarten Abfindungszahlungen sind daher nach den für Gegenleistungsrenten geltenden Grundsätzen in einen steuerfreien Tilgungs- und einen steuerpflichtigen Zins/Ertragsanteil[123] aufzuspalten.

(b) Nach dem Tode des Erblassers

(i) Erbauseinandersetzung als vorweggenommene Erbfolgeregelung

Vermögensübertragungen von Todes wegen sind nach der Rechtsprechung des BFH[124] grundsätzlich[125] unentgeltliche Rechtsgeschäfte. Den gedanklichen Ursprung dieses Unentgeltlichkeitsdogmas bildet die Vorstellung, daß der Erwerb durch Erbanfall privater Natur ist und der Erbe als Gesamtrechtsnachfolger[126] einkommensteuerlich quasi die Person des Erblassers fortsetzt.[127] Nach der früheren Auffassung galt diese "Unentgeltlichkeit"

---

122 *Ebenroth, C. T., Fuhrmann, L.*, BB 1989 S. 2049 (2053); *Kipp/Coing*, (Erbrecht 1990) § 82 VI; *Leipold, D.*, (Erbrecht 1993) Rz. 407; *Pühringer, J.*, BB 1989 - Beilage 6 zu Heft 9 S. 1 (6 f)

123 Bei nicht gleichbleibenden (abänderbaren) Leistungen tritt die Steuerwirksamkeit der Zahlungen nach bisheriger Rechtsprechung (vgl. S. 110 ff) erst nach Aufrechnung mit dem Wert der Gegenleistung (hier: Verzicht auf Erb- und Pflichtteilsanspruch) ein. Folgt man dagegen der Ansicht des X. Senats des BFH (vgl. die Ausführungen auf S. 112 ff) ist - unabhängig von der Form der wiederkehrenden Zahlungen - von Beginn der Zahlungen an eine Aufteilung in einen steuerpflichtigen Zins- und einen steuerfreien Tilgungsanteil vorzunehmen; vgl. zu dieser Problematik die Ausführungen auf S. 112 ff, 125 ff analog

124 Urteile v. 13.12.1957 - VI 234/56 U - BStBl 1958 III S. 72; v. 6.10.1959 - I 115/59 U - BStBl 1960 III S. 2; v. 12.2.1960 - IV 184/58 U - BStBl 1960 III S. 172; v. 20.1. 1966 - IV 377/61 - BStBl 1966 III S. 312; v. 21.2.1973 - IV R 58/72 - BStBl 1973 II S. 317; v. 26.3.1981 - IV R 130/77 - BStBl 1981 II S. 614

125 Ausnahme: Vermächtnis mit Gegenleistung; vgl. BMF-Schreiben v. 11.1.1993, BStBl 1993 I S. 62 Tz. 71

126 Gesamtrechtsnachfolge bedeutet, daß das Vermögen ipso iure "als Ganzes" unmittelbar und von selbst, d.h. ohne rechtsgeschäftliche Übertragung, auf den Erben übergeht; vgl. *Palandt/Edenhofer*, § 1922 BGB Rn. 6

127 Zur Kritik bzgl. der Annahme, bürgerlich-rechtliche Gesamtrechtsnachfolge löse einkommensteuerliche Rechtsfolgen aus vgl. insbesondere *Biergans, E.*, (Einkommensteuer 1992) S. 1040 ff; *Kemmer, M.*, (Teilentgeltliche Rechtsgeschäfte 1987) S. 97 ff

auch für die Erbauseinandersetzung. Der BFH[128] ging davon aus, daß Erbfall und Erbauseinandersetzung in einkommensteuerlicher Sicht eine Einheit bilden,[129] und ließ - in bewußter Abweichung vom zivilen Recht - außer Betracht, daß Erbfall und Erbauseinandersetzung "... rechtlich, tatsächlich und wirtschaftlich verschiedene Vorgänge sind."[130] Mit Beschluß vom 5.7.1990 gab der Große Senat des BFH[131] diese Einheitsbetrachtung auf. Seither stellt die Erbauseinandersetzung - unabhängig von der Dauer der Existenz der Erbengemeinschaft und der Art des übertragenen Vermögens - einen eigenständigen, dem Erbfall nachgelagerten Vorgang dar. Demzufolge stellen Abfindungszahlungen an weichende Erben - soweit diese nicht dem Wert übernommener liquider Mittel des Nachlasses entsprechen[132] - ein Entgelt für den Erwerb des Erbanspruchs dar, und zwar unabhängig davon, ob die Leistungen aus dem erlangten Nachlaßvermögen oder aus anderen Mitteln erbracht werden. Dies gilt auch, wenn die Abfindung in Form von wiederkehrenden Zahlungen erfolgt, wobei es ohne Bedeutung ist, ob die Verrentung aufgrund einer Anordnung des Erblassers oder aufgrund einer Vereinbarung zwischen den Miterben zustande kommt.[133] Bei den im Rahmen einer Erbauseinandersetzung vereinbarten *wiederkehrenden Abfindungszahlungen* an weichende Erben handelt es sich daher um Gegenleistungsrenten, für die die Grundsätze der Veräußerung von Betriebs- und/oder Privatvermögen gegen wiederkehrende Zahlungen gelten.[134]

---

128 BFH v. 7.2.1980 - IV R 178/76 - BStBl 1980 II S. 383; v. 19.5.1983 - IV R 138/79 - BStBl 1983 II S. 380; v. 31.1.1985 - IV R 58/82 - BFH/NV 1986 S. 16

129 Eine Ausnahme hiervon war nur dann gegeben, wenn die Erben - bei der Auseinandersetzung über Betriebsvermögen - zwischen Erbfall und Erbauseinandersetzung zu Mitunternehmern wurden; vgl hierzu im einzelnen *Wasmer, C.*, (Zurechnung 1985) S. 90 ff; eine Einschränkung des Unentgeltlichkeitsdogmas setzte 1985 der IX. Senat des BFH (Urteil v. 9.7.1985 - IX R 49/83 - BStBl 1985 II S. 722) durch, wonach die Erbauseinandersetzung über Privatvermögen insoweit entgeltlich war, als der übernehmende Miterbe hierfür Vermögenswerte einsetzte, die über seinen Anteil am Nachlaß hinausgingen; vgl. auch BMF-Schreiben v. 31.12.1988, BStBl 1988 I S. 546

130 *Stuhrmann, G.*, (Erlasse 1993) S. 7 Rdnr. 1

131 GrS 2/89 - BStBl 1990 II S. 837

132 Nach Ansicht der Finanzverwaltung handelt es sich hierbei um keinen entgeltlichen Vorgang, weil wirtschaftlich ein Leistungsaustausch "Geld gegen Geld" vorliegt; BMF-Schreiben v. 11.1.1993, BStBl 1993 I S. 62 Tz. 31 (mit Beispiel)

133 BFH v. 26.11.1992 - X R 187/87 - BStBl 1993 II S. 298

134 Zur steuerlichen Behandlung vgl. *Biergans, E.*, (Renten 1993) Teil V sowie analog die Ausführungen auf S. 123 ff

Die Vereinbarung wiederkehrender Zahlungen im Wege einer Erbauseinandersetzung führt nach Ansicht von *Biergans/Koller*[135] allerdings zur Annahme von privaten Versorgungsleistungen, wenn in der "... Erbauseinandersetzung zwischen dem überlebenden Elternteil und dessen erbberechtigten Kindern ... gleichzeitig eine vorweggenommene Erbfolgeregelung über das Vermögen des überlebenden Ehegatten liegt." Denn in diesem Fall handelt es sich bei den wiederkehrenden Zahlungen nicht um die zeitlich gestreckte Auszahlung eines Abfindungsanspruchs, sondern um im Zuge einer Vermögensübergabe eingeräumte private Versorgungsleistungen.

Beispiel:

Der Nachlaß des V besteht aus einem Mietshaus und einem Wertpapierdepot im Wert von jeweils DM 5 Mio. Als Erben setzt V seinen einzigen Sohn S und seine Ehefrau A ein. Im Testament ist angeordnet, daß S die Wertpapiere, A das Mietshaus bekommen soll. Da A sich aufgrund ihres bereits fortgeschrittenen Alters nicht in der Lage sieht, die Verwaltung des Mietshauses zu übernehmen, verzichtet sie auf ihren Erbanspruch zugunsten des S gegen Zahlung einer lebenslänglichen Rente. Bei den Zahlungen handelt es sich der Vermutung nach um private Versorgungsleistungen.

(ii) Erbrechtliche Version der gleitenden Vermögensübergabe

Ebenso wie die Übernahme von *Erblasserschulden*, d.h. von Schulden, deren Entstehungstatbestand noch der Sphäre des Erblassers zuzurechnen ist,[136] stellt auch die Erfüllung von *Erbfallschulden*, d.h. von Schulden, die in der Person des Erben durch den Erbfall entstanden sind,[137] kein Entgelt für den Vermögenserwerb dar.[138]

---

135 DStR 1993 S. 902 (905)

136 § 1967 Abs. 2 BGB; *Brox, H.*, (Erbrecht 1993) Rdnr. 625

137 § 1967 Abs. 2 BGB; *Brox, H.*, (Erbrecht 1993) Rdnr. 626

138 BFH v. 2.4.1987 - IV R 92/85 - BStBl 1987 II S. 621; v. 17.10.1991 - IV R 97/89 - BStBl 1992 II S. 392 (396); v. 14.4.1992 - VIII R 6/87 - BStBl 1993 II S. 275; mit Urteil v. 2.3.1993 (VIII R 47/90 - BFHE Bd. 170 S. 566) und v. 25.11.1993 (IV R 66/93 - BStBl 1994 II S. 623) wurde auch die sog. Sekundärfolgerechtsprechung aufgegeben, wonach Schuldzinsen, die für Kredite zu entrichten waren, welche ein Erbe zur Tilgung von Erbfallschulden aufgenommen hatte, als Betriebsausgaben oder Werbungskosten abzugsfähig waren. Die entgegenstehende Auffassung im BMF-Schreiben v. 11.1.1993 (BStBl 1993 I S. 62 Tz. 70) ist somit überholt. Zur Kritik am "Un-

Während der oder die Erben den Nachlaß zur gesamten Hand erwerben, sind beispielsweise *Pflichtteilsberechtigte, Vermächtnisnehmer* oder *Inhaber eines Erbersatzanspruchs* nicht gesamthänderisch am Nachlaß beteiligt, sondern Nachlaßgläubiger. Sie erwerben gegen die Erben[139] mit dem Erbfall lediglich einen schuldrechtlichen Anspruch auf Übereignung der vermachten Sache bzw. auf Zahlung eines Geldbetrags (Pflichtteils- und Erbersatzansprüche sowie Geldvermächtnisse).[140] Dasselbe gilt für die *Zugewinnausgleichsforderung* des überlebenden Ehegatten, wenn dieser weder Erbe wird[141] noch mit einem Vermächtnis bedacht ist[142] bzw. die Erbschaft oder das Vermächtnis ausschlägt.[143] Da in diesen Fällen der Zugewinn auf Verlangen des überlebenden Ehegatten ebenso, wie wenn der Güterstand nicht durch den Tod beendet worden wäre, ausgeglichen wird, hat der überlebende Ehegatte - im Gegensatz zur erbrechtlichen Lösung[144] - keinen Anspruch auf dingliche Beteiligung am Zugewinn, sondern lediglich eine auf Geld gerichtete persönliche Forderung gegen die Erben.[145] Ähnliches gilt für den mit einer *Auflage* Begünstigten. Allerdings wird bei der Auflage der Erbe oder Vermächtnisnehmer zu einer Leistung verpflichtet, auf die der Auflagenbegünstigte keinen klagbaren Rechtsanspruch hat.[146] Der Anspruch auf Vollziehung der Auflage kann daher nur durch Dritte, z.B. durch den Testamentsvollstrecker geltend gemacht werden.

---

entgeltlichkeitsdogma des Erbfalls" vgl. *Biergans, E.*, (Einkommensteuer 1992) S. 1040 ff; *Kemmer, M.*, (Teilentgeltliche Rechtsgeschäfte 1987) S. 82 ff

139 Allerdings kommen für die Beschwerung mit einem Vermächtnis neben den Erben auch der Vermächtnisnehmer (sog. Untervermächtnis § 2147 S. 1 BGB) und derjenige dem nach § 1934 b BGB ein Erbersatzanspruch zusteht (*Frank* in: *MünchKomm*, § 2306 Rdnr. 19) in Betracht.

140 Hinsichtlich des Anspruchs auf einen Geldbetrag ähnelt der Erbersatz- dem Pflichtteilsanspruch. Während der Erbersatzanspruch allerdings in Höhe des Werts des gesetzlichen Erbteils besteht (§ 1934 a Abs. 1 BGB), ist der Pflichtteilanspruch auf die Zahlung der Hälfte des gesetzlichen Erbteils begrenzt; vgl. im einzelnen *Brox, H.*, (Erbrecht 1993) Rdnr. 76

141 BGH v. 21.3.1962 - IV ZR 251/61 - BGHZ Bd. 37 S. 58

142 BGH v. 25.6.1964 - III ZR 90/63 - BGHZ Bd. 42 S. 182; der Ausschluß der Erbfolge erfolgt i.d.R. durch Verfügung von Todes wegen; im einzelnen vgl. *Palandt/Diederichsen*, § 1371 BGB Rn. 18

143 *Brox, H.*, (Erbrecht 1993) Rdnr. 626; *Palandt/Diederichsen*, § 1371 BGB Rn. 18 mit Verweis auf Rn. 15; *Palandt/Edenhofer*, § 1967 BGB Rn. 4

144 § 1371 Abs. 1 BGB

145 *Palandt/Diederichsen*, § 1378 BGB Rn. 2

Verzichtet der überlebende Ehegatte auf seine güterrechtliche Zugewinnausgleichsforderung bzw. ein Vermächtnisnehmer, ein Auflagenbegünstigter, ein Pflichtteils- oder Erbersatzanspruchsberechtigter auf seinen Rechtsanspruch gegen wiederkehrende Zahlungen, so ist darin ein dem unentgeltlichen Erbfall nachgelagertes entgeltliches Rechtsgeschäft zu sehen. Erfolgt der Verzicht im Hinblick auf die Übereignung von Sachen und Rechten, liegt grundsätzlich ein entgeltliches Veräußerungsgeschäft vor.[147] Bei dem Verzicht auf Geldansprüche (Pflichtteils- oder Erbersatzansprüche, Geldvermächtnisse, güterrechtliche Zugewinnausgleichsansprüche) gegen wiederkehrende Zahlungen handelt es sich um eine darlehensähnliche Vereinbarung des originär Anspruchsberechtigten mit dem oder den Erben.[148]

Der Verzicht des Anspruchsberechtigten führt *m.E.* allerdings zur Annahme privater Versorgungsleistungen, wenn in der Vereinbarung zwischen dem Verzichtenden und den Erben eine *erbrechtliche Version der gleitenden Vermögensübergabe* zu sehen ist.[149] In diesem Sinne entschied bereits der RFH im Urteil vom 21.6.1933[150] für den Fall, daß ein Firmeninhaber seine beiden Kinder durch Testament zu Erben einsetzte und seiner Witwe den lebenslänglichen Nießbrauch an der Hälfte seines Nachlasses einräumte. Nach dem Tode ihres Vaters gründeten die Erben eine offene Handelsgesellschaft, in welche der gesamte Nachlaß, u.a. auch Grundstücke, eingebracht wurde. Aus diesem Grund wurde das Nießbrauchsrecht in eine lebenszeitabhängige Rente umgewandelt. Der RFH[151] wertete den Vorgang nicht als geschäftlichen, sondern als solchen des Familien- und Erbrechts, und ließ - in Analogie zu den Vermögensübergaben im Wege der vorweggenommenen Erbfolge - den Abzug der Rentenzahlungen in voller Höhe als

---

146 § 1940 BGB; vgl. auch *Brox, H.*, (Erbrecht 1993) Rdnr. 439, 445 b

147 Vgl. die Ausführungen auf S. 123 ff

148 BFH v. 26.11.1992 - X R 187/87 - BStBl 1993 II S. 298 (301); *Biergans, E., Koller, A.*, DStR 1993 S. 902 (906); zur steuerlichen Behandlung von Kapitalüberlassungen gegen wiederkehrende Zahlungen vgl. S. 42 f und die Ausführungen auf S. 108 ff

149 Vgl. hierzu auch das Urteil des BFH v. 25.11.1992 (X R 91/89 - BFHE Bd. 170 S. 82 (87)), das die Qualifizierung der Ablösezahlungen als private Versorgungsleistungen allerdings ablehnte, weil sich der Nießbrauch nicht auf eine existenzsichernde Wirtschaftseinheit bezog; zum Begriff der Wirtschaftseinheit vgl. S. 42 ff

150 VI A 496/33 - StuW 1933 II Nr. 654

151 Urteil v. 21.6.1933 - VI A 496/33 - StuW 1933 II Nr. 654

dauernde Last vom Gesamteinkommen der Erben zu.[152] Korrespondierend hierzu hatte die Witwe die ihr zufließende Rente als "andere wiederkehrende Bezüge" zu versteuern.[153]

M.E. dürften private Versorgungsleistungen auch dann anzuerkennen sein, wenn der überlebende Ehegatte auf einen eventuellen güterrechtlichen Zugewinnausgleichsanspruch oder Pflichtteilsanspruch (*Geldansprüche)* gegen wiederkehrende Zahlungen verzichtet,[154] obwohl nach Auffassung des BFH[155] ein Geldbetrag keine "Wirtschaftseinheit" darstellt,[156] deren Übertragung herkömmlicherweise dem Typus der zivil- und steuerrechtlichen Vermögensübergabe zugeordnet wird.[157]

B. Kreis der von der Vermögensübergabe betroffenen Personen

I. Person des Vermögensübernehmers

Die vorweggenommene Erbfolge ist dadurch gekennzeichnet, daß jemand zu Lebzeiten sein gesamtes Vermögen oder zumindest wesentliche Teile davon mit Rücksicht auf eine künftige Erbberechtigung überträgt.[158] Der Empfänger erhält bereits zu Lebzeiten des Erblassers Vermögenswerte, die ihm ansonsten voraussichtlich erst durch Erwerb von Todes wegen aufgrund gesetzlicher oder gewillkürter Erbfolge zufallen würden. Dabei können die Gründe, die dazu veranlassen, die Verteilung des Vermögens vorwegzunehmen, verschiedener Natur sein und sowohl in der Person des Übertragenden

---

152 § 15 Abs. 1 Nr. 3 S. 1 REStG 1925

153 § 6 Abs. 1 Nr. 7 i.V.m. § 40 Nr. 2 REStG 1925

154 Im Verzicht des Erbersatzanspruchsberechtigten gegen wiederkehrende Zahlungen kann demgegenüber keine erbrechtliche Version der gleitenden Vermögensübergabe gesehen werden.

155 Urteile v. 28.6.1963 - VI 321/61 U - BStBl 1963 III S. 424; v. 13.8.1985 - IX R 10/80 - BStBl 1985 II S. 709 (710): v. 27.2.1992 - X R 136/88 - BStBl 1992 II S. 609 (611); v. 27.2.1992 - X R 40/89 - und - X R 55/89 - BFH/NV 1992 S. 647 (648)

156 A.A. FG Hessen v. 25.10.1993 - 3 K 1116/90 - EFG 1994 S. 521 (rkr.); zur Kritik hinsichtlich des Begriffs der Wirtschaftseinheit vgl. S. 43 ff

157 Zur Begründung vgl. ausführlich S. 121 f

158 *Coing, H.*, NJW 1967 S. 1777; *Westhoff, F.*, DB 1972 S. 809; vgl. S. 9 ff

als auch in der des Empfängers liegen.[159] Immer aber erfolgt die Übertragung mit Rücksicht auf eine künftige Erbberechtigung.

Ebenso wie es dem Erblasser durch grundsätzliche Testierfreiheit möglich ist, im Wege testamentarischer Anordnung einen geeigneten Nachfolger zu bestimmen,[160] kann auch der künftige Erblasser frei festlegen, an wen er sein Vermögen im Rahmen einer vorweggenommenen Erbfolgeregelung übergibt. Eine gegenteilige Auffassung vertritt auch nicht die Rechtsprechung des BFH[161] für das steuerlich besonders zu würdigende "Rechtsinstitut der Vermögensübergabe gegen private Versorgungsleistungen."[162] Nach Auffassung des Großen Senats des BFH ist die Vermögensübergabe unter Vorbehalt von Versorgungsleistungen zwar grundsätzlich dadurch gekennzeichnet, daß "... *Eltern* ihr Vermögen ... mit Rücksicht auf die künftige Erbfolge auf einen oder mehrere *Abkömmlinge* übertragen ..."[163] und sich "... der *Übergeber* in Gestalt der Versorgungsleistungen typischerweise Erträge seines Vermögens vorbehält, die nunmehr allerdings vom Vermögensübernehmer erwirtschaftet werden müssen."[164] Ein "Übergabevertrag" wird jedoch auch dann angenommen, wenn die Vermögensübertragung nicht im Verhältnis Eltern zu ihren Abkömmlingen, sondern zwischen entfernteren Verwandten, beispielsweise zwischen Tante und Nichte, zum Zwecke einer vorweggenommenen Erbfolgeregelung erfolgt.[165] Darüberhinaus können

---

159 Vgl. hierzu ausführlich *Eccher, B.*, (Erbfolge 1980) S. 18 ff

160 Die Familienerbfolge als gesetzliche Erbfolge ist im geltenden Recht gegenüber der gewillkürten Erbfolge subsidiärer Natur. Eine Einschränkung galt lediglich Anfang des zwanzigsten Jahrhunderts, als in Folge germanistischen Gedankenguts die soziale Funktion des Erbrechts derart verstanden wurde, daß durch die Erbmasse vorrangig die Existenz der nächsten Angehörigen zu sichern sei; vgl. die zusammenfassende Darstellung bei *Olzen, D.*, (Vorweggenommene Erbfolge 1984) S. 13 ff m.w.N.

161 Urteile v. 30.7.1959 - IV 265/58 U - BStBl 1959 III S. 406; v. 17.1.1961 - I 141/60 U - BStBl 1961 III S. 130; v. 25.8.1966 - IV 299/62 - BStBl 1966 III S. 675; v. 5.7.1990 - GrS 4-6/89 - BStBl 1990 II S. 847 (851); v. 16.12.1993 - X R 67/92 - BFHE Bd. 173 S. 152

162 A.A. *Seithel, R.*, BB 1993 S. 473 (476 f)

163 Beschluß v. 5.7.1990 - GrS 4-6/89 - BStBl 1990 II S. 847 (851) (Herv. d. Verf.)

164 Beschluß v. 5.7.1990 - GrS 4-6/89 - BStBl 1990 II S. 847 (852); v. 15.7.1991 - GrS 1/90 - BStBl 1992 II S. 78 (84) (Herv. d. Verf.); zur Rechtsfigur der vorbehaltenen Vermögenserträge vgl. S. 63 ff

165 BFH v. 16.12.1993 - X R 67/92 - BFHE Bd. 173 S. 152; vgl. auch RFH v. 2.12. 1931 - VI A 2030/30 - StuW 1932 II Nr. 416 ("Schwiegersohn"); v. 12.9.1934 - VI A 360/34 - StuW 1934 II Nr. 744 ("Sonstige Verwandte"); BFH v. 30.7.1959 - IV

Vermögensübergaben gegen private Versorgungsleistungen grundsätzlich auch zwischen familienfremden Personen[166] erfolgen.[167] Dies ergibt sich aus der Rechtsnatur des Übergabevertrags. Ob der Übertragende im Wege einer vorweggenommenen Erbfolgeregelung seine wirtschaftliche Lebensgrundlage übergeben hat, "... um dafür in die *persönliche Gebundenheit* eines abhängigen Versorgungsverhältnisses einzutreten ...," während der Übernehmer die Versorgung "... aus dem übernommenen Vermögen miterwirtschaftet,"[168] kann nur anhand des Einzelfalls und nicht durch Eingrenzung des begünstigten "Vermögensnachfolge-Verbunds"[169] beurteilt werden. Daher können auch familienfremde Personen in den "Vermögensnachfolge-Verbund" einbezogen werden, sofern die wiederkehrenden Zahlungen als im Wege einer vorweggenommenen Erbfolgeregelung vereinbarte private Versorgungsleistungen anzusehen sind.[170]

II. Person des Versorgungsempfängers

Von der Person des Vermögensübernehmers zu unterscheiden ist die Frage, ob wiederkehrende Leistungen, die nicht an den Übergeber selbst, sondern an Dritte zu zahlen sind, als private Versorgungsleistungen qualifiziert werden können. Der Große Senat des BFH[171] erkennt private Versorgungsleistungen auch dann an, wenn der Übergeber sich die Zahlungen nicht selbst vorbehält, sondern dem Übernehmer Zahlungen zugunsten von *Angehöri-*

265/58 U - BStBl 1959 III S. 406 ("Tante/Neffe"); v. 17.1.1961 - I 141/60 U - BStBl 1961 III S. 130; v. 25.8.1966 - IV 299/62 - BStBl 1966 III S. 675 ("Vorerbe (Stiefmutter)/Nacherbe"); vgl. auch FG Saarland v. 15.12.1993 - 1 K 344/92 - EFG 1994 S. 519 (520) ("Großtante/Großneffen"; NZB: X B 122/94)

166 BFH v. 5.3.1964 - IV 417/62 - HFR 1964 S. 416 (417); v. 25.8.1966 - IV 299/62 - BStBl 1966 III S. 675; *Fischer, P.*, (Wiederkehrende Bezüge 1994) Rdnr. 326; *Jansen* in: *Herrmann/Heuer/Raupach*, § 5 EStG Anm. 1388; *Martin, S.*, BB 1993 S. 1773 (1778)

167 A.A. *Stephan* (DB 1993 S. 194 (195)), der lediglich gesetzlich erbberechtigte Personen nachrangiger Ordnung (z.B. Großeltern - Enkel, Tante/Onkel - Nichten/Neffen), sofern sie nicht durch Angehörige vorrangiger Erbordnung von der gesetzlichen Erbfolge ausgeschlossen werden, als potentiell begünstigten "Vermögensnachfolge - Verbund" anerkennen will.

168 BGH v. 17.10.1952 - V ZR 157/51 - RdL 1953 S. 10; *Pecher* in: *MünchKomm*, Art. 96 EGBGB Rdnr. 5 (Herv. d. Verf.)

169 *Fischer, P.*, FR 1992 S. 765 (769)

170 Vgl. *Hofer, A.*, StRK EStG 1975 § 10 Abs. 1 Nr. 1 a R. 49

171 Beschluß v. 5.7.1990 - GrS 4-6/89 - BStBl 1990 II S. 847 (852) (Herv. d. Verf.)

gen des Übergebers auferlegt. Nach Ansicht des X. Senats des BFH[172] gilt letzteres allerdings nur insoweit, als es sich bei den Empfängern der wiederkehrenden Zahlungen um den *Ehegatten des Übergebers* und/oder die *Geschwister des Übernehmers* handelt, nicht jedoch bei einer dem Erben testamentarisch auferlegten Vermächtnisrente zugunsten der Schwester des Erblassers, weil diese nicht zum Kreis der gesetzlich erbberechtigten Personen gehört.[173] *Begünstigte* im Sinne eines derart zu interpretierenden "Steuerrechtsinstituts der Vermögensübergabe unter Vorbehalt von Versorgungsleistungen" können demnach nur der Übergeber selbst sowie der Ehegatte des Übergebers und weitere, neben dem Übernehmer vorhandene gesetzlich erbberechtigte Abkömmlinge des Übergebers sein.[174] Eine Ausnahme erscheint lediglich für den Sonderfall des land- und forstwirtschaftlichen Hofübergabevertrags hinsichtlich der Geschwister des Hofübergebers denkbar, wenn diese zum Generationennachfolge-Verbund gehören.[175] *M.E.* kann ein Übergabevertrag auch dann vorliegen, wenn wiederkehrende Zahlungen zugunsten entfernterer Familienangehöriger ausbedungen werden.[176] Wesentlich für das Vorliegen einer privaten Versorgungsrente ist nämlich nur der tatsächliche Charakter des Rechts,[177] und nicht ein durch die gesetzliche Erbordnung potentiell begünstigter Personenkreis.[178] Die enge Eingrenzung des begünstigten Personenkreises durch den X. Senat des BFH[179] verwundert gerade deshalb, weil sich insbesondere die Überlegungen des X. Senats

---

172 Urteil v. 27.2.1992 - X R 139/88 - BStBl 1992 II S. 612 (613)

173 Vgl. in diesem Zusammenhang auch das Urteil des X. Senats des BFH v. 26.11.1992 - X R 187/87 - BStBl 1993 II S. 298

174 Eine andere Ansicht vertrat *Strutz* (Einkommensteuergesetz 1920 § 11 Anm. 3) zum REStG 1920 für das sog. Altenteil, welches seiner Meinung nach enger zu fassen war als das Leibgedinge und nur solche Leistungen umfassen sollte, die zugunsten des Überlassenden oder dessen Ehefrau bedungen waren (vgl. hierzu auch die Ausführungen auf S. 149). Heute verbinden sich allerdings mit den verschiedenen überkommenen Bezeichnungen keine begrifflich unterscheidbaren Inhalte mehr (*Pecher* in: *Münch Komm*, Art. 96 EGBGB Fn. 8)

175 BFH v. 28.7.1983 - IV R 174/80 - BStBl 1984 II S. 97 (99); *Fischer, P.*, FR 1992 S. 765 (769); *Schmidt, L.*, FR 1992 S. 548

176 A.A. *Fischer, P.*, (Wiederkehrende Bezüge 1994) Rdnr. 326

177 Vgl. S. 10

178 Vgl. auch *Hofer, A.*, StRK EStG 1975 § 10 Abs. 1 Nr. 1 a R. 49; das FG Hessen (Urteil v. 25.10.1993 - 3 K 1116/90 - EFG 1994 S. 521 (rkr.)) erkennt auch Zahlungen zugunsten des Enkelkindes an.

179 Urteil v. 27.2.1992 - X R 139/88 - BStBl 1992 II S. 612 (613)

im Hinblick auf die Anerkennung privater Versorgungsleistungen stark am zivilrechtlichen Typus des Übergabevertrags orientieren.[180] Dieser ist nach Vertragsparteien jedoch generell nicht einzugrenzen.[181]

C. Sachlicher Gegenstand vorweggenommener Erbfolgeregelungen

Als *Gegenstand* der Vermögensübergabe gegen private Versorgungsleistungen kommt sowohl Privat- als auch Betriebsvermögen in Betracht.[182] Nach Ansicht des Großen Senats des BFH[183] muß es sich dabei allerdings um konkrete Vermögensgegenstände handeln, da die Besonderheit des Übergabevertrags darin gesehen wird, daß er der nachfolgenden Generation unter Vorwegnahme des Erbfalls das Nachrücken in eine die Existenz wenigstens teilweise begründende *Wirtschaftseinheit* ermöglicht. Was jedoch unter dem Begriff der Wirtschaftseinheit zu verstehen ist, bleibt unbeantwortet. Der Große Senat[184] nennt als Beispiele lediglich die Übertragung von Betrieben, von privatem Grundbesitz, die Beteiligung an einer Personengesellschaft und Wertpapiere.

Nicht anerkannt wird dagegen die Übertragung von Geldbeträgen gegen private Versorgungsleistungen. Der BFH[185] subsumiert die Übertragung von Geldvermögen gegen wiederkehrende Zahlungen nicht unter den Rechtstypus der Vermögensübergabe, sondern nimmt einen sog. "Unterhaltskauf" an, der nach ähnlichen Grundsätzen zu behandeln ist wie Veräußerungsleistungen.[186] Nach Ansicht des X. Senats[187] stellt nämlich ein - selbst größerer - Geldbetrag keine existenzsichernde und generationenübergreifende

180 Vgl. die Ausführungen auf S. 15 ff

181 Vgl. S. 13 f

182 *Biergans, E., Koller, A.*, DStR 1993 S. 741

183 Beschluß v. 5.7.1990 - GrS 4-6/89 - BStBl 1990 II S. 847 (851)

184 Beschluß v. 5.7.1990 - GrS 4-6/89 - BStBl 1990 II S. 847 (851)

185 Urteile v. 28.6.1963 - VI 321/61 U - BStBl 1963 III S. 424; v. 13.8.1985 - IX R 10/80 - BStBl 1985 II S. 709; v. 27.2.1992 - X R 136/88 - BStBl 1992 II S. 609 (612); v. 27.2.1992 - X R 40/89 und X R 55/89 - BFH/NV 1992 S. 647 (648); v. 28.9.1993 - X B 96/93 - BFH/NV 1994 S. 237 (238); a.A. FG Hessen v. 25.10.1993 - 3 K 1116/90 - EFG 1994 S. 521 (rkr.)

186 Vgl. die Ausführungen auf S. 108 ff

187 BFH v. 27.2.1992 - X R 136/88 - BStBl 1992 II S. 609 (612); v. 27.2.1992 - X R 40/89 und X R 55/89 - BFH/NV 1992 S. 647 (648); v. 28.9.1993 - X B 96/93 - BFH/NV 1994 S. 237 (238)

Wirtschaftseinheit dar, "... deren Übertragung herkömmlicherweise dem ... Typus der zivil- und steuerrechtlichen Vermögensübergabe zugeordnet wird." Vielmehr sei eine Versorgungsleistung nur dann anzunehmen, wenn das übertragene Vermögen einerseits "... für eine generationenübergreifende *dauerhafte Anlage* geeignet und bestimmt ist, ... andererseits das ... "... *Bewirtschaften* einen Aufwand an Zeit und persönlicher Arbeitsleistung erfordert." Konsequenterweise erkennt der X. Senat[188] private Versorgungsleistungen lediglich dann an, wenn wenigstens teilweise existenzsicherndes *Sachvermögen* übergeben bzw. auf einen an einer solchen Wirtschaftseinheit bestellten Nießbrauch im Rahmen einer vorweggenommenen Erbfolgeregelung gegen wiederkehrende Bezüge verzichtet wird.[189]

In der Literatur gehen die Auffassungen im Hinblick auf die Anerkennung von Versorgungsleistungen in Abhängigkeit von der Art des übertragenen Vermögens auseinander.[190] Die überwiegende Mehrheit[191] ist der Ansicht, daß der unbestimmte Begriff der Wirtschaftseinheit es nicht rechtfertigt, die Hingabe von Geldbeträgen gegen wiederkehrende Zahlungen generell aus dem Anwendungsbereich des "Übergabevertrags" auszugrenzen. Vertreter des X. Senats des BFH[192] wollen dagegen selbst bei der Übertragung von Wertpapieren gegen wiederkehrende Zahlungen - trotz ausdrücklicher Erwähnung der "Wertpapiere" in den beiden Beschlüssen des Großen Se-

188 BFH v. 27.2.1992 - X R 136/88 - BStBl 1992 II S. 609 (612); v. 27.2.1992 - X R 40/89 und X R 50/89 - BFH/NV 1992 S. 647 (648)

189 Vgl. die Ausführungen auf S. 17 ff; allerdings muß auch in diesen Fällen das Vermögen in nicht nur geringfügigem Umfang zur Existenzsicherung beitragen, um als Wirtschaftseinheit qualifiziert zu werden (BFH v. 25.11.1992 - X R 91/89 - BFHE Bd. 170 S. 82 (87); v. 13.10.1993 - X R 86/89 - BStBl 1994 II S. 451 (453); vgl. hierzu auch S. 124 ff

190 Zustimmend: *Fischer, P.*, (Wiederkehrende Bezüge 1994) Rdnr. 334 ff; *Martin, S.*, BB 1993 S. 1773 (1776); ablehnend: *Biergans, E.*, *Koller, A.*, DStR 1993 S. 741 (748); *Felix, G.*, KÖSDI 1992 S. 8976 (8980); *Goutier, K.*, NWB - Blickpunkt Steuern 8/92 - S. 1 (2); *Harenberg, F.*, KFR 1992, F. 3 § 10 EStG 3/92 S. 241 (242); *Richter, H.*, DStR 1992 S. 1196; *Seithel, R.*, BB 1993 S. 473 (474); *Weber-Grellet, H.*, DStR 1993 - Beihefter zu Heft 31 - S. 1 (6)

191 *Biergans, E.*, *Koller, A.*, DStR 1993 S. 741 (748); *Felix, G.*, KÖSDI 1992 S. 8976 (8980); *Harenberg, F.*, KFR 1992, F. 3 § 10 EStG 3/92 S. 241 (242); *Richter, H.*, DStR 1992 S. 1196; *Seithel, R.*, BB 1993 S. 473 (474); *Weber-Grellet, H.*, DStR 1993 - Beihefter zu Heft 31 - S. 1 (6)

192 *Fischer, P.*, (Wiederkehrende Bezüge 1994) Rdnr. 334 ff; *Martin, S.*, BB 1993 S. 1773 (1776)

nats[193] - private Versorgungsleistungen nicht anerkennen, sondern an der Differenzierung zwischen Geldvermögen einerseits und Sachvermögen andererseits festhalten. Nicht anwendbar dürfte die Rechtsprechung des BFH zur "Geldschenkung"[194] allerdings bei der Rechtsfigur der *mittelbaren Grundstücksschenkung* sein.[195] Denn nach Auffassung der insoweit übereinstimmenden schenkungsteuerlichen und einkommensteuerlichen Rechtsprechung[196] liegt hier keine Geldschenkung, sondern eine unentgeltliche Grundstückszuwendung vor.[197]

M.E.[198] ist die Unterscheidung zwischen Geldvermögen und Realvermögen insofern bedenklich, als sich aus dem Gesetz eine solche Differenzierung nicht ableiten läßt.[199] Der Begriff der Wirtschaftseinheit ist dem Einkommensteuergesetz weder bekannt,[200] noch existieren "... operationale und steuersystematisch haltbare Kriterien, anhand derer sich eine mit einem gewissen Maß an Rechtssicherheit einhergehende Abgrenzung des Begriffs der `Wirtschaftseinheit´ vollziehen läßt."[201] Auch die Bezugnahme auf die Rechtsnatur der Vermögensübergabe kann eine Unterscheidung zwischen

193 v. 5.7.1990 - GrS 4-6/89 - BStBl 1990 II S. 847 (851); v. 15.7.1991 - GrS 1/90 - BStBl 1992 II S. 78 (82)

194 Urteile v. 28.6.1963 - VI 321/61 U - BStBl 1963 III S. 424; v. 13.8.1985 - IX R 10/80 - BStBl 1985 II S. 709; v. 27.2.1992 - X R 136/88 - BStBl 1992 II S. 609 (612); v. 27.2.1992 - X R 40/89 und X R 55/89 - BFH/NV 1992 S. 647 (648); v. 28.9.1993 - X B 96/93 - BFH/NV 1994 S. 237 (238); a.A. FG Hessen v. 25.10.1993 - 3 K 1116/90 - EFG 1994 S. 521 (rkr.)

195 Gl.A. *Spiegelberger, S.*, (Vermögensnachfolge 1994) S. 64 Rdnr. 175; offengelassen durch BFH v. 28.9.1993 - X B 96/93 - BFH/NV 1994 S. 237 (238); wohl a.A. FG Saarland v. 30.3.1993 - 1 K 321/92 - EFG 1993 S. 778 (rkr.)

196 Vgl. BFH v. 15.5.1990 - IX R 21/86 - BStBl 1992 II S. 67

197 Vgl. auch BMF-Schreiben v. 22.10.1993, BStBl 1993 I S. 827; zur Abgrenzung zwischen Grundstücks- und Geldschenkung vgl. auch die gleichlautenden Erlasse der obersten Finanzbehörden der Länder v. 2.11.1989, BStBl 1989 I S. 443

198 Gl.A. *Biergans, E., Koller, A.*, DStR 1993 S. 741 (748); *Weber-Grellet, H.*, DStR 1993 - Beihefter zu Heft 31 - S. 1 (6)

199 Zur gesetzlichen Grundlage der Vermögensübergabe gegen Versorgungsleistungen vgl. S. 7 f

200 Der Begriff der Wirtschaftseinheit enstammt dem Bereich der Landwirtschaft. Dort war durch das Anerben- und Höferecht der Übergang der Wirtschaftseinheit auf einen begünstigten Erben vorgesehen.

201 *Biergans, E., Koller, A.*, DStR 1993 S. 741 (748); *Weber-Grellet, H.*, DStR 1993 - Beihefter zu Heft 31 - S. 1 (6)

Geld- und Sachvermögen nicht rechtfertigen.[202] Insbesondere erscheint unverständlich, weshalb die Übertragung von Geldvermögen, das bisher - wenigstens teilweise - die Existenz des Übergebers gesichert hat und dem Übernehmer zur Fortsetzung der wirtschaftlichen Tätigkeit überlassen wird, keine Wirtschaftseinheit darstellen soll.[203] Denn es handelt sich letztlich um zurückbehaltene Erträge aus dem übertragenen Kapitalvermögen, wenn diese nun vom Übernehmer erwirtschaftet und zum Teil an den Übergeber weitergeleitet werden.[204] Die Rechtsprechung des X. Senats des BFH[205] zeugt zwar insofern von Rechtskontinuität, als die bisherige Rechtsprechung[206] in der Einräumung wiederkehrender Bezüge als Gegenleistung für die Übertragung von Geldvermögen stets einen "darlehensähnlichen Vorgang" annahm, übersieht allerdings, daß gerade nach seiner Argumentation die "neue" Rechtsfigur der vorbehaltenen Vermögenserträge für das Sonderrecht der Vermögensübergabe gegen Versorgungsleistungen konstitutiv ist.[207] Der Rechtscharakter der vorbehaltenen Vermögenserträge läßt *m.E.* eine Differenzierung zwischen Geldvermögen und Realvermögen nicht zu,[208] sondern verlangt eine eigenständige Wertung des gesamten Übertragungsvorgangs. Dies belegt auch die Rechtsprechung des RFH,[209] die ebenfalls keine Einschränkung im Hinblick auf die Art des übertragenen Vermögens vornahm, sondern hervorhob, daß die Vorgänge gleichbehandelt werden müssen, in denen Eltern *in anderen Fällen* - als bei der Übertragung eines Guts, eines Geschäfts oder eines Hauses - ihr Vermögen oder einen wesentlichen Teil desselben gegen Altersversorgung übergeben.[210]

---

202 Auch der zivilrechtliche Typus des Übergabevertrags ist hinsichtlich der Art des übertragenen Vermögens grundsätzlich nicht einzugrenzen.

203 *Richter, H.*, DStR 1992 S. 1196; *Seithel, R.*, BB 1993 S. 473 (474 f)

204 Ebenso FG Hessen v. 25.10.1993 - 3 K 1116/90 - EFG 1994 S. 521 (rkr.)

205 BFH v. 27.2.1992 - X R 136/88 - BStBl 1992 II S. 609 (612); v. 27.2.1992 - X R 40/89 und X R 55/89 - BFH/NV 1992 S. 647 (648)

206 BFH v. 28.6.1963 - VI 321/61 U - BStBl 1963 III S. 424; v. 13.8.1985 - IX R 10/80 - BStBl 1985 II S. 709

207 BFH v. 14.7.1993 - X R 54/91 - BStBl 1994 II S. 19 (22); *Fischer, P.*, FR 1992 S. 765 (770); *ders.*, (Wiederkehrende Bezüge 1994) Rdnr. 321 ff

208 Wohl ebenso FG Hessen v. 25.10.1993 - 3 K 1116/90 - EFG 1994 S. 521 (rkr.)

209 Urteil v. 1.2.1933 - VI A 2056/32 - RStBl 1933 S. 583 (584)

210 Vgl. auch *Weber-Grellet, H.*, DStR 1993 - Beihefter zu Heft 31 - S. 1 (6); der Ansicht von *Martin* (BB 1993 S. 1773 (1776)), daß die Übertragung von Geld- oder Wertpapiervermögen im Rahmen eines Vermögensübergabevertrags schon deshalb

Die Art des übertragenen Vermögens kann daher für die Zuordnung einer Vereinbarung zum "Rechtsinstitut der Vermögensübergabe gegen Versorgungsleistungen" nicht maßgebend sein.[211] Die Differenzierung zwischen Geldvermögen und Realvermögen läßt sich lediglich vor dem Hintergrund rechtfertigen, "mißbrauchsverdächtige Mitnahmeeffekte" zu verhindern.[212] Allerdings kann die aufgrund eines sich sträubenden Rechtsgefühls[213] erforderliche Ausgrenzung des sog. "Unterhaltskaufs" nicht durch eine kasuistische Eingrenzung des Begriffs der Wirtschaftseinheit, sondern nur durch eine am Gesetzeszweck orientierte, teleologische Anwendung des Rechts erreicht werden.[214] Das Festhalten am Begriff der Wirtschaftseinheit im Sinne einer Unterscheidung zwischen Geldvermögen und Realvermögen läßt daher den Schluß zu, daß selbst der X. Senat das Rechtsinstitut der "privaten Versorgungsrente" nicht immer gesetzeskonform anwendet.

---

abzulehnen sei, weil zivilrechtlich "... eine Vereinbarung dem Typus des Übergabevertrags nur zuzurechnen ist, wenn Grundbesitz mitübergeben wird," und die einkommensteuerliche Behandlung dem zivilrechtlichen Vertragstypus typisierend folge, kann nicht gefolgt werden. Der Zusammenhang mit der Übertragung eines Grundstücks ist zivilrechtlich keineswegs begriffswesentlich. Lediglich die landesrechtlichen Vorschriften setzen gem. Art. 96 EGBGB eine Grundstücksüberlassung voraus; vgl. die Ausführungen auf S. 12

211 Gl.A. *Biergans, E., Koller, A.*, DStR 1993 S. 741 (748); *Felix, G.*, KÖSDI 1992 S. 8976 (8980); *Harenberg, F.*, KFR 1992, F. 3 § 10 EStG 3/92 S. 241 (242); *Richter, H.*, DStR 1992 S. 1196; *Seithel, R.*, BB 1993 S. 473 (474); *Weber-Grellet, H.*, DStR 1993 - Beihefter zu Heft 31 - S. 1 (6)

212 Vgl. die Ausführungen bei *Fischer* (Wiederkehrende Bezüge 1994) Rdnr. 339

213 *Fischer* in: *Kirchhof/Söhn*, § 22 EStG Rdnr. B 379

214 Dies ergibt sich *m.E.* auch aus der Rechtsprechung des RFH (Urteil v. 1.2.1933 - VI A 2056/32 - RStBl 1933 S. 583), der - vorbehaltlich der Tatsache, daß es sich nicht um den Versuch einer Umgehung der Vorschrift des § 15 Abs. 1 Nr. 3 S. 2 EStG (Vorläufervorschrift zu § 12 Nr. 2 EStG) handelte - keine Einschränkung hinsichtlich der Art des übertragenen Vermögens vornahm.

D. Begriff der privaten Versorgungsrente

Werden anläßlich einer Vermögensübertragung wiederkehrende Bezüge/ Leistungen vereinbart, kann es sich hierbei entweder um eine Veräußerungs- oder um eine "Versorgungs"vereinbarung[215] handeln. Im letztgenannten Fall sind ferner steuerlich berücksichtigungsfähige (private oder betriebliche) Versorgungsleistungen und steuerlich irrelevante Unterhaltsleistungen zu unterscheiden.

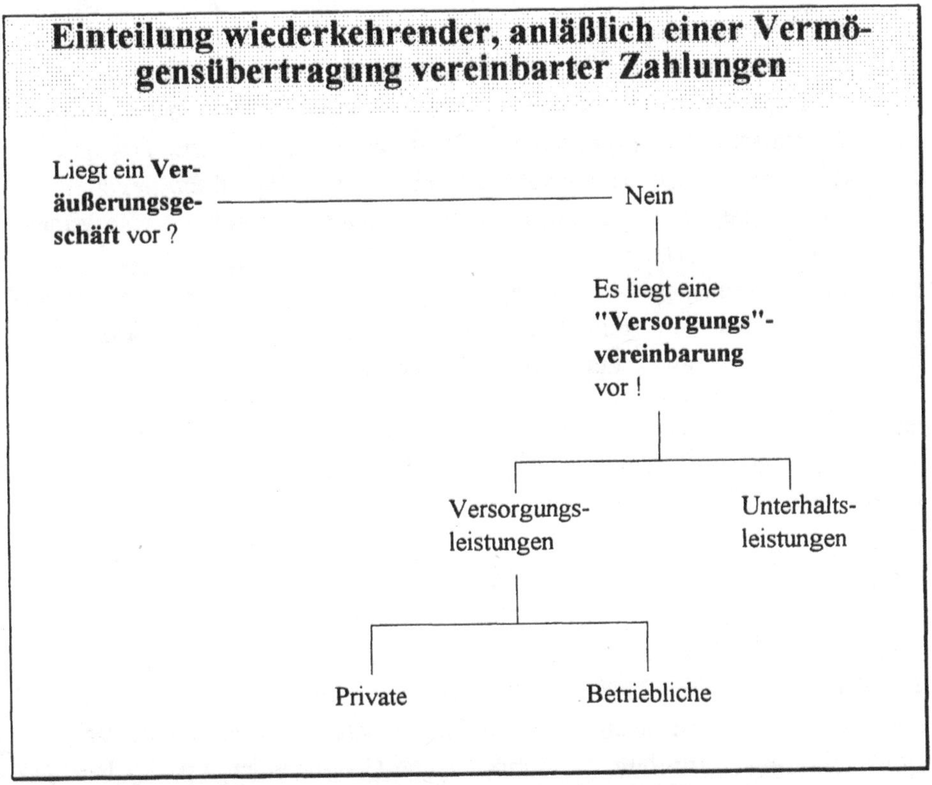

Übersicht 3: Abgrenzung der im Rahmen einer Vermögensübergabe vereinbarten wiederkehrenden Zahlungen

---

215 Das Merkmal der Versorgung stellt *m.E.* zwar kein geeignetes Abgrenzungskriterium dar (vgl. S. 57 f); dennoch erscheint an dieser Stelle die Unterteilung in Versorgungs- und Veräußerungsrenten insofern geboten, als der BFH in ständiger Rechtsprechung auf das Versorgungsmotiv abstellt.

I. Abgrenzung zwischen (betrieblicher oder privater) Veräußerungsrente und privater Versorgungsrente

(1) Widerlegbare Vermutung

Wird Vermögen[216] im Wege der *vorweggenommenen Erbfolge* gegen wiederkehrende Zahlungen auf nahe Angehörige[217] übertragen, spricht eine nur in Ausnahmefällen zu widerlegende Vermutung für das Vorliegen einer privaten Versorgungsrente. Es wird vermutet, daß die Rente nach dem Versorgungsbedürfnis der übertragenden Generation und/oder nach der Ertragskraft des übertragenen Vermögens[218] bemessen worden ist und insofern einen familiären sowie erbrechtlichen Charakter aufweist.[219] Diese Annahme gilt allerdings als widerlegt, wenn sich die vertraglichen Vereinbarungen nicht als typische vorweggenommene Erbfolgeregelungen mit Versorgungscharakter, sondern als nach kaufmännischen Gesichtspunkten gegeneinander abgewogene Abmachungen darstellen. Daher liegt keine Versorgungsvereinbarung, sondern ein entgeltliches Veräußerungsgeschäft vor, wenn sich die im Vertrag ausbedungenen Leistungen weniger am Bedarf des Berechtigten und der Leistungsfähigkeit des Verpflichteten als vielmehr am tatsächlichen Gegenwert der Vermögenszuwendung orientieren.

Die einkommensteuerrechtliche Abgrenzung zwischen privaten Versorgungsleistungen und Veräußerungsleistungen wird dabei insbesondere anhand folgender Kriterien vorgenommen:[220]

(1) Wirtschaftliche Lage des Berechtigten

Als Anhaltspunkt für die Beurteilung des steuerlichen Gehalts einer im Rahmen einer Vermögensübertragung vereinbarten Rente wird die wirtschaftliche Lage des Rentenempfängers angesehen. Da der Rechtsbegriff der Versorgungsleistungen "... jedenfalls solche Zuwendungen zur Existenzsicherung ..." umfaßt, "... durch welche Grundbedürfnisse des Bezugsberechtigten wie Wohnen und Ernährung und der sonstige Lebensbedarf ab-

---

216 Zum Begriff der Wirtschaftseinheit vgl. S. 42 ff

217 Zum begünstigten Personenkreis vgl. S. 38 ff

218 Zur Kritik an der Rechtsfigur der vorbehaltenen Vermögenserträge vgl. S. 69 ff

219 BFH v. 29.1.1992 - X R 193/87 - BStBl 1992 II S. 465; v. 16.12.1993 - X R 67/92 - BFHE Bd. 173 S. 152

220 In Anlehnung an *Biergans, E.*, (Renten 1993) S. 44 ff

gedeckt werden,"[221] ist umso eher eine Versorgungsrente anzunehmen, je stärker der Berechtigte zur Bestreitung seines Lebensunterhalts von den Zahlungen abhängig ist.[222] Allerdings hat das Kriterium des Versorgungsbedürfnisses nur eine schwache Indizwirkung,[223] da der Umstand, daß der Berechtigte auf die wiederkehrenden Leistungen nicht angewiesen ist oder hierauf verzichten kann, weil er beispielsweise weiteres Vermögen besitzt oder andere Einnahmen bezieht, die Annahme von Versorgungsleistungen nicht ausschließt;[224] gleiches gilt, wenn die vereinbarten Leistungen nicht ausreichen, die vollständige Versorgung des Berechtigten zu sichern.[225]

(2) Wertsicherungsvereinbarungen

Als Indiz für die rechtliche Qualifizierung einer Rentenvereinbarung dient auch die Art der Bemessung der Rentenleistungen. Betriebliche Bezugsdaten sprechen nicht in dem Maße für eine Versorgungsrente wie beispielsweise die Anbindung der Leistungen an tarifliche Gehälter.[226] In diesem Zusammenhang kommt auch der Art eventueller Wertsicherungsvereinbarungen eine Bedeutung zu. Eine Abmachung, nach der die Bezüge im Falle einer Änderung der wirtschaftlichen Verhältnisse entsprechend angepaßt werden, wird eher als Ausdruck eines Versorgungsbedürfnisses gewertet,[227] als eine Regelung, die die wirtschaftlichen Risiken von vornherein als unabänderlich festlegt.[228]

---

221 BFH v. 25.3.1992 - X R 196/87 - BStBl 1992 II S. 1012 (1014); v. 11.8.1992 - IX R 223/87 - BStBl 1993 II S. 31 (33)

222 BFH v. 20.1.1959 - I 200/58 U - BStBl 1959 III S. 192

223 Vgl. auch die Ausführungen auf S. 47 zu Fn. 215

224 BFH v. 23.1.1992 - XI R 6/87 - BStBl 1992 II S. 526 (527 f); v. 29.4.1992 - XI R 7/85 - BFH/NV 1992 S. 734 (736); vgl. allerdings die insoweit entgegenstehende Ansicht des X. Senats des BFH im Urteil v. 26.1.1994 (X R 54/92 - BFHE Bd. 173 S. 360) sowie die Ausführungen auf S. 28

225 BFH v. 10.4.1991 - XI R 27,28/88 - BFH/NV 1991 S. 530 (531)

226 BFH v. 27.4.1977 - I R 12/74 - BStBl 1977 II S. 603 (605)

227 Dem typischen Versorgungsvertrag ist die Anpassung der Leistungen - auch ohne ausdrückliche Vereinbarung - immanent; vgl. hierzu die Ausführungen auf S. 91 ff

228 BFH v. 17.12.1991 - VIII R 80/87 - BStBl 1993 II S. 15; *Fischer, P.*, FR 1992 S. 623 (624); *Martin, S.*, BB 1992 S. 1619; zur Bedeutung des § 323 ZPO vgl. S. 91 f

(3) *Zeitdauer der Rente*[229]

Die Dauer der Rente ist ein weiteres Kriterium zur Abgrenzung von Versorgungs- und Veräußerungsleistungen. Je länger eine Rente gewährt wird, desto eher ist die Rechtsprechung[230] geneigt, eine Versorgungsleistung anzunehmen. Dies gilt insbesondere dann, wenn die Zahlungen an das Leben des Berechtigten gebunden sind.[231] Dagegen weist eine zeitliche Begrenzung der wiederkehrenden Zahlungen tendenziell auf ein entgeltliches Rechtsgeschäft hin.[232] Sofern allerdings die zeitliche Begrenzung an persönliche Merkmale, wie z.B. an eine Wiederverheiratungsklausel[233] anknüpft, kann dennoch eine Versorgungsrente vorliegen.[234]

(4) *Wertrelation zwischen dem übertragenen Vermögen und dem Barwert der wiederkehrenden Leistungen*

Als zentrales Kriterium[235] zur Abgrenzung von privaten Versorgungsleistungen sowohl zu den Veräußerungsleistungen als auch zu den Unterhaltsleistungen[236] dient der Rechtsprechung das Wertverhältnis zwischen dem übertragenen Vermögen und dem Barwert der wiederkehrenden Leistungen. Zwar spricht bei Vermögensübertragungen gegen wiederkehrende Zahlungen im Rahmen einer vorweggenommenen Erbfolge die Vermutung generell

---

229 Sofern die frühere Rechtsprechung (vgl. hierzu insbesondere die Nachweise bei *Biergans, E.*, (Renten 1989) S. 11, 18) für Renten und dauernde Lasten *generell* eine Mindestdauer von zehn Jahren gefordert hat, kann dem nicht mehr gefolgt werden. Die neuere Rechtsprechung des BFH (Urteil v. 30.10.1984 - IX R 2/84 - BStBl 1985 II S. 610 (612); v. 4.4.1989 - X R 14/85 - BStBl 1989 II S. 779 (780); v. 26.1.1994 - X R 54/92 - BFHE Bd. 173 S. 360) lehnt eine starre Mindestlaufzeit für Leibrenten und dauernde Lasten zu Recht ab; vgl. auch FG Hessen v. 25.10.1993 (3 K 1116/90 - EFG 1994 S. 521 (rkr.)), wonach bei Versorgungslasten das Merkmal "dauernd" keine zahlenmäßig bestimmte Mindestlaufzeit voraussetzt, sondern mindestens eine ungewisse längere Zeit erfordert.

230 RFH v. 23.3.1932 - VI A 926/30 - RStBl 1932 S. 705

231 *Biergans, E., Koller, A.*, DStR 1993 S. 741 (744); *Fischer, P.*, (Wiederkehrende Bezüge 1994) Rdnr. 342

232 *Fischer, P.*, (Wiederkehrende Bezüge 1994) Rdnr. 342

233 *Fischer, P.*, (Wiederkehrende Bezüge 1994) Rdnr. 342

234 Vgl. auch das Urteil des BFH v. 26.1.1994 (X R 54/92 - BFHE Bd. 173 S. 360), das Versorgungsleistungen auch dann anerkennt, sofern diese nur solange zu erbringen sind, bis der Berechtigte seine "... eigene Angestellten - Rente erhält."

235 *Biergans, E., Koller, A.*, DStR 1993 S. 741 (744)

236 Vgl. S. 58 ff

für das Vorliegen eines Übergabevertrags und damit für eine private Versorgungsleistung. Allerdings gilt diese Vermutung als ausgeräumt, wenn Leistung und Gegenleistung wie unter fremden Dritten nach kaufmännischen Gesichtspunkten gegeneinander abgewogen sind,[237] wobei an die steuerliche Anerkennung der Vereinbarungen keine strengeren Voraussetzungen geknüpft werden dürfen als an die Beurteilung entsprechender Verträge unter einander fremden Personen.[238] Da sich der BFH[239] bei der Abgrenzung von Versorgungs- und Veräußerungsleistungen allerdings nicht allein von *objektiven* Merkmalen (Wertgleichheit), sondern auch von der *subjektiven* Einschätzung der Parteien leiten läßt, folgt aus der Gleichwertigkeit von Leistung und Gegenleistung nicht zwingend, daß eine Veräußerungsrente vorliegt.[240] Entscheidend für die Annahme einer Veräußerungsrente ist letztlich nur, daß die Höhe der wiederkehrenden Leistungen tatsächlich nach kaufmännischen Gesichtspunkten bemessen worden ist.[241] Daher kann ein entgeltlicher Vorgang auch bei objektiver Ungleichgewichtigkeit der beiderseitigen Leistungen anzunehmen sein, sofern die Vertragspartner subjektiv von einer Wertgleichheit ausgegangen sind.[242]

Im Hinblick auf die Abgrenzung zwischen Veräußerungs- und Versorgungsrente lassen sich somit grundsätzlich zwei unterschiedliche Wertkonstellationen unterscheiden:

(a) *Der Barwert der Rente und der Wert des übertragenen Vermögens stimmen im wesentlichen überein.*

(b) *Der Barwert der Rente und der Wert des übertragenen Vermögens weichen voneinander ab.*

---

237 BFH v. 16.7.1969 - I R 186/66 - BStBl 1970 II S. 56; v. 24.10.1978 - VIII R 172/75 - BStBl 1979 II S. 135 (136)

238 BFH v. 24.10.1978 - VIII R 172/75 - BStBl 1979 II S. 135 (136)

239 Vgl. zusammenfassend BFH v. 29.1.1992 - X R 193/87 - BStBl 1992 II S. 465; v. 16.12.1993 - X R 67/92 - BFHE Bd. 173 S. 152

240 *Biergans, E.*, *Koller, A.*, DStR 1993 S. 741 (744); *Fischer, P.*, (Wiederkehrende Bezüge 1994) Rdnr. 242

241 Aus der objektiven Gleichwertigkeit von Leistung und Gegenleistung folgt somit nicht zwingend, daß die wiederkehrenden Leistungen auch nach kaufmännischen Gesichtspunkten bemessen worden sind.

242 Vgl. auch *Hofer, A.*, StRK EStG 1975 § 10 Abs. 1 Nr. 1 a R. 49

Zu (a): Wird Privat- oder Betriebsvermögen zwischen nahen Angehörigen[243] übertragen, und sind der Barwert der Rente und das übertragene Vermögen im wesentlichen wertgleich, ist zunächst von einer privaten Versorgungsleistung auszugehen.[244] Eine Veräußerungsrente ist nur dann anzunehmen, wenn die Beteiligten substantiiert darlegen, daß sie bei Abschluß des Vertrags auch subjektiv von einer Ausgewogenheit der beiderseitigen Leistungen ausgegangen sind.[245] Dabei haben die Vertragspartner in erster Linie darzulegen, welche Vorstellungen sie hinsichtlich des Werts der übertragenen Wirtschaftsgüter, einschließlich eines etwa vorhandenen Firmenwerts, hatten. Denn nur wenn darüber Klarheit bestand, konnten die zu erbringenden Rentenzahlungen nach kaufmännischen Gesichtspunkten ausgehandelt und bestimmt werden.[246] Sofern die Überprüfung der vertraglichen Vereinbarungen ergibt, daß die beiderseitigen Leistungen nach kaufmännischen Gesichtspunkten gegeneinander abgewogen sind, steht der Annahme eines Veräußerungsgeschäfts nicht entgegen, daß für die Gewährung der Rente auch Versorgungsüberlegungen maßgebend waren.[247]

Zu (b): Unter der Voraussetzung, daß die Vertragspartner subjektiv von der Gleichwertigkeit der beiderseitigen Leistungen ausgegangen sind, kann ein entgeltliches Rechtsgeschäft unter nahen Angehörigen selbst dann gegeben sein, wenn objektiv eine Wertungleichheit vorliegt.[248] Dies gilt insbesondere bei der Übertragung von Betrieben und Mitunternehmeranteilen, sofern "... eine nicht eindeutige Vertragslage und Unwägbarkeiten bei der Bestimmung eines Unternehmenswertes bereits objektiv die Findung `richtiger'

---

243 Zum berechtigten Personenkreis vgl. S. 38 ff

244 *Biergans, E., Koller, A.*, DStR 1993 S. 741 (744); *Fischer, P.*, (Wiederkehrende Bezüge 1994) Rdnr. 242; *Katterbe, B.*, FR 1993 S. 623 (624)

245 BFH v. 8.3.1956 - IV 19/56 U - BStBl 1956 III S. 126 (127); v. 22.9.1982 - IV R 154/79 - BStBl 1983 II S. 99 (100); v. 29.1.1992 - X R 193/87 - BStBl 1992 II S. 465 (467); v. 3.6.1992 - X R 14/89 - BStBl 1993 II S. 23 (25); v. 16.12.1993 - X R 67/92 - BFHE Bd. 173 S. 152

246 BFH v. 22.9.1982 - IV R 154/79 - BStBl 1983 II S. 99 (100); v. 26.3.1987 - IV R 58/85 - BFH/NV 1987 S. 770 (771 f); v. 11.9.1991 - XI R 20/89 - BFH/NV 1992 S. 166 (167); v. 11.9.1991 - XI R 4/90 - BFH/NV 1992 S. 169; v. 8.4.1992 - X R 48/90 - BFH/NV 1993 S.10 (11); v. 3.6.1992 - X R 14/89 - BStBl 1993 II S. 23 (25)

247 BFH v. 24.10.1978 - VIII R 172/75 - BStBl 1979 II S. 135 (136); v. 17.12.1991 - VIII R 80/87 - BStBl 1993 II S. 15 (16); v. 29.1.1992 - X R 193/87 - BStBl 1992 II S. 465 (467)

248 BFH v. 5.3.1964 - IV 417/62 - HFR 1964 S. 416

Werte erschweren oder gar unmöglich machen."[249] Unter diesen Voraussetzungen reicht es für die Annahme eines Veräußerungsgeschäfts aus, wenn die Beteiligten substantiiert vortragen, daß die Rente nicht vorrangig nach Versorgungsgesichtspunkten, sondern "... unter Ausgleichung gegenläufiger Interessen bemessen ..." worden ist.[250] Hiervon ausgehend nahm der BFH im Urteil vom 29.1.1992[251] eine betriebliche Veräußerungsrente für den Fall an, daß der Vater im Rahmen eines "Auseinandersetzungsvertrags" aus der Familienpersonengesellschaft ausschied und als Abfindung eine versicherungsmathematisch berechnete lebenslängliche Rente erhielt, deren Barwert aufgrund einer gesellschaftsrechtlich vereinbarten Buchwertklausel entsprechend dem buchmäßigen Kapitalkonto des Ausscheidenden bemessen war. Obwohl der Wert des übertragenen Mitunternehmeranteils unstreitig höher und die Buchwertklausel nur für den Fall der Kündigung vorgesehen war, vertrat der BFH[252] die Ansicht, daß beide Vertragspartner "... in vertretbarer Weise davon ausgehen ..." konnten, "... daß die Buchwertklausel gültig war ...."[253]

(2) Faktisches Wahlrecht

Aufgrund der Tatsache, daß der BFH bei der Übertragung von Vermögen gegen wiederkehrende Zahlungen (teil-) entgeltliche Vorgänge generell ablehnt,[254] sondern vielmehr durch eine *typisierende Betrachtung* versucht, einen wirtschaftlichen Vorgang auch steuerlich einheitlich zu behandeln, ergibt sich für den Steuerpflichtigen ein "... faktisch nicht zu leugnendes `Tatbestands´-Wahlrecht ...."[255] Je nach Interessenlage kann im Einzelfall zwischen einer privaten Versorgungsrente[256] und einer (betrieblichen oder pri-

---

249 BFH v. 29.1.1992 - X R 193/87 - BStBl 1992 II S. 465 (467)

250 BFH v. 29.1.1992 - X R 193/87 - BStBl 1992 II S. 465 (467)

251 X R 193/87 - BStBl 1992 II S. 465 (467 f); vgl. auch FG Schleswig-Holstein v. 25.8. 1993 - II 105/88 - EFG 1994 S. 425 (Rev. VIII R 64/93)

252 Urteil v. 29.1.1992 - X R 193/87 - BStBl 1992 II S. 465 (467)

253 Vgl. hierzu auch BFH v. 16.12.1993 - X R 67/92 - BFHE Bd. 173 S. 152 sowie *Hofer, A.*, StRK EStG 1975 § 10 Abs. 1 Nr. 1 a EStG R. 49

254 Vgl. hierzu allerdings die Ausführungen auf S. 112 ff, 125 ff bezüglich der neuen Rechtsprechung des X. Senats des BFH zur "Gegenleistungsrente" sowie die Stellungnahme auf S. 116 ff

255 *Biergans, E., Koller, A.*, DStR 1993 S. 741 (749)

256 Zur steuerlichen Behandlung vgl. S. 99 ff

vaten) Veräußerungsrente[257] "gewählt" werden.[258] Dabei wird die Anerkennung eines entgeltlichen Vorgangs insbesondere dann angestrebt werden, wenn:[259]

- bei der Übertragung von steuerlichem Privatvermögen - insbesondere bei Immobilien - Abschreibungsvolumen oder Potential für den Abzug nach § 10 e EStG geschaffen werden soll.
- bei der Übertragung von Betrieben oder Mitunternehmeranteilen die durch die Veräußerung aufgedeckten stillen Reserven den Veräußerungsfreibetrag[260] nicht übersteigen und/oder ein Verlustausgleich/-abzug möglich ist.

Um die Vermutung für das Vorliegen einer privaten Versorgungsrente bei Vermögensübertragungen unter nahen Angehörigen erfolgreich widerlegen zu können, empfiehlt *Korn*[261] folgende Vorgehensweise:

(1) Bewertung des zu übertragenden Vermögens unter Einschaltung sachverständiger Dritter.

(2) Exakte versicherungsmathematische Berechnung der Rentenleistungen.

(3) Vermeidung kauffremder Elemente im Vertrag.

(4) Dokumentierung sämtlicher Gestaltungsschritte zur Beweisvorsorge.

Sollen im engen zeitlichen Zusammenhang zur entgeltlichen Vermögensübertragung auch andere (unentgeltliche oder teilentgeltliche) Vermögensübergaben im Wege der vorweggenommenen Erbfolge durchgeführt werden, ist dies - in konsequenter Anwendung des Prinzips der Tatbestandsmäßigkeit der Besteuerung - veräußerungsunschädlich.[262] Für die Praxis erscheint es zur Absicherung der jeweils angestrebten steuerlichen Beurtei-

---

257 Zur steuerlichen Behandlung vgl. ausführlich *Biergans, E.*, (Renten 1993) S. 135 ff, 196 ff

258 Nach *Arndt* (in: *Kirchhof/Söhn*, § 12 EStG Rdnr. C 21) "entartet" - insbesondere bei objektiver Gleichwertigkeit von Leistung und Gegenleistung - das Ergründen der Motivation des Steuerpflichtigen zu einem "unergiebigen Rätselraten."

259 Vgl. *Fischer, P.*, (Wiederkehrende Bezüge 1994) Rdnr. 254; *Korn, K.*, StVj 1993 S. 133 (140 ff)

260 § 16 Abs. 4 EStG

261 StVj 1993 S. 133 (141 f)

262 BFH v. 18.3.1980 - VIII R 148/78 - BStBl 1981 II S. 794; *Felix, G.*, KÖSDI 1984 S. 5464

lung dennoch empfehlenswert, die steuerrechtlich konträr zu würdigenden Übertragungsvorgänge nicht in einem Akt durchzuführen.[263]

II. Abgrenzung zwischen betrieblicher und privater Versorgungsrente

Eine betriebliche Versorgungsrente liegt vor, wenn anläßlich der Übertragung[264] eines Betriebs, Teilbetriebs oder Mitunternehmeranteils[265] dem Übergeber oder seinem Ehegatten[266] "... aus einer Art moralischer Erwägung eine Versorgung ..."[267] in Form von wiederkehrenden Zahlungen zugesichert wird. Im Gegensatz zu den privaten Versorgungsleistungen basieren diese Zahlungen allerdings nicht auf familiären Erwägungen, sondern werden insofern aus betrieblichen Gründen gewährt, als auch der Betrieb ein Interesse daran haben kann, daß der frühere Inhaber bzw. sein Ehegatte nicht unversorgt bleibt.

Becker[268] bezeichnet die betriebliche Versorgungsrente daher zutreffend als "Zwittergebilde" zwischen betrieblicher Veräußerungs- und privater Versorgungsrente. Wird der Betrieb bzw. der Mitunternehmeranteil auf einen fremden Dritten übertragen, spricht die Vermutung für das Vorliegen einer betrieblichen Veräußerungsrente.[269] Besteht zwischen den beteiligten Par-

---

263 *Korn, K.*, StVj 1993 S. 133 (142); vgl. allerdings FG Saarland v. 15.12.1993 - 1 K 344/92 - EFG 1994 S. 519 (520) (NZB: X B 122/94), das hinsichtlich der Annahme eines entgeltlichen oder unentgeltlichen Erwerbs auf jeden der Übertragungs- und Auseinandersetzungsvorgänge gesondert abstellt.

264 Erhält der Berechtigte losgelöst von der Übertragung seines Betriebs oder Mitunternehmeranteils wiederkehrende Versorgungsbezüge, handelt es sich hierbei um rein *tätigkeitsbezogene* nachträgliche betriebliche Einkünfte i.S.d. § 24 Nr. 2 EStG; vgl. zu dieser Problematik *Biergans, E.*, (Renten 1993) S. 108 ff

265 Eine betriebliche Versorgungsrente ist nicht denkbar, wenn lediglich ein einzelnes betriebliches Wirtschaftsgut übertragen wird; gl.A. *Jansen, R.*, *Wrede, F.*, (Renten 1992) Rdnr. 334; a.A. *Jansen* in: *Herrmann/Heuer/Raupach*, § 5 EStG Anm. 1383

266 BFH v. 10.4.1991 - XI R 27,28/88 - BFH/NV 1991 S. 530

267 RFH v. 12.10.1938 - VI 629/38 - StuW 1938 II Nr. 590; v. 26.7.1939 - VI 456/39 - RStBl 1939 S. 1120 Nr. 1200; vgl. auch die Urteile des RFH v. 23.3.1932 - VI A 926/30 - RStBl 1932 S. 705; v. 18.8.1933 - VI A 1355/32 - StuW 1933 II Nr. 647

268 StuW 1940 I Sp. 72 ff

269 Zur Abgrenzung zwischen betrieblicher Veräußerungs- und betrieblicher Versorgungsrente gelten im wesentlichen dieselben Kriterien, wie bei der Abgrenzung von betrieblicher Veräußerungs- und privater Versorgungsrente; vgl. hierzu ausführlich

teien dagegen ein verwandschaftliches Verhältnis, geht der BFH davon aus, daß private Versorgungsleistungen bzw. Unterhaltsleistungen[270] vorliegen.

Die Abgrenzung der betrieblichen zur außerbetrieblichen Versorgungsrente ist insofern problematisch, als "... der rein äußere Umstand der Übereignung bei beiden Renten derselbe"[271] ist.[272] Nach ständiger Rechtsprechung[273] besteht eine nur in Ausnahmefällen zu widerlegende Vermutung, daß die bei Betriebsübertragungen zwischen nahen Angehörigen vereinbarten Zahlungen im familiären und erbrechtlichen Bereich begründet sind und deshalb weder eine Entgeltlichkeit[274] noch ein betrieblicher Anlaß vorliegen kann. Eine private Versorgungsrente wird daher in all den Fällen angenommen, in denen die Übertragung in Zusammenhang mit der Vorwegnahme der künftigen Erbfolge steht. Dabei ist es unerheblich, wann die Versorgungsleistungen vereinbart wurden. Eine außerbetriebliche Veranlassung liegt selbst dann vor, wenn die Versorgungszusage mehrere Jahre vor dem Übertragungsvorgang getroffen wurde.[275] Eine private Versorgungsrente ist insbesondere auch dann anzunehmen, wenn das übertragene Vermögen von nicht unbedeutendem Wert ist, da ein fremder Betriebsinhaber in diesen Fällen primär ein angemessenes Entgelt anstelle einer nachträglichen Vergütung für geleistete Dienste verlangt hätte.[276]

Biergans, E., (Renten 1993) S. 48 f; *Ehlers, E.-A.*, (Besteuerung 1990) Tz. 188 ff; *Jansen, R.*, *Wrede, F.*, (Renten 1992) Rdnr. 320 ff

270 Zur Abgrenzung zwischen privaten Versorgungsleistungen und Unterhaltsleistungen vgl. S. 58 ff

271 *Jansen, R.*, *Wrede, F.*, (Renten 1992) Rdnr. 330

272 Ob letztlich familiäre oder betriebliche Gesichtspunkte für die Vereinbarung der Rente ausschlaggebend waren, ist dabei stets aus der Sicht des Rentenverpflichteten zu beurteilen; BFH v. 10.10.1963 - VI 115/61 U - BStBl 1963 III S. 592 (593); v. 28.7.1983 - IV R 174/80 - BStBl 1984 II S. 97 (100)

273 Vgl. die Ausführungen auf S. 15 ff, 48 ff

274 Sofern im Ausnahmefall ein entgeltlicher Vorgang gegeben ist, liegt eine betriebliche Veräußerungsrente vor; vgl. S. 48 ff

275 BFH v. 26.3.1987 - IV R 58/85 - BFH/NV 1987 S. 770 (772)

276 BFH v. 16.11.1972 - IV R 38/68 - BStBl 1973 II S. 184 (185); v. 6.3.1975 - IV R 191/71 - BStBl 1975 II S. 600 (601); v. 18.1.1979 - IV R 76/76 - BStBl 1979 II S. 403 (404)

Die Rechtsprechung beschränkt die Anerkennung einer betrieblichen Versorgungsrente zwischen nahen Angehörigen daher im wesentlichen[277] auf die Übertragung von Vermögen, dessen Wert weitgehend auf der persönlichen Leistung des bisherigen Gesellschafters beruht.[278] In diesem Sinne entschied der BFH im Urteil vom 18.1.1979[279] für den Fall, daß ein Rechtsanwalt und Notar mit seinem Schwiegersohn einen Sozietätsvertrag abschloß, durch den dieser verpflichtet wurde, nach dem Tod des Schwiegervaters an dessen Witwe wiederkehrende Zahlungen zu leisten. Der BFH[280] vertrat die Ansicht, daß die Vermutung für eine außerbetriebliche Vereinbarung hier nicht ohne weiteres greift, da es bei Freiberuflerpraxen - aufgrund des geringen Werts der materiellen Wirtschaftsgüter im Vergleich zum schwer bestimmbaren, personengebundenen Praxiswert - durchaus üblich ist, daß Berufskollegen in eine Sozietät eintreten, ohne mehr einzubringen als ihre Arbeitskraft,[281] und beim Tode eines Sozietätsmitglieds die anderen Gesellschafter die Praxis fortführen, ohne daß die Erben eine nach dem Wert des Gesellschaftsanteils im Todeszeitpunkt bemessene Abfindung erhalten.

M.E. gibt es keine betrieblichen Versorgungsleistungen. Bereits *Becker*[282] konnte bezüglich der Annahme betrieblicher Versorgungsrenten durch den RFH "... leise Bedenken nicht unterdrücken". Insbesondere kann die Vermutung zur *Versorgung* des Berechtigten aus *betrieblichem Anlaß* kein geeignetes Kriterium für das Vorliegen betrieblicher Versorgungsleistungen sein. Denn auch eine betriebliche Veräußerungsrente kann zur Versorgung des Bezugsberechtigten bestimmt sein,[283] da jeder Rente - unabhängig von

---

277 Vgl. allerdings das Urteil v. 10.4.1991 (XI R 27,28/88 - BFH/NV 1991 S. 530 (531), in dem der BFH eine betriebliche Versorgungsrente auch für den Fall annahm, daß sich *alle* Gesellschafter *im Gesellschaftsvertrag* Versorgungsleistungen für den Fall ihrer Invalidität zusagten.

278 RFH v. 2.12.1931 - VI A 1516/29 - StuW 1932 II Nr. 418; v. 23.3.1932 - VI A 926/30 - RStBl 1932 S. 705; v. 18.8.1933 - VI A 1355/32 - StuW 1933 II Nr. 647; BFH v. 18.1.1979 - IV R 76/76 - BStBl 1979 II S. 403; *Felix, G.*, DStR 1964 S. 19 (20); *Jansen, R.*, *Wrede, F.*, (Renten 1992) Rdnr. 325

279 IV R 76/76 - BStBl 1979 II S. 403 (404)

280 Urteil v. 18.1.1979 - IV R 76/76 - BStBl 1979 II S. 403 (404)

281 Dem kann aus heutiger Erfahrung wohl nicht mehr gefolgt werden.

282 StuW 1940 I Sp. 72 ff

283 BFH v. 17.12.1964 - IV 378/61 U - BStBl 1965 III S. 170 (171); v. 30.7.1965 - VI 288/63 U - BStBl 1965 III S. 613 (615); v. 12.6.1968 - IV 254/62 - BStBl 1968 II S. 653 (654); v. 24.10.1978 - VIII R 172/75 - BStBl 1979 II S. 135 (136); v. 26.3.

ihrer Form - ein Versorgungsmotiv immanent ist.[284] Für das "Zwittergebilde"[285] der betrieblichen Versorgungsleistung verbleibt *m.E.* vor allem auch durch die "neue" Rechtsprechung des X. Senats des BFH, der eine Vertragsgestaltung entweder dem *Typus* der entgeltlichen oder teilentgeltlichen Veräußerung oder aber dem "Sonderrecht der Vermögensübergabe gegen private Versorgungsleistungen" zuordnet, kein Raum. Sofern sich daher die im Zusammenhang mit der Übertragung von Betrieben oder Mitunternehmeranteilen vereinbarten wiederkehrenden Zahlungen nicht dem Rechtstypus des Übergabevertrags zuordnen lassen, ist stets ein (teil-) entgeltlicher Vorgang gegeben.[286]

III. Abgrenzung zwischen Unterhaltsrente und privater Versorgungsrente

(1) Beschlüsse des Großen Senats vom 5.7.1990 und vom 15.7.1991

Ein Sonderausgabenabzug der privaten Versorgungsleistungen nach § 10 Abs. 1 Nr. 1 a EStG und damit korrespondierend eine Versteuerung als wiederkehrende Bezüge im Sinne von § 22 Nr. 1 EStG kam nach bisheriger Rechtsprechung[287] und Verwaltungspraxis[288] nur dann in Betracht, wenn der Barwert der wiederkehrenden Leistungen nicht mehr als das Doppelte des Werts des übertragenen Vermögens ausmachte.[289] Betrug der Wert des

---

1987 - IV R 61/85 - BStBl 1987 II S. 597 (598); v. 29.1.1992 - X R 193/87 - BStBl 1992 II S. 465 (467)

284 *v. Bornhaupt, K. J.*, DStR 1981 S. 335; *Kemmer, M.*, (Teilentgeltliche Rechtsgeschäfte 1987) S. 66; *Niepoth, D.*, (Renten 1992) S. 46 f; *Schellenberger, H.*, DStZ/A 1979 S. 215; *Wollny, P.*, BB 1980 S. 306 (310)

285 *Becker, E.*, StuW 1940 I Sp. 72 ff

286 So wohl auch *Biergans, E.*, (Renten 1993) S. 223; *Paus, B.*, BB 1978 S. 1157 (1159 ff)

287 Urteil v. 23.1.1964 - IV 8/62 U - BStBl 1964 III S. 422; vgl. hierzu beispielsweise auch *Biergans, E.*, (Renten 1989) S. 36 f

288 Abschn. 87 Abs. 4 und Abschn. 123 Abs. 3 EStR 1990; ebenso R 87 Abs. 3 und R 123 EStR 1993

289 Zwar handelt es sich bei der 50% - Grenze lediglich um ein *Indiz* für das Vorliegen von (privaten) Versorgungsleistungen oder Zuwendungen i.S.d. § 12 Nr. 2 EStG; dennoch orientiert sich die gesamte bisherige Rechtsprechung an diesem Kriterium; vgl. *Arndt* in: *Kirchhof/Söhn*, § 12 EStG Rdnr. C 27 f

übernommenen Vermögens bei großzügiger[290] und überschlägiger Berechnung weniger als die Hälfte des Barwerts der wiederkehrenden Zahlungen, lagen in voller Höhe nicht abzugsfähige Zuwendungen gem. § 12 Nr. 2 EStG vor, die andererseits beim Empfänger nicht als sonstige Einkünfte zu erfassen waren.

Demgegenüber entschied der Große Senat des BFH im Beschluß vom 5.7.1990[291] - unter Hinweis auf die steuerrechtliche Behandlung eines gegenständlich beschränkten Vorbehaltsnießbrauchs der mit einer entgeltlichen Nutzungsüberlassung an den Vermögensübernehmer verbunden ist[292] - daß Versorgungsleistungen, die anläßlich der Übertragung von Vermögen im Wege der vorweggenommenen Erbfolge vom Übernehmer des Vermögens zugesagt werden, deshalb keine Zuwendungen aufgrund freiwillig begründeter Rechtspflicht im Sinne von § 12 Nr. 2 EStG darstellen, weil sie sich "... durch ihre Charakterisierung als vorbehaltene Vermögenserträge ..." von Unterhaltsleistungen im Sinne von § 12 Nr. 1 S. 1 EStG unterscheiden.

Zu einer scheinbar salomonischen Lösung kam dagegen der Große Senat im Beschluß vom 15.7.1991.[293] Einerseits stimmte er der bisherigen Rechtsprechung[294] zu, die in der Vergleichsrechnung anhand der 50% - Regel einen "wesentlichen Anhaltspunkt" für das Vorliegen von Versorgungs- oder Unterhaltsrenten sah. Andererseits wurde die Rechtsfigur der vorbehaltenen Vermögenserträge bestätigt und bezugnehmend auf einzelne Entscheidungen des RFH[295] und BFH[296] konkretisiert.

Infolgedessen haben sich im Hinblick auf die Tragweite der "Rechtsfigur der vorbehaltenen Vermögenserträge" in der Rechtsprechung und im

---

290 Dabei ist - innerhalb eines vertretbaren Schätzungsrahmens - der Auffassung des Steuerpflichtigen Bedeutung beizumessen; BFH v. 8.3.1956 - IV 19/56 U - BStBl 1956 III S. 126 (127)

291 GrS 4-6/89 - BStBl 1990 II S. 847 (852)

292 Kritisch hierzu *Biergans, E.*, StuW 1991 S. 381 (386)

293 GrS 1/90 - BStBl 1992 II S. 78 (84)

294 BFH v. 23.1.1964 - IV 8/62 U - BStBl 1964 III S. 422

295 Vgl. insbesondere das Urteil v. 1.2.1933 - VI A 2056/32 - RStBl 1933 S. 583 (584)

296 Urteile v. 2.2.1956 - IV 217/54 U - BStBl 1956 III S. 88; v. 28.7.1983 - IV R 174/80 - BStBl 1984 II S. 97 (100)

Schrifttum kontroverse Ansichten entwickelt.[297] Der X. Senat des BFH[298] sieht im Vorbehalt der Vermögenserträge eine das Sonderrecht der Vermögensübergabe gegen private Versorgungsleistungen allein legitimierende dogmatische Rechtsfigur. Dagegen vertreten insbesondere der XI. Senat des BFH[299] und ihm folgend die Finanzverwaltung[300] die Auffassung, daß hierin lediglich eine typisierende Beschreibung des Übergabevertrags zu sehen ist und erkennen private Versorgungsleistungen in Anwendung der 50% - Grenze auch dann an, wenn die wiederkehrenden Zahlungen nicht aus dem übertragenen Vermögen geleistet werden können.[301]

Somit ergibt sich folgende - in sich widersprüchliche - Situation:

Konservative Auffassung	**Progressive Auffassung**
- Bestätigung der 50% - Regel	- 50% - Regel in Frage gestellt
- Rechtsfigur der vorbehaltenen Vermögenserträge hat lediglich illustrative Funktion	- Rechtsfigur der vorbehaltenen Vermögenserträge hat materiell-rechtliche Wirkung

Übersicht 4: "Konservative" versus "progressive" Auffassung der 50% - Regel

297 Vgl. hierzu die Ausführungen auf S. 61 ff
298 Zur progressiven Ansicht des X. Senats vgl. S.63 ff
299 Urteil v. 23.1.1992 - XI R 6/87 - BStBl 1992 II S. 526 (527); ebenso BFH v. 7.4. 1992 - VIII R 59/89 - BStBl 1992 II S. 809 (812); v. 18.2.1993 - IV R 106/92 - BStBl 1993 II S. 546 (547); v. 18.2.1993 - IV R 50/92 - BStBl 1993 II S. 548 (549); v. 18.2.1993 - IV R 51/92 - BFH/NV 1994 S. 14 (15)
300 BMF-Schreiben v. 13.1.1993, BStBl 1993 I S. 80 Tz. 6
301 Vgl. hierzu die Ausführungen auf S. 61 ff

(2) Konservative Auffassung der 50% - Regel

Die Vermögensübergabe gegen private Versorgungsleistungen im Wege der vorweggenommenen Erbfolge stellt kein entgeltliches Rechtsgeschäft dar, weil die Versorgungsleistungen "keine Gegenleistung" des Übernehmers beinhalten. Gleichwohl stehen die Übertragung des Vermögens und die Versorgung des Übergebers *insofern* in einem wechselseitigen Abhängigkeitsverhältnis, als die Versorgungsleistungen den Wert des übertragenen Vermögens nicht um mehr als das Doppelte überschreiten. Beträgt der Wert des übertragenen Vermögens dagegen weniger als 50% der wiederkehrenden Zahlungen, so verliert das übertragene Vermögen seinen "Gegenleistungscharakter", und die wiederkehrenden Zahlungen stellen keine (privaten) Versorgungsleistungen, sondern steuerlich unbeachtliche Zuwendungen im Sinne des § 12 Nr. 2 EStG dar.[302] Sofern die Leistung gegenüber einer unterhaltsberechtigten Person erbracht wird, liegt insgesamt eine Unterhaltsleistung vor, bei nicht Unterhaltsverpflichteten ist eine auf freiwillig begründeter Rechtspflicht beruhende Leistung anzunehmen. Eine Aufteilung in eine abziehbare (private) Versorgungsleistung - soweit diese durch 50% des Werts des übertragenen Vermögens gedeckt ist - und eine nicht abziehbare Zuwendung im Sinne des § 12 Nr. 2 EStG lehnt der BFH[303] ab.[304] Als Begründung führt er an, daß die Aufspaltung einer einheitlich vereinbarten Leistung nicht nur eine genaue Berechnung der Werte voraussetze und zu praktischen Schwierigkeiten führe, sondern auch dem Grundsatz widerspreche, einen wirtschaftlich einheitlichen Vorgang auch steuerrechtlich möglichst einheitlich zu behandeln.[305]

Der Rechtsfigur der vorbehaltenen Vermögenserträge soll in Anbetracht dieser - vom Großen Senat des BFH im Beschluß vom 15.7.1991[306] aus-

---

302 Zur Kritik an diesem "Paradoxon eines unentgeltlichen Vorgangs mit Gegenleistung" vgl. *Fischer* in: *Kirchhof/Söhn,* § 22 EStG Rdnr. B 377; vgl. hierzu auch die Ausführungen auf S. 68

303 Urteile v. 8.2.1957 - VI 27/56 U - BStBl 1957 III S. 207 (208); v. 23.1.1964 - IV 8/62 U - BStBl 1964 III S. 422 (423); v. 21.2.1964 - IV 295/59 - HFR 1964 S. 335 (336 f); v. 27.4.1977 - I R 12/74 - BStBl 1977 II S. 603 (605); v. 25.4.1990 - X R 38/86 - BStBl 1990 II S. 625 (629)

304 Ebenso wie die Aufteilung in Versorgung und (teil-) entgeltliche Anschaffung.

305 *Biergans, E., Koller, A.,* DStR 1993 S. 741 (745) mit Beispiel; zur Kritik vgl. *Arndt* in *Kirchhof/Söhn,* § 12 EStG Rdnr. C 34

306 GrS 1/90 - BStBl 1992 II S. 78 (84)

drücklich bestätigten - Rechtsprechung nur ein *typisierender Charakter* zur Beschreibung eines Übergabevertrags mit Vereinbarung von Versorgungsleistungen zukommen. Konsequenterweise ist es nach Ansicht des XI. Senats des BFH[307] daher ohne Bedeutung, wie sich das übertragene Vermögen im einzelnen zusammensetzt und ob die zu erbringenden Versorgungsleistungen aus den Erträgen des übertragenen Vermögens geleistet werden können oder nicht.[308] Denn ob Versorgungsleistungen nach der *Art* vorbehaltener Erträge vorliegen, ergibt - in Übereinstimmung mit der bisherigen Rechtsprechung[309] - ein Vergleich des Barwerts der wiederkehrenden Leistungen mit dem Wert des übertragenen Vermögens.[310] Daher könne auch bei der Übergabe von ertraglosem Vermögen - entgegen der Ansicht des X. Senats des BFH[311] - eine private Versorgungsrente vereinbart werden. Auch der VIII. Senat des BFH hat sich im Urteil vom 7.4.1992[312] zum *Erb- und Pflichtteilsverzicht* gegen wiederkehrende Bezüge im Hinblick auf die Abgrenzung zur Unterhaltsrente auf die "50% - Regel" bezogen. Der VIII. Senat[313] erblickte im Erb- und Pflichtteilsverzicht zwar kein Entgelt im Sinne eines Veräußerungsgeschäfts, wohl aber eine "Gegenleistung", die das Abzugsverbot des § 12 EStG ausschließt.[314] Bezugnehmend auf die Besonderheiten des *Wirtschaftsüberlassungsvertrags*[315] als einer Nutzungsüberlassung mit erbrechtlichem Charakter hat auch der IV. Senat des BFH[316] hinsichtlich der Abgrenzung der zugunsten des Hofeigentümers übernomme-

307 Urteil v. 23.1.1992 - XI R 6/87 - BStBl 1992 II S. 526 (527)

308 Ebenso: BMF-Schreiben v. 13.1.1993, BStBl 1993 I S. 80 Tz. 6; *Mundt, I.*, DStR 1991 S. 698 (700); *Seithel, R.*, BB 1993 S. 473 (480); *Weber-Grellet, H.*, DStR 1993 - Beihefter zu Heft 31 - S. 1 (3); a.A. *Fischer, P.*, (Wiederkehrende Bezüge 1994) Rdnr. 366 ff; *Martin, S.*, BB 1993 S. 1773 (1777)

309 RFH v. 21.6.1933 - VI A 496/33 - StuW 1933 II Nr. 654; v. 12.7.1933 - VI A 1918/32 - StuW 1933 II Nr. 642; v. 18.10.1933 - VI A 203/33 - RStBl 1933 S. 1287; v. 22.11.1933 - VI A 856/33 - RStBl 1934 S. 338; BFH v. 23.1.1964 - IV 8/62 U - BStBl 1964 III S. 422

310 Urteil v. 23.1.1992 - XI R 6/87 - BStBl 1992 II S. 526 (527)

311 Vgl. allerdings das Urteil des X. Senats des BFH v. 16.12.1993 - X R 67/92 - BFHE Bd. 173 S. 152 sowie die Ausführungen hierzu auf S. 66 f

312 VIII R 59/89 - BStBl 1992 II S. 809 (812)

313 BFH v. 7.4.1992 - VIII R 59/89 - BStBl 1992 II S. 809 (812)

314 Zur Kritik vgl. S. 30 ff

315 Vgl. S. 22 ff

316 Urteile v. 18.2.1993 - IV R 106/92 - BStBl 1993 II S. 546; v. 18.2.1993 - IV R 50/92 - BStBl 1993 II S. 548 (549); v. 18.2.1993 - IV R 51/92 - BFH/NV 1994 S. 14 (15)

nen Leistungen zur Unterhaltsrente auf den Wert der "Gegenleistung" abgestellt,[317] obwohl er die Leistungen als Vermögenserträge qualifizierte, "... die sich der Hofeigentümer mit der Nutzungsüberlassung vorbehalten hat."

(3) Progressive Auffassung der 50% - Regel

Nach der Rechtsprechung des X. Senats des BFH[318] stellen die im Rahmen eines **typischen Versorgungsvertrags** vereinbarten wiederkehrenden Leistungen *nur* wegen ihres Charakters als *vorbehaltene Vermögenserträge* keine Zuwendungen im Sinne des § 12 Nr. 2 EStG dar.

Diese Auffassung beruht auf dem Gedanken, daß der "... Schlüssel zur Lösung des `Rätsels Versorgungsrente´ ... nicht in einer Auslegung des Zuwendungsbegriffs des § 12 Nr. 2 EStG, sondern in der *materiell-typisierenden Umschreibung des Generationennachfolge-Vertrages*" liegt,[319] den "... der Gesetzgeber dem Rechtsinstitut der **dauernden Last** zugeordnet hat,"[320] und der dadurch charakterisiert ist,[321] daß

- die einkommensteuerrechtliche Behandlung der familien- und erbrechtlichen Natur des Vertragstypus folgt;[322]
- die Vermögensübertragung die Vorwegnahme der künftigen Erbregelung und die wirtschaftliche Sicherung der alternden Eltern bezweckt;[323]
- die Rente nicht nach dem Wert der Gegenleistung, sondern nach dem Versorgungsbedürfnis des Berechtigten und der wirtschaftlichen Leistungsfähigkeit des Verpflichteten bemessen wird;[324]
- die Beteiligten sich von dem Gedanken leiten lassen, den übertragenen Betrieb der Familie zu erhalten.[325]

---

317 Kritisch hierzu *Fischer, P.*, FR 1993 S. 575 (576); *Paus, B.*, DStZ 1993 S. 599

318 BFH v. 14.7.1993 - X R 54/91 - BStBl 1994 II S. 19 (21); v. 24.11.1993 - X R 123/90 - BFH/NV 1994 S. 704; v. 16.12.1993 - X R 67/92 - BFHE Bd. 173 S. 152; vgl. auch *Hofer, A.*, StRK EStG 1975 § 10 Abs. 1 Nr. 1 a R. 49

319 *Fischer, P.*, (Wiederkehrende Bezüge 1994) Rdnr. 320 (Herv. im Original)

320 BFH v. 11.3.1992 - X R 141/88 - BStBl 1992 II S. 499 (501 f) (Herv. d. Verf.)

321 BFH v. 15.7.1991 - GrS 1/90 - BStBl 1992 II S. 78 (84)

322 Bezugnehmend auf RFH v. 8.10.1931 - VI A 770/31 - RStBl 1931 S. 946 m.w.N.; *Becker, E.*, StuW 1929 I Sp. 969 (978 ff)

323 Bezugnehmend auf BFH v. 12.7.1955 - I 232/54 U - BStBl 1955 III S. 302; v. 20.3. 1984 - IX R 8/80 - BStBl 1985 II S. 43

Zivilrechtliches Modell[326] der steuerrechtlichen Vermögensübergabe gegen private Versorgungsleistungen ist der Typus des Altenteils- oder Leibgedingsvertrags, dessen Besonderheit darin gesehen wird, daß er der nachfolgenden Generation unter Vorwegnahme des Erbfalls das Nachrücken in eine die Existenz wenigstens teilweise begründende Wirtschaftseinheit[327] ermöglicht und gleichzeitig die Versorgung des Übergebers aus dem übertragenen Vermögen zumindest zu einem Teil sichert.[328] Der Übergeber überträgt sein Vermögen gerade deshalb, weil er die Einkünfte hieraus nicht mehr selbst erwirtschaften, sondern aus dem Ertrag des übertragenen Vermögens versorgt werden will.[329] Ein Vertrag, bei dem die vereinbarten Leistungen letztlich nicht als zurückbehaltene Erträge aus dem übergebenen Vermögen angesehen werden können, kann deshalb *kein typischer Versorgungsvertrag* sein.[330] Daher gibt es - so der X. Senat[331] - keinen rechtlichen Grund, die anläßlich einer Vermögensübertragung unter *Vorbehalt eines (Total-) Nießbrauchs* vereinbarten Leistungen des (neuen) Eigentümers an den Nießbraucher vom Abzugsverbot des § 12 Nr. 2 EStG auszunehmen; denn in diesem Fall wird der Übergeber nicht aus den Erträgen des übertragenen Vermögens versorgt, sondern erwirtschaftet die Erträge weiterhin selbst. Ausdrücklich offen ließ der X. Senat[332] dagegen die Frage, ob es der Anerkennung als Versorgungsleistungen auch entgegensteht, wenn der Nießbrauch lediglich zur Sicherung der wiederkehrenden Leistungen[333] bestellt wird. *M.E.*[334] schließt die anläßlich der Vermögensübertragung erfolgte Bestellung eines Nießbrauchs zugunsten des Übergebers, dessen Aus-

---

324 Bezugnehmend auf BFH v. 23.1.1964 - IV 8/62 U - BStBl 1964 III S. 422

325 Bezugnehmend auf BFH v. 30.11.1967 - IV 1/65 - BStBl 1968 II S. 263

326 *Fischer, P.*, (Wiederkehrende Bezüge 1994) Rdnr. 345

327 Zum Begriff der Wirtschaftseinheit vgl. S. 42 ff

328 Vgl. hierzu ausführlich S. 9 ff

329 BGH v. 31.10.1969 - V ZR 138/66 - NJW 1970 S. 282; BFH v. 5.7.1990 - GrS 4-6/89 - BStBl 1990 II S. 847 (851 f)

330 BFH v. 16.12.1993 - X R 67/92 - BFHE Bd. 173 S. 152

331 Urteile v. 25.3.1992 - X R 100/91 - BStBl 1992 II S. 803 (805); v. 14.7.1993 - X R 54/91 - BStBl 1994 II S. 19 (21); vgl. zu dieser Problematik auch FG Saarland v. 15.12.1993 - 1 K 344/92 - EFG 1994 S. 519 (520) (NZB: X B 122/94)

332 BFH v. 25.3.1992 - X R 100/91 - BStBl 1992 II S. 803 (805)

333 Der X. Senat spricht von "Altenteilsleistungen"; dies ist insofern unkorrekt, als der Vertrag - gerade nach Ansicht des X. Senats - zunächst als "typischer Übergabevertrag" zu qualifizieren ist, damit überhaupt Altenteilsleistungen vorliegen können.

334 Vgl. die Ausführungen auf S. 11 sowie die dort angegebenen Quellen

übung gem. § 1059 BGB dem Übernehmer überlassen wird, die Anerkennung von Versorgungsleistungen nicht aus, sofern die übrigen Vereinbarungen dem Typus des Übergabevertrags entsprechen.

Die für die Beurteilung der im Rahmen einer vorweggenommenen Erbfolge vereinbarten Zahlungen als Versorgungs*lasten* alles entscheidende Kardinalfrage[335] ist somit, ob der vorliegende Vertrag dem Rechtstypus der Vermögensübergabe überhaupt zugeordnet werden kann. Nur sofern dies der Fall ist, kann in der Vergleichsrechnung der Richtlinie 123 ein Anhaltspunkt für die Anwendung des § 12 EStG zu sehen sein.[336] Eine eigenständige Wertung des Vertrags lediglich anhand der 50% - Regel würde sowohl dem rechtlichen Gehalt des Übergabevertrags als auch einer verfassungskonformen Auslegung des § 12 EStG zuwiderlaufen.[337] Die isolierte Anwendung der 50% - Regel hat die gleichheitswidrige Folge, "... daß Unterhaltszahlungen von Kindern an ihre Eltern aus dem einzigen Grunde steuerlich abziehbar wären, daß die Eltern in der Lage waren, ihren Kindern Vermögen zu übertragen."[338]

Sofern ein Vertrag dem steuerrechtlichen Typus der Vermögensübergabe zugeordnet werden kann, ist es für die Anerkennung von Versorgungsleistungen unschädlich, wenn ein *nominal negatives, aber ertragstarkes Betriebsvermögen* übertragen wird[339] bzw. die Versorgungsleistungen wegen *vorübergehender Ertragslosigkeit* nicht aus dem übertragenen Vermögen geleistet werden können.[340] Denn für die Frage, ob die Versorgungsbezüge aus den Erträgen des übertragenen Vermögens geleistet werden können, wird grundsätzlich auf die *zukünftigen Durchschnittserträge* bei Abschluß des Vermögensübergabevertrags abzustellen sein.[341] Auch steht die Über-

---

335 *Fischer, P.*, (Wiederkehrende Bezüge 1994) Rdnr. 381

336 *Fischer, P.*, (Wiederkehrende Bezüge 1994) Rdnr. 379

337 BVerfG v. 17.12.1992 - 1 BvR 4/87 DStR 1993 S. 315; BFH v. 14.7.1993 - X R 54/91 - BStBl 1994 II S. 19 (22)

338 BFH v. 14.7.1993 - X R 54/91 - BStBl 1994 II S. 19 (22) (Herv. im Original); *Fischer, P.*, (Wiederkehrende Bezüge 1994) Rdnr. 376; *Reiß, W.*, FR 1990 S. 381 (382)

339 *Fischer, P.*, (Wiederkehrende Bezüge 1994) Rdnr. 376; a.A. BFH v. 10.4.1991 - XI R 25/89 - BFH/NV 1991 S. 720 in Anwendung der 50% - Regel

340 BFH v. 14.7.1993 - X R 54/91 - BStBl 1994 II S. 19 (23); *Martin, S.*, BB 1993 S. 1173 (1776)

341 *Paus, B.*, DStZ 1993 S. 335

tragung von *potentiell ertragbringendem Vermögen* der Annahme privater Versorgungsleistungen grundsätzlich nicht entgegen. Der BFH[342] erachtet es für den typischen Versorgungsvertrag als ausreichend, wenn die vereinbarten Leistungen *letztlich* als zurückbehaltene Erträge aus dem übergebenen Vermögen angesehen und deshalb aus dessen Erträgnissen auch bezahlt werden *könnten*.[343] Deshalb kann auch selbstgenutztes Wohneigentum Gegenstand eines Vermögensübergabevertrags sein,[344] da in der "... Eigennutzung durch Ersparen von Mietkosten ... eine bestimmungsgemäße *wirtschaftliche* Verwertung" zu sehen ist, "... deren `Ertrag´ ... an den Übergeber abgeführt wird."[345]

Zur völligen Verwirrung trägt allerdings das Urteil des X. Senats des BFH vom 16.12.1993[346] bei. Vor dem Hintergrund, daß der Große Senat im Beschluß vom 15.7.1991[347] - entgegen dem Ansinnen des X. Senats im Vorlagebeschluß vom 25.4.1990[348] - aus Gründen der Rechtskontinuität sowie der Rechtssicherheit daran festgehalten hat, daß die in sachlichem Zusammenhang mit Vermögensübergabeverträgen vereinbarten wiederkehrenden Leistungen - sofern diese gleichbleibend sind - Versorgungs*leibrenten*[349] darstellen, schafft der X. Senat den **atypischen Versorgungsvertrag**.[350] Danach soll der Gedanke der vorbehaltenen Vermögenserträge nur als Voraussetzung für das Vorliegen einer dauernden Last anzusehen sein. Bei Fehlen von Erträgnissen ist dagegen - da insofern kein typischer Versor-

---

342 Urteil v. 16.12.1993 - X R 67/92 - BFHE Bd. 173 S. 152

343 Ebenso BFH v. 14.7.1993 (X R 54/91 - BStBl 1994 II S. 19 (23)), wonach die Übertragung von potentiell ertragbringendem Vermögen anerkannt werden soll, wenn der Vertrag an sich dem Typus der am Modell der Hof- und Geschäftsübergabe entwickelten steuerrechtlichen Vermögensübergabe entspricht.

344 *Fischer, P.*, (Wiederkehrende Bezüge 1994) Rdnr. 340; zur zivilrechtlichen Problematik vgl. S. 12 f

345 *Fischer, P.*, (Wiederkehrende Bezüge 1994) Rdnr. 340 (Herv. im Original)

346 X R 67/92 - BFHE Bd. 173 S. 152; vgl. hierzu auch *Hofer, A.*, StRK EStG 1975 § 10 Abs. 1 Nr. 1 a R. 49

347 GrS 1/90 - BStBl 1992 II S. 78

348 X R 38/86 - BStBl 1990 II S. 625

349 Dies hat zur Folge, daß - im Gegensatz zur dauernden Last - nicht der volle Betrag, sondern nur der Ertragsanteil der Leistungen zu versteuern (§ 22 Nr. 1 i.V.m. § 55 EStDV) bzw. steuerlich absetzbar ist (§ 10 Abs. 1 Nr. 1 a EStG); vgl. ausführlich S. 99 ff

350 Vgl. hierzu auch *Hofer, A.*, StRK EStG 1975 § 10 Abs. 1 Nr. 1 a R. 49

gungsvertrag vorliegt - von einer **Leibrente** auszugehen.[351] Für diesen Fall scheint der X. Senat die Überprüfung anhand der 50% - Regel zu bejahen.[352]

M.E.[353] ist eine rechtliche Grundlage für die Differenzierung zwischen typischem Versorgungsvertrag, für den die Rechtsfigur der vorbehaltenen Vermögenserträge konstitutiv ist und den der Gesetzgeber dem Rechtsinstitut der dauernden Last zugewiesen haben soll und atypischem Versorgungsvertrag, der zur Annahme einer Versorgungsleibrente führen soll, nicht ersichtlich. Akzeptierte *Fischer*[354] das Festhalten an der Versorgungs*leibrente* durch den Großen Senat des BFH[355] noch als "... hinnehmbaren Tribut an die Rechtskontinuität," so setzt sich der X. Senat mit seiner Entscheidung vom 16.12.1993[356] über die Grenzen einer gesetzeskonformen Rechtsanwendung eindeutig hinweg. Ist bereits fraglich, ob es sich bei der Vermögensübergabe gegen private Versorgungsleistungen überhaupt um ein vom Gesetzgeber geschaffenes Sonderrecht handelt,[357] so bietet das Gesetz erst recht keinen Anhaltspunkt für eine Unterscheidung zwischen typischem und atypischem Versorgungsvertrag.[358] Leibrenten und dauernde Lasten unterscheiden sich nach allgemeinem Verständnis nur durch die Abänderbarkeit der Leistungen, nicht aber danach, ob und inwieweit Versorgungsleistungen durch tatsächliche Erträge aus dem übertragenen Vermögen gedeckt sind.[359]

---

351 Ähnlich *Weber-Grellet, H.*, DStR 1994 S. 498 und FR 1994 S. 259

352 Dies ergibt sich *m.E.* daraus, daß im Anschluß an diese Ausführungen das Urteil des XI. Senats v. 23.1.1992 (XI R 6/87 - BStBl 1992 II S. 526) zitiert wird, in dem dieser an der 50% - Regel zur Abgrenzung zwischen Versorgungsleistungen und Unterhaltsleistungen festhielt.

353 Gl.A. *Weber-Grellet, H.*, DStR 1994 S. 498 und FR 1994 S. 259

354 DStR 1992 - Beihefter zu Heft 17 - S. 1 (4)

355 Beschluß v. 15.7.1991 - GrS 1/90 - BStBl 1992 II S. 78

356 X R 67/92 - BFHE Bd. 173 S. 152

357 Zur Kritik bezüglich dieser Annahme vgl. S. 160 ff

358 Vgl. auch *Hofer, A.*, StRK EStG 1975 § 10 Abs. 1 Nr. 1 a EStG R. 49

359 *Weber-Grellet, H.*, DStR 1994 S. 498 und FR 1994 S. 259

(4) Stellungnahme

M.E. kann weder die 50% - Regel noch die Rechtsfigur der vorbehaltenen Vermögenserträge den Abzug privater Versorgungsleistungen als Sonderausgaben hinreichend rechtfertigen.

Die 50% - Grenze ist - unabhängig von zusätzlich bestehenden Bedenken hinsichtlich ihres materiellen Gerechtigkeitsgehalts[360] - in sich widersprüchlich. Bei ihrer Anwendung mißt der BFH mit zweierlei Maß. Einerseits soll die Vermögensübergabe gegen private Versorgungsleistungen deshalb kein entgeltliches Rechtsgeschäft darstellen, weil die Versorgungsleistungen keine Gegenleistung des Übernehmers beinhalten, andererseits soll das übertragene Vermögen - allerdings nur insofern, als sein Wert mindestens die Hälfte des Barwerts der wiederkehrenden Zahlungen beträgt - als Gegenleistung für die Einräumung der Versorgungsleistungen anzusehen sein. Dies stellt einen logischen Bruch dar, den *Kemmer*[361] zutreffend als ein "... Phänomen, etwa vergleichbar einem schwarzen Schimmel" bezeichnet und der selbst *Fischer*[362] veranlaßte, von einem "... Paradoxon eines unentgeltlichen Vorgangs mit Gegenleistung ..." zu sprechen.

Weber-Grellet[363] versucht die 50% - Grenze zu rechtfertigen, indem er den im Rahmen einer Vermögensübergabe im Wege einer vorweggenommenen Erbfolgeregelung vereinbarten Versorgungsleistungen grundsätzlich[364] Gegenleistungscharakter bescheinigt. Gleichwohl solle kein entgeltliches Rechtsgeschäft vorliegen, da das Versorgungsmotiv den Erwerbsaspekt überlagere. Davon abgesehen, daß er sich mit dieser Argumentation in Widerspruch zur Auffassung des Großen Senats des BFH[365] begibt, wonach Versorgungsleistungen keine Gegenleistung für das übertragene Vermögen bilden, stellt auch der Versorgungsaspekt kein geeignetes Kriterium zur Abgrenzung von Veräußerungs- zu Versorgungsrenten dar. Denn jeder Rentenvereinbarung liegt ein Versorgungsmotiv zugrunde.[366] Insbesondere ist kein

360 *Fischer, P.*, (Wiederkehrende Bezüge 1994) Rdnr. 369
361 (Teilentgeltliche Rechtsgeschäfte 1987) S. 68
362 in: *Kirchhof/Söhn*, § 22 EStG Rdnr. B 377
363 DStR 1993 - Beihefter zu Heft 31 - S. 1 (3 f)
364 Sofern die 50% - Regel eingehalten wird.
365 Beschluß v. 5.7.1990 - GrS 4-6/89 - BStBl 1990 II S. 847
366 Vgl. die Ausführungen auf S. 57 f

Grund dafür ersichtlich, zwischen einem Entgelt im Sinne eines Veräußerungsgeschäfts und einer Gegenleistung im Rahmen einer vorweggenommenen Erbfolgeregelung zu unterscheiden.[367] Maßgeblich für das Vorliegen von Entgeltlichkeit ist, daß Leistung und Gegenleistung sich gegenseitig bedingen. Die Tatsache, daß die Leistungen des Übernehmers (auch) der Versorgung des Übergebers dienen, schließt nicht aus, daß der Übernehmer diese erbringt, *um* das Vermögen zu bekommen.

Ebensowenig wie die 50% - Regel kann auch die Theorie der vorbehaltenen Vermögenserträge des X. Senats des BFH die steuerrechtliche Behandlung der im Rahmen einer vorweggenommenen Erbfolge vereinbarten Leistungen rechtfertigen.[368]

Fischer[369] - Mitglied des X. Senats des BFH - begründet das "dogmatische Verständnis" des Vorbehalts der Vermögenserträge insbesondere mit dem Urteil des RFH vom 1.2.1933,[370] in dem die Abziehbarkeit der im Hinblick auf die Vermögensübergabe vereinbarten Versorgungsleistungen auch damit begründet wurde, daß "... dies wirtschaftlich auch so angesehen werden ..." könne, "... als ob die Eltern sich von ihrem Vermögen an Ertragswert das zurückbehielten, was für sie zur Lebenshaltung nötig ist." Demgegenüber ist zu bedenken, daß der RFH in demselben Urteil[371] sowie in ständiger Rechtsprechung[372] zur Abgrenzung zwischen steuerlich berücksichtigungsfähigen Altenteilsleistungen und steuerlich irrelevanten Unterhaltsvereinbarungen stets auf das Verhältnis von Leistung und Gegenleistung abstellte. Danach

---

367 Vgl. analog die Entscheidung des VIII. Senats des BFH v. 7.4.1992 (VIII R 59/89 - BStBl 1992 II S. 809), in der dieser im Erb- und Pflichtteilsverzicht gegen wiederkehrende Zahlungen keine zur Wertverrechnung geeignete Vermögensposition sah, andererseits diesem Verzicht genügend Gewicht beimaß, um als Gegenleistung das Abzugsverbot des § 12 Nr. 2 EStG auszuschließen; kritisch hierzu *Fischer, P.*, FR 1992 S. 627; vgl. ausführlich S. 30 ff

368 Gl.A. *Biergans, E.*, (Renten 1993) S. 229 ff; *Biergans, E.*, *Koller, A.*, DStR 1993 S. 741 (742, 747 f); *Drenseck, W.*, StbJb 1993/94 S. 187 (197, 199 f); *Paus, B.*, DStZ 1994 S. 464 (465); *Seithel, R.*, BB 1993 S. 473 (480 f); *Stephan, R.*, DB 1993 S. 194; *Weber-Grellet, H.*, DStR 1993 - Beihefter zu Heft 31 - S. 1 (4 ff)

369 (Wiederkehrende Bezüge 1994) Rdnr. 134 ff, 375

370 VI A 2056/32 - RStBl 1933 S. 583

371 RFH v. 1.2.1933 - VI A 2056/32 - RStBl 1933 S. 583 (584)

372 RFH v. 21.6.1933 - VI A 496/93 - StuW 1933 II Nr. 654; v. 12.7.1933 - VI A 1918/32 - StuW 1933 II Nr. 642; v. 18.10.1933 - VI A 203/33 - RStBl 1933 S. 1287; v. 22.11.1933 - VI A 856/33 - RStBl 1934 S. 338

war der Abzug der Altenteilsleistungen selbst dann möglich, wenn der Barwert der Rentenzahlungen den Wert der (potentiellen) Erträge aus dem übertragenen Vermögen überstieg.[373] Nur dort, wo der Barwert der Rentenleistung erheblich über dem Wert des übertragenen Vermögens lag,[374] handelte es sich in vollem Umfang[375] um eine steuerlich nicht berücksichtigungsfähige Unterhaltszahlung. Gegen eine "dogmatische Rechtsfigur der vorbehaltenen Vermögenserträge" spricht desweiteren die Tatsache, daß bereits das Preußische Oberverwaltungsgericht den Abzug des vollen Werts des Altenteils ohne Rücksicht darauf zuließ, wie das Einkommen aus dem belasteten Gut ermittelt wurde. Jede Wechselwirkung zwischen den Gutseinnahmen und der Altenteilslast war ausgeschlossen.[376]

Die Theorie der vorbehaltenen Vermögenserträge wird auch im Schrifttum - mit Ausnahme von Vertretern des X. Senats des BFH[377] - zu Recht abgelehnt.[378] Dem Beschluß vom 5.7.1990[379] kann nämlich nicht entnommen werden, daß der Große Senat dem Umstand, daß sich der Vermögensübergeber in Gestalt der Versorgungsleistungen typischerweise Erträge seines

---

373 RFH v. 12.7.1933 - VI A 1918/32 - StuW 1933 II Nr. 642; v. 22.11.1933 - VI A 856/33 - RStBl 1934 S. 338

374 Eine Aussage, ab wann ein erhebliches Mißverhältnis vorlag, wurde nicht getroffen. Die Prüfung der Frage, ob Leistung und Gegenleistung in einem angemessenen Verhältnis zueinander stehen, war nach Ansicht des RFH (Urteil v. 22.11.1933 - VI A 856/33 - RStBl 1934 S. 338) nicht Aufgabe der Steuerbehörde. Die 50% - Grenze wurde erst durch den BFH im Urteil v. 23.1.1964 (IV 8/62 U - BStBl 1964 III S. 422) festgelegt.

375 Eine Aufteilung der Rentenzahlungen in solche mit und solche ohne Gegenleistung lehnte bereits der RFH (Urteil v. 12.7.1933 - VI A 1918/32 - StuW 1933 II Nr. 642; v. 22.11.1933 - VI A 856/33 - RStBl 1934 S. 338) ab. Der BFH schloß sich dieser Rechtsprechung - nachdem er im Urteil v. 8.3.1956 (IV 19/56 U - BStBl 1956 III S. 126, im Anschluß an BFH v. 3.6.1953 - IV 391/52 U - BStBl 1953 III S. 265) zunächst die Aufteilung in eine abzugsfähige Versorgungsrente und eine nicht abziehbare Unterhaltszahlung vornahm - mit Urteil v. 8.2.1957 (VI 27/56 U - BStBl 1957 III S. 207 (208)) an.

376 *Fuisting, B.*, *Strutz, G.*, (Steuern Bd. I/1 1915) § 8 Anm. 47 (Herv. im Original); vgl. auch die Ausführungen auf S. 141

377 *Fischer, P.*, (Wiederkehrende Bezüge 1994) Rdnr. 163; *Martin, S.*, BB 1993 S. 1773

378 *Biergans, E.*, (Renten 1993) S. 229 ff; *Biergans, E.*, *Koller, A.*, DStR 1993 S. 741 (742, 747 f); *Drenseck, W.*, StbJb 1993/94 S. 187 (197, 199 f); *Paus, B.*, DStZ 1994 S. 464 (465); *Seithel, R.*, BB 1993 S. 473 (480 f); *Stephan, R.*, DB 1993 S. 194; *Weber-Grellet, H.*, DStR 1993 - Beihefter zu Heft 31 - S. 1 (4 ff)

379 GrS 4-6/89 - BStBl 1990 II S. 847

Vermögens vorbehält, die nunmehr vom Vermögensübernehmer erwirtschaftet werden müssen, materiell-rechtliche Bedeutung beimessen wollte. Denn bei einer vorweggenommenen Erbfolgeregelung geht es "... nicht um die Übertragung der Einkunftserzielung, sondern um einen vorgezogenen Vermögensübergang gegen bestimmte Leistungen."[380] Auch dürfen die Ausführungen des BVerfG im Beschluß vom 17.12.1992,[381] in dem dieses die Rechtsfigur der vorbehaltenen Vermögenserträge als eine die Sonderbehandlung der Vermögensübertragung gegen private Versorgungsleistungen legitimierende rechtliche Vorstellung nicht beanstandet hat, nicht überstrapaziert werden.[382] Denn das BVerfG[383] stellt - ebenso wie der Große Senat des BFH[384] - lediglich darauf ab, daß es sich bei den wiederkehrenden Bezügen *typischerweise* um Erträge aus dem übertragenen Vermögen handelt, die ohne Rücksicht auf eine etwaige "Gegenleistung" versteuert werden müssen.

M.E. ist - trotz unterschiedlicher Vorgehensweisen - sowohl die konservative als auch die progressive Auffassung dadurch gekennzeichnet, mißbrauchsverdächtige Mitnahmeeffekte verhindern zu wollen. Eine normativ tragfähige Begründung für die steuerrechtliche Behandlung der im Rahmen einer vorweggenommenen Erbfolgeregelung vereinbarten wiederkehrenden Zahlungen beinhalten jedoch beide Konzepte nicht.[385]

---

380 *Drenseck, W.*, StbJb 1993/94 S. 187 (197)

381 1 BvR 4/87, DStR 1993 S. 315

382 Gl.A. *Paus, B.*, DStZ 1994 S. 464 (465); so jedoch *Fischer, P.*, DB 1993 S. 1002; *Martin, S.*, BB 1993 S. 1773

383 Beschluß v. 17.12.1992 - 1 BvR 4/87 - DStR 1993 S. 315

384 Beschluß v. 5.7.1990 - GrS 4-6/89 - BStBl 1990 II S. 847; v. 15.7.1991 - GrS 1/90 - BStBl 1992 II S. 78

385 Vgl. hierzu die Ausführungen auf S. 160 ff

E. Anforderungen an den Übergabevertrag

Für den Vermögensübergabevertrag gelten generell die von der Rechtsprechung[386] für Verträge zwischen nahen Angehörigen entwickelten Grundsätze. Durch den Übergabevertrag werden zwar typischerweise gegenläufige Interessen von Übergeber und Übernehmer des Vermögens ausgeglichen.[387] Allerdings ist zu berücksichtigen, daß ein solcher Vertrag nur zwischen einander verwandschaftlich und/oder persönlich nahestehenden Personen abgeschlossen[388] und im Hinblick auf die Anerkennung der Steuerfolgen zudem nicht darauf abgestellt wird, ob der Übergeber des Vermögens auf die Versorgungsleistungen angewiesen ist.[389] Daher ist es generell möglich, daß "... der durch gegenläufige Interessen gewährleistete Mechanismus eines vertragsgemäßen Interessenausgleichs deswegen nicht wirkt, weil die Vertragspartner ... an einer korrekten Durchführung des Vertrags nicht interessiert sind."[390] Die steuerrechtliche Anerkennung der anläßlich einer Vermögensübergabe im Wege der vorweggenommenen Erbfolge[391] vereinbarten wiederkehrenden Zahlungen als Versorgungsleistungen setzt deshalb voraus, daß die Vertragsparteien die gegenseitigen Rechte und Pflichten - unter Einhaltung der bürgerlich-rechtlichen Formvorschriften[392] - *von Anfang an* oder *bei Änderung des Verhältnisses für die Zukunft* klar und eindeutig festlegen[393] sowie nachprüfbar durchführen.[394] Als wesentlicher In-

---

386 BFH v. 28.4.1987 - IX R 40/81 - BFH/NV 1987 S. 712; v. 4.12.1991 - X R 9/84 - BFH/NV 1992 S. 306; v. 20.5.1992 - X R 207/87 - BFH/NV 1992 S. 805

387 BFH v. 4.12.1991 - X R 9/84 - BFH/NV 1992 S. 306; v.15.7.1992 - X R 165/90 - BStBl 1992 II S. 1020 (1022); v. 24.3.1993 - X R 4/92 - BFH/NV 1993 S. 717 (718)

388 Auch wenn die Vermögensübergabe zwischen familienfremden Personen erfolgt, ist Voraussetzung, daß der Übertragende im Wege der vorweggenommenen Erbfolge seine wirtschaftliche Lebensgrundlage deshalb übergeben hat, um in die *persönliche Gebundenheit* eines abhängigen Versorgungsverhältnisses einzutreten; vgl. S. 13 f

389 BFH v. 23.1.1992 - XI R 6/87 - BStBl 1992 II S. 526; wohl a.A. BFH v. 26.1.1994 - X R 54/92 - BFHE Bd. 173 S. 360; vgl. S. 48 f

390 BFH v. 24.3.1993 - X R 4/92 - BFH/NV 1993 S. 717 (718)

391 Vorrangig ist deshalb festzustellen, ob überhaupt eine vertragliche Vereinbarung vorliegt, die zum Zwecke einer vorweggenommenen Erbregelung getroffen wurde; BFH v. 15.7.1992 - X R 142/88 - BFH/NV 1992 S. 816

392 BFH v. 12.9.1991 - X R 199/87 - BFH/NV 1992 S. 233; v. 4.12.1991 - X R 9/84 - BFH/NV 1992 S. 306

393 BFH v. 28.1.1986 - IX R 12/80 - BStBl 1986 II S. 348; v. 10.6. 1986 - IX R 7/82 - BFH/NV 1987 S. 26; v. 28.4.1987 - IX R 40/81 - BFH/NV 1987 S. 712; v. 12.9. 1991 - X R 199/87 - BFH/NV 1992 S. 233 (244); v. 4.12.1991 - X R 9/84 -

halt des Übergabevertrags müssen insbesondere der *Umfang des übertragenen Vermögens*, die *Höhe der Versorgungsleistung* und die *Art und Weise der Zahlung* vereinbart sein.[395]

Nach den allgemeinen steuerrechtlichen Grundsätzen über Verträge zwischen nahen Angehörigen steht es den Vertragsparteien nicht frei, ob und in welchen Umfang sie ihren Vertragspflichten nachkommen wollen. Die Leistungen müssen wie vereinbart erbracht werden.[396] Dies bedeutet nicht nur, daß die Versorgungsleistungen in der festgelegten Höhe zu den vertraglich vereinbarten Fälligkeitszeitpunkten gezahlt werden, sondern auch, daß der Verpflichtete seine Leistung tatsächlich erbringt und der Berechtigte über die ihm zugeflossenen Einnahmen auch tatsächlich verfügen kann.[397] Werden deshalb die auf der Grundlage eines Übergabevertrags geschuldeten Versorgungsleistungen nicht erbracht, entfällt die Abziehbarkeit beim Verpflichteten und die Steuerbarkeit beim Berechtigten.[398]

Gleichwohl liegt es in der Rechtsnatur des Versorgungsvertrags begründet, daß die Vertragspartner beispielsweise auf geänderte Bedarfslagen angemessen reagieren. Eine Schwankung der Höhe nach muß aber, soll sie steuerrechtlich anerkannt werden, durch nachweisbare Umstände veranlaßt sein, die nach Maßgabe des Vertragstextes oder nach der Rechtsnatur des Vertrags rechtserheblich sind.[399] Diese Umstände müssen - in der Regel langfristig - eine veränderte Leistungsfähigkeit des Verpflichteten und/oder eine andere Bedarfslage des Berechtigten anzeigen.[400] Umgekehrt läßt sich aller-

---

BFH/NV 1992 S. 306 (307); v. 20.5.1992 - X R 207/87 - BFH/NV 1992 S. 805; v. 3.6.1992 - X R 38/89 - BFH/NV 1993 S. 98; v. 15.7.1992 - X R 142/88 - BFH/NV 1992 S. 816; v. 15.7.1992 - X R 165/90 - BStBl 1992 II S. 1020 (1022); v. 24.11. 1993 - X R 123/90 - BFH/NV 1994 S. 704

394 BFH v. 24.3.1993 - X R 4/92 - BFH/NV 1993 S. 717 (718); vgl. auch H 87 EStR "Vermögensübergabe gegen Versorgungsleistungen"

395 BFH v. 15.7.1992 - X R 165/90 - BStBl 1992 II S. 1020 (1022); zur Bedeutung nicht beurkundeter Nebenabreden vgl. BFH v. 10.7.1990 - IX R 50/88 - BFH/NV 1991 S. 157

396 BFH v. 15.7.1992 - X R 165/90 - BStBl 1992 II S. 1020 (1022)

397 BFH v. 20.5.1992 - X R 207/87 - BFH/NV 1992 S. 805; v. 24.3.1993 - X R 4/92 - BFH/NV 1993 S. 717

398 BFH v. 8.9.1993 - X B 15/93 - BFH/NV 1994 S. 99

399 Eine beliebige Änderung ist nicht zulässig; *Fischer, P.*, (Wiederkehrende Bezüge 1994) Rdnr. 387

400 BFH v. 15.7.1992 - X R 165/90 - BStBl 1992 II S. 1020 (1022)

dings aus der Tatsache, daß die Berechtigten von ihrem Recht, eine Anpassung der Versorgungsrente zu verlangen, keinen Gebrauch machen, nicht ohne weiteres folgern, der Übergabevertrag sei nicht wie vereinbart durchgeführt worden.[401]

Entbehrt der Vermögensübergabevertrag zivilrechtlicher Formvorschriften, ist das Rentenversprechen bürgerlich-rechtlich wegen Formmangels nichtig.[402] Trotz des Formmangels gezahlte Versorgungsleistungen werden einkommensteuerlich als freiwillig geleistete Zuwendungen i.S.d § 12 EStG angesehen.[403] Eine andere Beurteilung ergibt sich nach Auffassung der Rechtsprechung[404] auch nicht aufgrund der Vorschrift des § 41 Abs. 1 AO,[405] wonach die zivilrechtliche Nichtigkeit eines Rechtsgeschäfts wegen Formmangels steuerlich insoweit ohne Bedeutung ist, als die Beteiligten dessen wirtschaftliches Ergebnis eintreten und bestehen lassen. Da ein Vermögensübergabevertrag vornehmlich im familiären Bereich abgeschlossen wird, wertet der BFH[406] die Nichtbeachtung zivilrechtlicher Formvorschriften als einen Verstoß gegen das allgemeine Gebot der klaren und eindeutigen Vereinbarung von Rechten und Pflichten. Insbesondere wird ein Formverstoß unter nahen Angehörigen als Indiz für die mangelnde Ernsthaftigkeit der Vereinbarung herangezogen.[407] Denn "... das den Übergabevertrag gegen lebenslängliche Versorgungsleistungen kennzeichnende wirtschaftliche Ergebnis einer *dauernden Versorgung* ..." tritt "... nicht bereits dadurch ein, daß der Verpflichtete *gegenwärtig* das formunwirksame Rentenverspre-

401 BFH v. 15.7.1992 - X R 31/91 - BFH/NV 1993 S. 18 (19)

402 § 125 BGB

403 BFH v. 12.8.1960 - VI 82/60 U - BStBl 1960 III S. 424; v. 12.9.1991 - X R 199/87 - BFH/NV 1992 S. 233; v. 4.12.1991 - X R 9/84 - BFH/NV 1992 S. 306; *Jansen* in: *Herrmann/Heuer/Raupach,* § 22 EStG Anm. 146; *Jansen, R., Wrede, F.,* (Renten 1992) Rdnr. 24

404 BFH v. 12.8.1960 - VI 82/60 U - BStBl 1960 III S. 424; v. 12.9.1991 - X R 199/87 - BFH/NV 1992 S. 233; v. 4.12.1991 - X R 9/84 - BFH/NV 1992 S. 306

405 Gl.A. *Jansen, R., Wrede, F.,* (Renten 1992) Rdnr. 25; a.A. *Fischer* in: *Kirchhof/ Söhn,* § 22 EStG Rdnr. B 41

406 Urteil v. 4.12.1991 - X R 9/84 - BFH/NV 1992 S. 306 (308)

407 Nach Ansicht des BVerfG (1 BvR 1406/84 - v. 20.11.1984, HFR 1985 S. 283) ist es verfassungsrechtlich nicht zu beanstanden, wenn zum Nachweis der Ernsthaftigkeit von Verträgen zwischen Eltern und Kindern generell die zivilrechtliche Wirksamkeit gefordert wird; vgl. ausführlich zu dieser Problematik *Fischer* in: *Hübschmann/ Hepp/Spitaler,* § 41 AO Anm. 31 ff

chen einhält."[408] Werden die Formvorschriften daher zu einem späteren Zeitpunkt nachgeholt, entfaltet dies lediglich Wirkung für die Zukunft. Eine rückwirkende Anerkennung wird von der Rechtsprechung[409] ausdrücklich versagt, soweit es sich nicht nur um eine kurze Zeitspanne handelt.

Beispiel:

Der Steuerpflichtige A überträgt seiner Tochter T im Rahmen einer vorweggenommenen Erbfolgeregelung zum 1.1.1995 ein Mietshaus unter der Auflage, daß T an ihren Vater ab Januar 1995 eine lebenslängliche Versorgungsrente von monatlich DM 1.500 zahlt. Die notarielle Beurkundung des schriftlich niedergelegten Übergabevertrags erfolgt allerdings erst am 1.8.1995. Die Rentenzahlungen von Januar bis Juli 1995 werden von der Rechtsprechung - unabhängig davon, ob steuerlich eine Leibrente oder eine dauernde Last vorliegt[410] - i.d.R. als freiwillige Zuwendungen i.S.d. § 12 EStG behandelt. Eine Berücksichtigung als private Versorgungsleistung kommt erst ab August 1995 in Betracht.

Auf bürgerlich-rechtlich nichtigen Rechtsgeschäften beruhende Rentenvereinbarungen zwischen nahen Angehörigen erkennt der BFH steuerlich nur an, wenn

(1) die Beteiligten den Formmangel nicht kannten und diesen mit Wirkung für die Zukunft beseitigten, sobald sie über den Mangel aufgeklärt worden waren; Voraussetzung hierfür ist, daß es sich entweder bei den Beteiligten um rechtsungewandte Personen handelt oder daß bürgerlich-rechtlich besonders undurchsichtige Verhältnisse vorliegen;[411]

(2) es sich um eine entgeltliche, also wie unter Fremden Dritten übliche Vereinbarung handelt, bei der Leistung und Gegenleistung tatsächlich vereinbarungsgemäß erbracht werden.[412]

---

408 BFH v. 4.12.1991 - X R 9/84 - BFH/NV 1992 S. 306 (308) (Herv. d. Verf.)

409 BFH v. 12.9.1991 - X R 199/87 - BFH/NV 1992 S. 233; v. 4.12.1991 - X R 9/84 - BFH/NV 1992 S. 306; v. 20.5.1992 - X R 207/87 - BFH/NV 1992 S. 805; v. 3.6.1992 - X R 38/89 - BFH/NV 1993 S. 98; v. 15.7.1992 - X R 31/91 - BFH/NV 1993 S. 18 (19); v. 24.11.1993 - X R 123/90 - BFH/NV 1994 S. 704

410 Zur Art der Versorgungsleistungen vgl. S. 90 ff

411 BFH v. 12.8.1960 - VI 82/60 U - BStBl 1960 III S. 424 (425); kritisch hierzu *Jansen, R., Wrede, F.,* (Renten 1992) Tz. 26

412 BFH v. 17.12.1965 - VI 294/64 U - BStBl 1966 III S. 244 (Urteilsbegründung)

Nach Ansicht von *Biergans*[413] ist dagegen auch bei Versorgungsrenten nicht von freiwilligen Zuwendungen i.S.d. § 12 Nr. 2 EStG auszugehen, wenn eine den typischen Inhalt eines Versorgungsvertrags kennzeichnende schriftliche Vereinbarung zustande gekommen ist, deren Ernsthaftigkeit durch das tatsächliche Verhalten der beteiligten Parteien bestätigt wird.[414] In diesem Fall bestehe kein Anlaß, von der Subsumierung unter einen einkommensteuerlichen Tatbestand nur deswegen abzusehen, weil eine bürgerlich-rechtliche Formvorschrift (z.B. § 313 BGB im Falle der Übertragung von Grundstücken) nicht erfüllt ist. Dieser Auffassung ist zuzustimmen, denn im Rahmen des § 41 AO ist jede Form der zivilrechtlichen Unwirksamkeit unbeachtlich, soweit die Beteiligten das wirtschaftliche Ergebnis eintreten und bestehen lassen.[415]

413 (Renten 1993) S. 8; gl.A. *Söhn* in: *Kirchhof/Söhn*, § 10 EStG Rdnr. D 103

414 Zwiespältig *Weber-Grellet, H.*, DStR 1993 - Beihefter zu Heft 31 - S. 1 (7)

415 *Fischer* in: *Hübschmann/Hepp/Spitaler*, § 41 AO Anm. 64 ff; *Kühn/Kutter/Hoffmann*, § 41 AO Bem. 1 a; *Tipke/Kruse*, § 41 AO Tz. 4 ff

Teil 2

Einkommensteuerrechtliche Behandlung der Vermögensübergabe unter Vorbehalt von Versorgungsleistungen

Kapitel 1

Behandlung der Vermögensübertragung

Ein Übergabevertrag liegt vor, wenn im Zusammenhang mit der Übertragung von Betriebs- oder Privatvermögen im Wege der vorweggenommenen Erbfolge privat veranlaßte wiederkehrende Zahlungen vereinbart werden, die der Versorgung des Empfängers dienen und dem Übernehmer das Nachrücken in eine die Existenz wenigstens teilweise begründende Wirtschaftseinheit ermöglichen.[1]

A. Übertragung von Betriebsvermögen im Wege der vorweggenommenen Erbfolge

I. Übertragung strukturierter Gesamtheiten von Wirtschaftsgütern

Unter der Übertragung einer strukturierten Gesamtheit von Wirtschaftsgütern ist sowohl die Übertragung eines Gesamt- bzw. Teilbetriebs als auch von Mitunternehmeranteilen zu verstehen.

(1) Übertragung von Betrieben und Teilbetrieben

Bei der Übertragung von Vermögen gegen private Versorgungsleistungen handelt es sich um einen - in einem spezifisch einkommensteuerrechtlichen Sinne - unentgeltlichen Rechtsvorgang.[2] Wird daher ein Betrieb oder Teil-

---

1 Vgl. hierzu ausführlich S. 9 ff, 15 ff

2 Vgl. insbes. BFH v. 25.4.1990 - X R 38/36 - BStBl 1990 II S. 625; v. 5.7.1990 - GrS 4-6/89 - BStBl 1990 II S. 847; v. 15.7.1991 - GrS 1/90 - BStBl 1992 II S. 78; *Fischer, P.*, (Wiederkehrende Bezüge 1994) Rdnr. 120 ff; *Martin, S.*, BB 1993 S. 1773; kritisch hierzu *Biergans, E.*, StuW 1991 S. 381 (386 f); *Loritz, K.-G.*, StVj 1991 S. 195 (238 f); *Reiß* in: *Kirchhof/Söhn*, § 16 EStG Rdnr. B 197

betrieb[3] gegen private Versorgungsleistungen übertragen, entsteht beim *Übergeber* kein Veräußerungsgewinn.[4] In Höhe des unentgeltlich übergegangenen Kapitalkontos entsteht zwar ein Verlust, doch findet auch dieser steuerlich keine Berücksichtigung, da er nicht betrieblicher, sondern familiärer- und erbrechtlicher Natur und somit privat veranlaßt ist.[5] Der *Übernehmer* führt gem. § 7 Abs. 1 EStDV den Betrieb/Teilbetrieb unter Beibehaltung der steuerlichen Buchwerte seines Rechtsvorgängers fort.[6] Er tritt hinsichtlich Ansatz, Ausweis und Bewertung der unentgeltlich erworbenen (aktiven und passiven) Wirtschaftsgüter in die Rechtsstellung seines Vorgängers ein. Dasselbe gilt für die sonstigen steuerlich relevanten Eigenschaften der übertragenen Wirtschaftsgüter.[7] So werden dem Übernehmer beispielsweise im Hinblick auf die Anwendung der Vorschrift des § 6 b EStG[8] die Vorbesitzzeiten des Übergebers angerechnet.

Beispiel:

Der Vater V überträgt seinen Handwerksbetrieb (Buchwert: DM 400.000/Teilwert: DM 2 Mio.) im Wege einer vorweggenommenen Erbregelung gegen private Versorgungsleistungen auf seine Tochter T.
Sofort nach Übernahme des Betriebs verkauft T ein von V mitübergebenes Betriebsgrundstück, das dieser schon zehn Jahre im Besitz hatte und das bei V mit DM 100.000 bilanziert war, für DM 400.000. T möchte den Verkaufspreis zum Erwerb eines anderen Betriebsgrundstücks verwenden.

---

3 Wann ein Teilbetrieb vorliegt, definiert das Gesetz nicht. Der Teilbetriebsbegriff ist daher streitig; vgl. beispielsweise *Biergans, E.*, (Einkommensteuer 1992) S. 746 ff; *Reiß* in: *Kirchhof/Söhn*, § 16 EStG Rdnr. B 253 ff

4 Folglich kann er auch keinen Verlust geltend machen.

5 Ebenso entsteht bei der Übertragung mit negativem Kapitalkonto kein Veräußerungsgewinn.

6 Nach Ansicht von *Biergans* (Einkommensteuer 1992 S. 740 f) handelt es sich bei der unentgeltlichen Betriebs-/Teilbetriebsübertragung - aufgrund des Subjektcharakters der Einkommensteuer - steuersystematisch um eine Betriebsaufgabe durch den Übertragenden und eine Betriebsneueröffnung durch den Übernehmer. Mit der Übertragung wird die betriebliche Tätigkeit des Übertragenden eingestellt und vom Übernehmer aufgenommen. Aufgrund der Vorschrift des § 7 Abs. 1 EStDV gelten für den Übertragungsvorgang selbst lediglich besondere Bewertungsvorschriften; vgl. hierzu auch *Wasmer, C.*, (Zurechnung 1985) S. 20 ff

7 Vgl. *Theilacker, G.*, (Vorweggenommene Erbfolge 1993) S. 62

8 Generell zur steuerfreien Rücklage gem. § 6 b EStG vgl. *Biergans, E.*, (Einkommensteuer 1992) S. 539 ff

T erwirbt den Handwerksbetrieb voll unentgeltlich. Sie tritt gem. § 7 Abs. 1 EStDV in die steuerliche Stellung ihres Vaters V ein. V hat keinen Veräußerungsgewinn zu versteuern. T muß die Buchwerte des übernommenen Betriebsvermögens fortführen und ist an die Abschreibungsmethoden ihres Rechtsvorgängers gebunden. Den aus dem Verkauf aus dem Betriebsgrundstück erzielten Gewinn i.H.v. DM 300.000 muß T nicht versteuern, wenn sie eine steuerfreie Rücklage gem. § 6 b EStG bildet. Diese kann zwar nur gebildet werden, wenn das veräußerte Wirtschaftsgut mindestens sechs Jahre ununterbrochen zum Anlagevermögen einer inländischen Betriebsstätte gehört hat (§ 6 b Abs. 4 Nr. 2 EStG). T wird jedoch die Vorbesitzzeit ihres Vaters V angerechnet.
Die von T an V geleisteten Versorgungszahlungen hat dieser als sonstige Einkünfte i.S.d. § 22 Nr. 1 EStG zu versteuern, T kann korrespondierend hierzu Sonderausgaben i.S.d. § 10 Abs. 1 Nr. 1 a EStG geltend machen.

Voraussetzung für die Anwendung der Buchwertverknüpfung nach § 7 Abs. 1 EStDV ist, daß alle *wesentlichen Grundlagen*[9] des Betriebs bzw. Teilbetriebs in einem einheitlichen Vorgang[10] auf den Übernehmer übergehen, so daß der Betrieb nach seiner Übertragung als lebender Organismus des Wirtschaftslebens fortgeführt werden kann. Behält sich der Übertragende daher einzelne Wirtschaftsgüter, die zu den wesentlichen Betriebsgrundlagen gehören, zurück, kommt die Buchwertfortführung nach § 7 Abs. 1 EStDV nicht in Betracht. Sofern er mit den zurückbehaltenen Wirtschaftsgütern seinen bisherigen Betrieb in lediglich kleinerem Rahmen fortführt, ist im Hinblick auf die *übertragenen Wirtschaftsgüter* der Tatbestand der Entnahme erfüllt.[11] Die in diesen Wirtschaftsgütern enthaltenen stillen Reserven sind deshalb aufzulösen[12] und als Bestandteil des *laufenden Gewinns* der Besteuerung zu unterwerfen.[13] Demgegenüber ist der Tatbestand der Betriebs-

9 Zum Begriff der wesentlichen Betriebsgrundlage vgl. R 139 Abs. 8 EStR; *Biergans, E.*, (Einkommensteuer 1992) S. 133 ff, 724 f

10 Eine in mehrere, zeitlich aufeinanderfolgende Einzelakte aufgespaltene Gesamtübertragung kann nur dann als einheitlicher Übertragungsakt gewürdigt werden, wenn sie auf einem einheitlichen Willensentschluß beruht und zwischen den einzelnen Übertragungsvorgängen ein zeitlicher und sachlicher Zusammenhang besteht (BFH v. 12.4. 1989 - I R 105/85 - BStBl 1989 II S. 653; v. 14.7.1993 - X R 74-75/90 - BStBl 1994 II S. 15 (18)).

11 § 4 Abs. 1 EStG; es handelt sich dann nicht um die Übertragung eines Betriebs/Teilbetriebs als ganzes, sondern um die unentgeltliche Übertragung einzelner betrieblicher Wirtschaftsgüter.

12 Die Bewertung erfolgt zum Teilwert (§ 4 Abs. 1 i.V.m. § 6 Abs. 1 Nr. 4 EStG).

13 Vgl. S. 87 f

aufgabe erfüllt, wenn die zurückbehaltenen wesentlichen Betriebsgrundlagen im Anschluß an die Übertragung veräußert oder ins Privatvermögen überführt werden. Der Übergeber hat daher *alle* stillen Reserven aufzulösen und als *begünstigten Aufgabegewinn*[14] zu versteuern.[15]

Der unentgeltliche Erwerber übernimmt die Wirtschaftsgüter - unabhängig davon, ob der Übergeber die in den Wirtschaftsgütern vor der Übertragung enthaltenen stillen Reserven als begünstigten oder als laufenden Gewinn zu versteuern hatte - in Höhe ihres Teilwerts zum Zeitpunkt der Übertragung in seinen bereits bestehenden oder neu eröffneten Betrieb.[16] Da die Übertragung selbst einen erfolgsneutralen privaten Vorgang darstellt, sind evtl. "Anschaffungs"nebenkosten (Grunderwerbsteuer, Notarkosten, Grundbuchgebühren) der einkommensteuerlich unbeachtlichen Vermögenssphäre zuzuordnen.[17]

Beispiele:

(1) Der Unternehmer U überträgt im Alter von 55 Jahren seinen Handwerksbetrieb im Wege einer vorweggenommenen Erbregelung gegen private Versorgungsleistungen auf seinen 30-jährigen Sohn S. Allerdings behält sich U ein zu den wesentlichen Betriebsgrundlagen gehörendes Grundstück zurück, um seinen Betrieb - wenn auch in kleinerem Umfang - fortzuführen. Der Buchwert/Teilwert des zurückbehaltenen Wirtschaftsguts beläuft sich auf DM 30.000/100.000, die Buchwerte/Teilwerte der übertragenen Wirtschaftsgüter betragen DM 70.000/ 250.000. Die im Hinblick auf die Übertragung anfallenden Notarkosten und Grundbuchgebühren in Höhe von DM 20.000 hat S zu tragen.
Aufgrund des privaten Anlasses der Vermögensübergabe im Wege der vorweggenommenen Erbfolge entnimmt U die übertragenen Wirtschaftsgüter mit ihrem Teilwert i.H.v. DM 250.000 aus dem Betriebsvermögen. Daher sind die in den übertragenen Wirtschaftsgütern enthaltenen stillen Reserven i.H.v. DM 180.000 als laufender Gewinn voll steuerpflichtig. Zudem hat U die von S geleisteten

14 §§ 16 Abs. 3, 34 Abs. 1 EStG

15 BFH v. 9.7.1981 - IV R 101/71 - BStBl 1982 II S. 20; *Biergans, E.*, (Einkommensteuer 1992) S. 741; *Theilacker, G.*, (Vorweggenommene Erbfolge 1993) S. 60

16 § 6 Abs. 1 Nr. 5 und 6 EStG

17 *M.E.* findet hier Tz. 13 des BMF-Schreibens v. 13.1.1993 (BStBl 1993 I S. 80) analog Anwendung; vgl. auch BMF-Schreiben v. 9.7.1993 (BB 1993 S. 1791), das die Anwendung von Tz. 13 des BMF-Schreibens v. 13.1.1993 auf die unentgeltliche Übertragung einzelner betrieblicher Wirtschaftsgüter vorschreibt.

Versorgungszahlungen als sonstige Einkünfte i.S.d. § 22 Nr. 1 EStG zu versteuern. Sohn S übernimmt die Wirtschaftsgüter in Höhe ihres Teilwerts von DM 250.000. Die "Anschaffungs"nebenkosten i.H.v. DM 20.000 sind der nichtsteuerbaren Privatsphäre zuzuordnen. Die Versorgungszahlungen kann S als Sonderausgaben i.S.d. § 10 Abs. 1 Nr. 1a EStG geltend machen.

(2) Sachverhalt wie im vorherigen Beispiel mit dem Unterschied, daß U das zurückbehaltene, zu den wesentlichen Betriebsgrundlagen gehörende Grundstück ins Privatvermögen überführt.
Bei U ist der Tatbestand der Betriebsaufgabe erfüllt; die im zurückbehaltenen sowie in den übertragenen Wirtschaftsgütern enthaltenen stillen Reserven i.H.v. DM 250.000 unterliegen - nach Abzug des Freibetrags von DM 120.000[18] - i.H.v. DM 130.000 mit dem halben durchschnittlichen Steuersatz[19] der Einkommensteuer. Für den Sohn S gelten die Ausführungen im vorherigen Beispiel analog.

Werden dagegen einzelne, *nicht zu den wesentlichen Betriebsgrundlagen* gehörende Wirtschaftsgüter vom Übertragenden zurückbehalten oder wird der Übernehmer vom Übergeber verpflichtet, die betroffenen Wirtschaftsgüter einem Dritten zu übertragen, ist dies für die Buchwertfortführung nach § 7 Abs. 1 EStDV unschädlich.[20]

Beispiel:

Sachverhalt wie im vorletzten Beispiel mit dem Unterschied, daß U sich lediglich Gegenstände zurückbehält, die keine wesentlichen Betriebsgrundlagen sind.

In diesem Fall sind die im übertragenen Vermögen enthaltenen stillen Reserven nicht zu versteuern. S ist gem. § 7 Abs. 1 EStDV an die Buchwerte und die Abschreibung seines Rechtsvorgängers gebunden. Für die Versorgungsleistungen gelten die Ausführungen im vorletzten Beispiel analog.

Im Falle der Aufdeckung der in den zurückbehaltenen Wirtschaftsgütern enthaltenen stillen Reserven durch Verkauf oder Übernahme der Wirtschaftsgüter ins Privatvermögen entsteht beim *Übergeber* ein als laufender

---

18 § 16 Abs. 4 S. 3 EStG
19 § 34 Abs. 1 EStG
20 BMF v. 13.1.1993, BStBl 1993 I S. 80 Tz. 32; *Wacker, R.*, NWB F. 3 S. 8647 (8665)

Gewinn[21] zu versteuernder Veräußerungs- bzw. Entnahmegewinn.[22] Sofern dagegen der Übergeber den Übernehmer verpflichtet, einem Dritten ein Wirtschaftsgut des übergegangenen Betriebsvermögens zu übertragen, soll ihm nach Auffassung der Finanzverwaltung[23] der Entnahmegewinn nur insoweit zuzurechnen sein, als der Übernehmer dieser Verpflichtung "in unmittelbarem Anschluß" an die Übergabe nachkommt. Ist der Übernehmer demgegenüber verpflichtet, das Wirtschaftsgut dem Dritten erst zu einem späteren Zeitpunkt[24] zu überlassen, geht die Verwaltung[25] davon aus, daß der *Übernehmer* den Entnahmetatbestand verwirklicht.[26]

Dieser Ansicht kann *m.E.* nicht gefolgt werden.[27] Aufgrund des Subjektcharakters der Einkommensteuer ist der Entnahmegewinn stets demjenigen zuzurechnen, der den Tatbestand der Entnahme erfüllt. Dies ist jedoch nicht notwendigerweise diejenige Person, die die Entnahmehandlung als Realakt vornimmt, sondern diejenige, die die tatsächlich bestehende Dispositionsmöglichkeit ausübt. Im letztgenannten Fall ist dies grundsätzlich der *Übergeber*, unabhängig davon, zu welchem Zeitpunkt der Übernehmer das Wirtschaftsgut dem Dritten überträgt. Dagegen wird der Entnahmegewinn dem *Übernehmer* zuzurechnen sein, falls dieser zwischenzeitlich das wirtschaftliche Eigentum an dem herauszugebenden Wirtschaftsgut erlangen sollte.[28]

---

21 Sofern die zurückbehaltenen Wirtschaftsgüter im Betriebsvermögen verbleiben, führen die zu einem späteren Zeitpunkt anläßlich ihrer Veräußerung oder Übernahme ins Privatvermögen entstehenden Gewinne zu nachträglichen, ebenfalls normal zu versteuernden betrieblichen Einkünften.

22 BFH v. 19.2.1981 - IV R 116/77 - BStBl 1981 II S. 566; a.A. FG Baden-Württemberg v. 15.4.1991 - 11 K 224/87 - EFG 1991 S. 613 (rkr.), das die durch die Überführung der nicht wesentlichen Wirtschaftsgüter ins Privatvermögen aufgelösten stillen Reserven als begünstigten Betriebsaufgabegewinn qualifiziert.

23 BMF v. 13.1.1993, BStBl 1993 I S. 80 Tz. 32

24 Ein zeitlicher Rahmen für die Annahme einer *unmittelbar* folgenden Entnahme wurde indes nicht festgelegt. Nach *Stuhrmann* (Erlasse 1993 S. 51 Rdnr. 146) kann dieser Zeitraum allerdings nicht sehr weit gezogen werden.

25 BMF v. 13.1.1993, BStBl 1993 I S. 80 Tz. 32

26 Zur Veräußerung der im Rahmen der Hofübergabe durch den Übergeber zurückbehaltenen unwesentlichen Betriebsgrundlagen durch die Hofübernehmer nach dem Tode des Hofübergebers vgl. BFH v. 29.10.1992 - IV R 117/91 - BFH/NV 1994 S. 533

27 Zweifelnd: *Wacker, R.*, NWB F. 3 S. 8647 (8665)

28 Beispiel: Wirtschaftliches Eigentum aufgrund "unrechtmäßigen Eigenbesitzes"; vgl. hierzu *Biergans, E.*, (Einkommensteuer 1992) S. 226

(2) Übertragung von Mitunternehmeranteilen

Für die Übertragung von Mitunternehmeranteilen[29] im Wege der vorweggenommenen Erbfolge gegen Übernahme privater Versorgungsleistungen gelten dieselben Grundsätze wie für die Übertragung von Betrieben/Teilbetrieben. Beim Übergeber tritt keine Gewinn- oder Verlustrealisierung ein, der Übernehmer hat gem. § 7 Abs. 1 EStDV den Buchwert des übernommenen Mitunternehmeranteils (= Kapitalkonto der Gesamtbilanz)[30] fortzuführen.[31] Dasselbe gilt, wenn nur ein Bruchteil eines Mitunternehmeranteils übertragen wird. Auch in diesen Fällen kommt § 7 Abs. 1 EStDV zur Anwendung.

(a) Übertragung eines Mitunternehmeranteils bei Vorliegen von Sonderbetriebsvermögen

Gehört zum Mitunternehmeranteil des Übertragenden auch Sonderbetriebsvermögen, erfordert die Anwendung der Buchwertfortführung nach § 7 Abs. 1 EStDV, daß diejenigen Wirtschaftsgüter des Sonderbetriebsvermögens mitübergeben werden, die für die Mitunternehmerschaft funktional wesentlich sind.[32] Dabei wird es sich insbesondere um für den Betrieb der Mitunternehmerschaft bedeutsame Grundstücke handeln, die zwar von der Gesellschaft genutzt werden, sich aber im Eigentum des Gesellschafters befinden.

Die Buchwertfortführung des § 7 Abs. 1 EStDV kommt daher nicht in Betracht, wenn funktional wesentliche Wirtschaftsgüter des Sonderbetriebsvermögens nicht mitübertragen, sondern in das Privatvermögen überführt werden. In diesem Fall liegt eine nach § 16 Abs. 3 i.V.m. § 34 Abs. 1 EStG

---

29 Zum Begriff des Mitunternehmers und den Merkmalen einer Mitunternehmerschaft vgl. *Biergans, E.*, (Einkommensteuer 1992) S. 74 ff; *Schmidt*, § 15 EStG Anm. 47 ff

30 Vgl. hierzu *Schmidt*, § 15 EStG Anm. 65 f

31 Hinsichtlich evtl. "Anschaffungs"nebenkosten gelten die Ausführungen auf S. 80 f analog

32 BFH v. 19.3.1991 - VIII R 76/87 - BStBl 1991 II S. 635 (636); *Schmidt*, § 16 EStG Anm. 78 d in Anlehnung an die wesentliche Betriebsgrundlage als konstitutives Element bei der Übertragung eines Betriebs/Teilbetriebs; a.A. *Reiß* in: *Kirchhof/Söhn*, § 16 EStG Rdnr. C 62; *Schön, W.*, BB 1988 S. 1866 (1871), welche die Ansicht vertreten, daß Sonderbetriebsvermögen nie wesentliche Betriebsgrundlage sein kann.

begünstigte Aufgabe des Mitunternehmeranteils vor.[33] Der Übergeber hat daher die stillen Reserven sowohl des übertragenen Mitunternehmeranteils als auch des zurückbehaltenen Sonderbetriebsvermögens begünstigt zu versteuern. Der Übergang des Mitunternehmeranteils selbst stellt einen erfolgsneutralen, privaten Vorgang dar.[34] Der unentgeltliche Erwerber hat "Anschaffungskosten" in Höhe des Teilwerts des übertragenen Mitunternehmeranteils.

Beispiel:

V ist Gesellschafter der OHG V & Partner. Sein Gesellschaftsanteil hat einen steuerlichen Buchwert von DM 500.000 und einen Teilwert von DM 1 Mio. V hat zudem an die OHG ein Grundstück vermietet, welches für diese eine wesentliche Produktionsstätte darstellt. Das Grundstück hat einen Buchwert von DM 100.000 und einen Teilwert von DM 500.000.
V übergibt seinem Sohn S im Wege einer vorweggenommenen Erbregelung seinen Gesellschaftsanteil gegen private Versorgungsleistungen. Das Grundstück überläßt V seinem Sohn S nicht.

Durch die Übertragung seines Gesellschaftsanteils an S ist V an der OHG nicht mehr beteiligt. Deshalb überführt er das Grundstück in sein Privatvermögen, auch wenn er es der OHG weiter vermietet. Somit liegt eine begünstigte Aufgabe des Mitunternehmeranteils vor. V hat die gesamten stillen Reserven seines Mitunternehmeranteils i.H.v. DM 900.000 (DM 500.000 + DM 400.000) gem. § 16 Abs. 3 i.V.m. § 34 Abs. 1 EStG zu versteuern. S hat für den übertragenen Anteil "Anschaffungskosten" i.H.v. DM 1 Mio.
Die von S an V für die Übertragung des Mitunternehmeranteils geleisteten Versorgungszahlungen hat dieser als sonstige Einkünfte i.S.d. § 22 Nr. 1 EStG zu versteuern, S kann korrespondierend hierzu Sonderausgaben i.S.d. § 10 Abs. 1 Nr. 1 a EStG geltend machen.

Für die Buchwertforführung nach § 7 Abs. 1 EStDV ist es dagegen unschädlich, wenn nicht wesentliche Wirtschaftsgüter des Sonderbetriebsvermögens zurückbehalten und in das Privatvermögen überführt werden. In

---

33 BFH v. 18.5.1983 - I R 5/82 - BStBl 1983 II S. 771; *Biergans, E.*, (Einkommensteuer 1992) S. 752; *Schmidt*, § 16 EStG Anm. 78 d; a.A. *Reiß* in: *Kirchhof/Söhn*, § 16 EStG Rdnr. C 62; *Schön, W.*, BB 1988 S. 1866 (1871), die darin eine unentgeltliche Anteilsübertragung i.V.m. einer Entnahme sehen.

34 Hinsichtlich evtl. "Anschaffungsnebenkosten" gelten die Ausführungen auf S. 80 f analog

diesem Fall entsteht bezüglich der in das Privatvermögen übernommenen Wirtschaftsgüter ein nichtbegünstigter Entnahmegewinn.[35] Hinsichtlich des übertragenen Mitunternehmeranteils tritt der Übernehmer in die Rechtsstellung des Übergebers ein und führt gem. § 7 Abs. 1 EStDV die Buchwerte seines Rechtsvorgängers fort.[36]

Beispiel:

Sachverhalt wie im vorherigen Beispiel mit dem Unterschied, daß das zurückbehaltene Grundstück für die OHG von untergeordneter Bedeutung ist.

In diesem Fall hat V lediglich die stillen Reserven des Grundstücks i.H.v. DM 400.000, allerdings als voll steuerpflichtigen Entnahmegewinn, zu versteuern. S ist gem. § 7 Abs. 1 EStDV an die Buchwerte des übertragenen Mitunternehmeranteils gebunden. Für die Versorgungsleistungen gelten die Ausführungen im vorherigen Beispiel analog.

Überträgt ein Gesellschafter einer Personengesellschaft im Wege einer vorweggenommenen Erbregelung nur einen *Bruchteil* seines Mitunternehmeranteils gegen private Versorgungsleistungen, so stellt sich die Frage, ob es im Hinblick auf die Anwendung der Vorschrift des § 7 Abs. 1 EStDV erforderlich ist, daß die funktional bedeutsamen Wirtschaftsgüter des Sonderbetriebsvermögens ebenfalls anteilig zu übergeben sind. *M.E.* ist dies zu verneinen, da bei der Veräußerung eines Bruchteils eines Mitunternehmeranteils die im Sonderbetriebsvermögen des veräußernden Mitunternehmers steckenden stillen Reserven ebenfalls nicht aufgelöst werden müssen, um die Steuerbegünstigung des § 16 Abs. 1 Nr. 2 i.V.m. § 34 Abs. 1 EStG zu erhalten,[37] weil der Veräußerer Mitunternehmer bleibt. Unterstützt wird dieser Gedanke zudem durch die Tatsache, daß der BFH[38] und die Finanz-

---

35 BFH v. 19.2.1981 - IV R 116/77 - BStBl 1981 II S. 566

36 BFH v. 19.2.1981 - IV R 116/77 - BStBl 1981 II S. 566

37 BFH v. 27.5.1981 - I R 123/77 - BStBl 1982 II S. 211; v. 24.8.1989 - IV R 67/86 - BStBl 1990 II S. 132 (133); *Biergans, E.*, (Einkommensteuer 1992) S. 752 f; *Reiß* in: *Kirchhof/Söhn*, § 16 EStG Rdnr. C 51; *Schmidt*, § 16 EStG Anm. 72 c; *Tismer, W.*, *Ossenkopp, M.*, FR 1992 S. 39 (41); *Weber, K.*, DB 1991 S. 2560 (2561); a.A. *Althans, J.*, BB 1993 S. 1060; *Wollny, P.*, FR 1989 S. 713

38 Urteile v. 31.1.1964 - VI 337/62 S - BStBl 1964 III S. 240; v. 28.8.1974 - I R 18/73 - BStBl 1975 II S. 166; v. 16.1.1980 - I R 1/77 - BStBl 1980 II S. 381; v. 26.5.1982 - I R 180/80 - BStBl 1982 II S. 695

verwaltung[39] in der unentgeltlichen Übertragung von Wirtschaftsgütern des Sonderbetriebsvermögens auf einen anderen Gesellschafter ebenfalls keine Entnahme sehen,[40] sondern der Buchwert des übertragenen Wirtschaftsguts fortzuführen ist.[41]

Beispiel:

Sachverhalt wie im vorletzten Beispiel mit dem Unterschied, daß V lediglich 25% seines Gesellschaftsanteil an S überträgt.

Bei V entsteht kein Entnahmegewinn. S ist gem. § 7 Abs. 1 EStDV an die Buchwerte des übertragenen "Teil"-Anteils gebunden und hat insofern "Anschaffungs"kosten i.H.v. DM 125.000. Für die Versorgungsleistungen gelten die Ausführungen im vorletzten Beispiel analog.

(b) Übertragung von Wirtschaftsgütern des Sonderbetriebsvermögens

Werden im Rahmen eines Übergabevertrags lediglich Wirtschaftsgüter des Sonderbetriebsvermögens gegen Übernahme privater Versorgungsleistungen übertragen, kommt § 7 Abs. 1 EStDV nicht zur Anwendung. Vielmehr entsteht beim Übergeber ein laufender, nicht begünstigter Entnahmegewinn, denn der Übergeber entnimmt quasi einzelne Wirtschaftsgüter[42] aus seinem Mitunternehmeranteil. Der Übernehmer hat deshalb "Anschaffungskosten" in Höhe des Teilwerts der übertragenen Wirtschaftsgüter.[43] Eine Ausnahme gilt lediglich dann, wenn die Übertragung der Wirtschaftsgüter innerhalb einer Mitunternehmerschaft aus dem Sonderbetriebsvermögen der Eltern in das Sonderbetriebsvermögen der Kinder erfolgt.[44] In diesem Fall liegt keine

---

39 BMF-Schreiben v. 20.12.1977, BStBl 1978 I S. 8 Tz. 38

40 Kritisch hierzu *Biergans, E.*, (Einkommensteuer 1992) S. 580; *Wasmer, C.*, (Zurechnung 1985) S. 59 m.w.N.

41 *Theilacker, G.*, (Vorweggenommene Erbfolge 1993) S. 69

42 Dabei wird vorausgesetzt, daß es sich bei dem Wirtschaftsgut um eine sog. "Wirtschaftseinheit" handelt; zum Begriff der Wirtschaftseinheit vgl. S. 42 ff

43 Der Übergang der Wirtschaftsgüter selbst stellt allerdings unabhängig von ihrer Bewertung einen erfolgsneutralen privaten Vorgang dar; vgl. hierzu die Ausführungen auf S. 77 ff

44 BMF-Schreiben v. 20.12.1977, BStBl 1978 I S. 8 Tz. 38; BFH v. 31.1.1964 - VI 337/62 S - BStBl 1964 III S. 240; v. 28.8.1974 - I R 18/73 - BStBl 1975 II S. 166;

Entnahme vor, der Übernehmer führt den Buchwert des übertragenen Wirtschaftsguts fort.[45]

II. Übertragung einzelner betrieblicher Wirtschaftsgüter

Bei der Übertragung von einzelnen betrieblichen Wirtschaftsgütern[46] im Wege der vorweggenommenen Erbfolge gegen Versorgungsleistungen ist der Übertragungsvorgang ebenfalls in vollem Umfang unentgeltlich. Aufgrund des privaten Anlasses der Versorgungsvereinbarung ist beim *Übergeber* allerdings der Tatbestand der Entnahme erfüllt.[47] Der Übergeber entnimmt die Wirtschaftsgüter mit dem Teilwert[48] aus dem Betriebsvermögen, so daß die in den Wirtschaftsgütern enthaltenen stillen Reserven aufzulösen und als Bestandteil des laufenden Gewinns zu versteuern sind. Der *Übernehmer* hat "Anschaffungskosten" in Höhe des Teilwerts der übertragenen Wirtschaftsgüter.[49] Dies gilt unabhängig davon, ob der Übernehmer die Wirtschaftsgüter im Privatvermögen beläßt oder in ein Betriebsvermögen übernimmt. Werden die Wirtschaftsgüter in ein Betriebsvermögen übernommen, ist eine Einlage aus dem Privatvermögen notwendig,[50] die grundsätzlich mit dem Teilwert im Zeitpunkt der Einlage zu bewerten ist.[51] Erfolgt die Einlage innerhalb der Drei-Jahres-Spanne des § 6 Abs. 1 Nr. 5 a i.V.m. § 6 Abs. 1 Nr. 5 S. 3 EStG, ist die Begrenzung auf den Teilwert im Zeitpunkt der Entnahme zu beachten.[52] Beläßt der unentgeltliche Erwerber die Wirtschaftsgüter dagegen im Privatvermögen, sind nach § 11 d EStDV

---

v. 26.5.1982 - I R 180/80 - BStBl 1982 II S. 695; *Biergans, E.*, (Renten 1993) S. 225; vgl. zu dieser Problematik auch *Biergans, E.*, (Einkommensteuer 1992) S. 585 f

45 Evtl. Nebenkosten (Grunderwerbsteuer, Notarkosten etc.) sind der steuerlich unbeachtlichen Vermögenssphäre zuzuordnen; BMF v. 9.7.1993, BB 1993 S. 1791; Verfügung d. OFD München v. 9.11.1993, BB 1994 S. 116

46 Im folgenden wird vorausgesetzt, daß es sich bei dem Wirtschaftsgut um eine sog. "Wirtschaftseinheit" handelt; zum Begriff der Wirtschaftseinheit vgl. S. 42 ff

47 § 4 Abs. 1 EStG; BMF v. 13.1.1993, BStBl 1993 I S. 80 Tz. 33

48 § 4 Abs. 1 i.V.m. § 6 Abs. 1 Nr. 4 EStG

49 Evtl. Anschaffungsnebenkosten (Grunderwerbsteuer, Notarkosten, Grundbuchgebühren) sind der steuerlich unbeachtlichen Vermögenssphäre zuzuordnen; BMF v. 9.7. 1993, BB 1993 S. 1791; Verfügung d. OFD München v. 9.11.1993, BB 1994 S. 116

50 § 4 Abs. 1 EStG

51 § 6 Abs. 1 Nr. 5 EStG

52 *Wacker, R.*, NWB F. 3 S. 8647 (8665)

die steuerlichen Buchwerte des Rechtsvorgängers fortzuführen. Dies sind ebenfalls die Teilwerte, da der Übergeber die Wirtschaftsgüter vor der Übertragung mit dem Teilwert aus dem Betriebsvermögen entnommen hat.[53]

B. Übertragung von Privatvermögen im Wege der vorweggenommenen Erbfolge

Da den im Rahmen eines "Übergabevertrags" vereinbarten Versorgungszahlungen nach der Rechtsprechung des BFH[54] generell kein Entgeltcharakter zukommt, stellt auch die Übertragung von Privatvermögen gegen Versorgungsleistungen einen voll unentgeltlichen Vorgang dar. Der Vermögensübergang führt beim Übergeber daher zu keinen einkommensteuerlichen Konsequenzen; der Übernehmer führt gem. § 11 d EStDV die steuerlichen Buchwerte seines Rechtsvorgängers fort. Bei im Privatvermögen befindlichen Mietwohngrundstücken übernimmt der unentgeltliche Rechtsnachfolger daher sowohl die Abschreibungsbemessungsgrundlage als auch den Abschreibungssatz. Eventuelle "Anschaffungs"nebenkosten (Grunderwerbsteuer, Notarkosten, Grundbuchgebühren) sind der einkommensteuerlich unbeachtlichen Privatsphäre zuzuordnen.[55]

Beispiel:

Die Mutter M überträgt zum 1.1.1995 im Wege der vorweggenommenen Erbfolge ein privates Mietwohngrundstück auf ihren Sohn S gegen private Versorgungsleistungen. M hat das vor drei Jahren erstellte Gebäude (Herstellungskosten: DM 1 Mio.) nach § 7 Abs. 5 Nr. 3 EStG in den Jahren 1992 - 1994 mit 7 v.H. = DM 70.000 degressiv abgeschrieben. S vermietet das Grundstück weiterhin.

---

53 § 4 Abs. 1 i.V.m. § 6 Abs. 1 Nr. 4 EStG; vgl. auch *Biergans, E.*, (Renten 1993) S. 225

54 Vgl. insbes. BFH v. 25.4.1990 - X R 38/36 - BStBl 1990 II S. 625; v. 5.7.1990 - GrS 4-6/89 - BStBl 1990 II S. 847; v. 15.7.1991 - GrS 1/90 - BStBl 1992 II S. 78; *Fischer, P.*, (Wiederkehrende Bezüge 1994) Rdnr. 120 ff; *Martin, S.*, BB 1993 S. 1773; kritisch hierzu *Biergans, E.*, StuW 1991 S. 381 (386 f); *Loritz, K.-G.*, StVj 1991 S. 195 (238 f); *Reiß* in: *Kirchhof/Söhn*, § 16 EStG Rdnr. B 197

55 BMF-Schreiben v. 13.1.1993, BStBl 1993 I S. 80 Tz. 13

S schreibt das Gebäude im Jahre 1995 gleichfalls von der Bemessungsgrundlage von DM 1 Mio. nach § 7 Abs. 5 Nr. 3 EStG mit 7 v.H. degressiv ab. Die von ihm an M geleisteten Versorgungszahlungen macht er gem. § 10 Abs. 1 Nr. 1 a EStG als Sonderausgaben geltend. M hat korrespondierend hierzu die Versorgungszahlungen als sonstige Einkünfte i.S.d. § 22 Nr. 1 EStG zu versteuern.

Übernimmt der Vermögensempfänger das Gebäude in ein Betriebsvermögen, bemißt sich die künftige Abschreibung nach dem Einlagewert im Sinne des § 6 Abs. 1 Nr. 5 EStG. Dies ist grundsätzlich der Teilwert im Zeitpunkt der Einlage. Wurde das Grundstück allerdings innerhalb der letzten drei Jahre angeschafft oder hergestellt, treten an die Stelle des Teilwerts die fortgeführten Anschaffungs- oder Herstellungskosten.[56]

Bei vom Übernehmer eventuell getätigten Instandhaltungs- und Modernisierungsaufwendungen handelt es sich um sofort abziehbaren Erhaltungsaufwand, wenn er auch beim Rechtsvorgänger als solcher in Betracht gekommen wäre. Anschaffungsnahe Aufwendungen[57] können beim unentgeltlichen Erwerber grundsätzlich nicht vorliegen.[58] Eine Ausnahme hiervon ist nur dann gegeben, wenn der Übergeber das Gebäude kurz vor der Übergabe seinerseits (teil)entgeltlich erworben hat und der Übernehmer erhebliche Instandhaltungsarbeiten innerhalb des Drei-Jahres-Zeitraums seit der entgeltlichen Anschaffung durch den Rechtsvorgänger vornimmt. Der Übernehmer tritt auch insoweit in die Rechtsstellung des Übergebers ein.[59]

---

56 § 6 Abs. 1 Nr. 5 S. 2 EStG

57 Zum Begriff vgl. R 157 Abs. 5 EStR, H 157 EStR "Anschaffungsnaher Aufwand"; *Schmidt/Glanegger*, § 6 EStG Anm. 30

58 *Märkle, R., Franz, R.*, BB 1991 - Beilage 5 - S. 1 (17); *Theilacker, G.*, (Vorweggenommene Erbfolge 1993) S. 185

59 *Theilacker, G.*, (Vorweggenommene Erbfolge 1993) S. 185

Kapitel 2
Behandlung der vereinbarten Versorgungsleistungen

A. Art der Versorgungsleistungen

Obwohl der Große Senat des BFH im Beschluß vom 15.7.1991[1] den Begriff der "Leibrente" vom bürgerlichen Recht abkoppelte und ausführte, daß das "... Tatbestandsmerkmal `Leibrente´ ... inhaltlich auf die ... steuerrechtliche Zwecksetzung - Sonderung der Vermögensumschichtung von einem steuerbaren Zinsanteil - zugeschnitten" ist (Stichwort: Gegenleistungsrenten), hielt er daran fest, daß die in sachlichem Zusammenhang mit einer Vermögensübergabe vereinbarten Versorgungsleistungen "... Leibrente ... oder dauernde Last ... sein"[2] können. Idealtypische Erscheinungsform privater Versorgungsleistungen sei zwar die **dauernde Last**. Aus Gründen der Rechtskontinuität sowie der Rechtssicherheit könne es sich allerdings auch um eine **Leibrente** handeln. Damit ist der Große Senat des BFH[3] der "dogmatischen Ideallinie" von *Fischer*[4] sowie dem Vorlagebeschluß des X. Senats,[5] welche die im Rahmen einer Vermögensübergabe vereinbarten wiederkehrenden Leistungen ausschließlich dem "Rechtsinstitut der dauernden Last" zugewiesen haben wollten, nicht gefolgt.[6]

Der Begriff der Leibrente, deren Abzugsfähigkeit nach § 10 Abs. 1 Nr. 1 a EStG bzw. Steuerbarkeit nach § 22 Nr. 1 EStG auf den Ertragsanteil begrenzt ist, ist daher auch in Zukunft von den in voller Höhe zu berücksichtigenden dauernden Lasten abzugrenzen. Hierbei ist allerdings zu beachten, daß insbesondere die Rechtsprechung des X. Senats des BFH[7] um eine "... Abkehr vom starren Formel-Formalismus ..."[8] bemüht ist, und sich dazu le-

---

1 GrS 1/90 - BStBl 1992 II S. 78 (83)
2 Beschluß v. 15.7.1991 - GrS 1/90 - BStBl 1992 II S. 78 (85)
3 Beschluß v. 15.7.1991 - GrS 1/90 - BStBl 1992 II S. 78 (85)
4 in: *Kirchhof/Söhn*, § 22 EStG Rdnr. B 201 ff; *ders.*, DStR 1992 - Beihefter zu Heft 17 - S. 1 (3); *ders.*, (Wiederkehrende Bezüge 1994) Rdnr. 145 f, 320
5 BFH v. 25.4.1990 - X R 38/86 - BStBl 1990 II S. 625
6 *Biergans, E., Koller, A.*, DStR 1993 S. 741 (745 f)
7 Vgl. beispielsweise das Urteil v. 8.4.1992 - X R 52/89 - BFH/NV 1992 S. 657
8 *Fischer, P.*, (Wiederkehrende Bezüge 1994) Rdnr. 141; vgl. hierzu auch das Urteil des VIII. Senats des BFH (v. 17.12.1991 - VIII R 80/87 - BStBl 1993 II S. 15), in dem dieser eine entgeltliche Veräußerungsleibrente annahm, obwohl die am Vertrag beteiligten Personen auf § 323 ZPO Bezug genommen hatten.

gitimiert sieht, bei den in sachlichem Zusammenhang mit einer Vermögensübergabe vereinbarten wiederkehrenden Leistungen generell eine dauernde Last anzunehmen, sofern die Vertragsparteien nicht ausdrücklich die Leibrentenbesteuerung gewählt haben.

I. Dauernde Last als Idealtypus

Die in sachlichem Zusammenhang[9] mit der Übergabe von Vermögen[10] im Wege der vorweggenommenen Erbfolge vereinbarten wiederkehrenden Zahlungen sind dauernde Lasten, wenn sie *nicht gleichbleibend* sind.[11] Sofern die bisherige Rechtsprechung[12] die Abänderbarkeit der Versorgungsleistungen aus einer ausdrücklichen Änderungsklausel - insbesondere aus einer Bezugnahme auf § 323 ZPO[13] - ableitete, ist eine Änderung dieser Grundsätze insofern geboten, als sich die Abänderbarkeit nunmehr *auch* aus der Rechtsnatur des Versorgungsvertrags ergeben kann.[14] Denn auch dem zivilrechtlichen Typus des "Übergabevertrags" - dem die einkommensteuerrechtliche Behandlung typisierend folgt[15] - ist die Abänderbarkeit der Altenteilsleistungen nach dem Versorgungsbedürfnis des Empfängers und/

9 Ein zeitlicher Zusammenhang ist dagegen nicht erforderlich; vgl. zur zeitlich gestreckten - gleitenden - Vermögensübergabe die Ausführungen auf S. 17 ff

10 Im Sinne einer sog. Wirtschaftseinheit; vgl. S. 42 ff

11 BFH v. 15.7.1991 - GrS 1/90 - BStBl 1992 II S. 78 (84); v. 11.3.1992 - X R 141/88 - BStBl 1992 II S. 499; v. 11.3.1992 - X R 3/85 - BFH/NV 1992 S. 592; v. 25.3.1992 - X R 38/86 - BFH/NV 1992 S. 595; v. 25.3.1992 - X R 155/88 - BFH/NV 1992 S. 654; v. 8.4.1992 - X R 52/89 - BFH/NV 1992 S. 657; v. 8.4.1992 - X R 48/90 - BFH/NV 1993 S. 10 (11); v. 15.7.1992 - X R 201-202/89 - BFH/NV 1992 S. 817 (818); v. 15.7.1992 - X R 31/91 - BFH/NV 1993 S. 18 (19); kritisch hierzu insbesondere *Seithel, R.*, BB 1993 S. 473 (477 ff)

12 Vgl. hierzu die Ausführungen im Beschluß des Großen Senats des BFH v. 15.7.1991 - GrS 1/90 - BStBl 1992 II S. 78 (84)

13 Zu den wirtschaftlichen Risiken des § 323 ZPO vgl. *Niehues, K.*, *Kränke, S.*, DB 1994 S. 183 (184) m.w.N.

14 Beschluß v. 15.7.1991 - GrS 1/90 - BStBl 1992 II S. 78 (84); v. 11.3.1992 - X R 141/88 - BStBl 1992 II S. 499; v. 11.3.1992 - X R 3/85 - BFH/NV 1992 S. 592; v. 25.3.1992 - X R 38/86 - BFH/NV 1992 S. 595; v. 25.3.1992 - X R 155/88 - BFH/NV 1992 S. 654; v. 8.4.1992 - X R 52/89 - BFH/NV 1992 S. 657; v. 8.4.1992 - X R 48/90 - BFH/NV 1993 S. 10 (11); v. 15.7.1992 - X R 201-202/89 - BFH/NV 1992 S. 817 (818); v. 15.7.1992 - X R 91/31 - BFH/NV 1993 S. 18 (19); H 87 EStR "Dauernde Last"

15 Vgl. S. 15 ff

oder nach der durch die Ertragskraft des übernommenen Vermögens bestimmten Leistungsfähigkeit des Verpflichteten immanent.[16]

Da allerdings der X. Senat des BFH[17] in den vorbehaltenen Vermögenserträgen eine das Sonderrecht der Vermögensübergabe allein legitimierende dogmatische Rechtsfigur erblickt und insofern der Ansicht ist, daß der Gesetzgeber den Typus des Versorgungsvertrags generell dem Rechtsinstitut der dauernden Last zugewiesen hat, nimmt er eine solche *stets* an, wenn die wirtschaftlichen Risiken nicht "... ein für allemal unabänderlich nach dem im ursprünglichen Vertrag festgelegten Bedingungen verteilt sind."[18] Versorgungs*leib*renten akzeptiert der X. Senat[19] - da insofern "... ein Stück der früheren Systemverwerfung konserviert"[20] wurde[21] - deshalb nur, wenn und soweit die Vertragsparteien die Abänderbarkeit ausdrücklich ausgeschlossen haben.[22] Doch muß auch in diesen Fällen die generelle Zuordnung zum Typus des Vermögensübergabevertrags möglich sein.[23]

---

16 RG v. 19.12.1923 - V 750/22 - RGZ Bd. 107 S. 215 (217); v. 3.3.1924 - IV 101/23 - RGZ Bd. 108 S. 292 (294 f); v. 21.2.1935 - IV 177/34 - RGZ Bd. 147 S. 94 (99 f); OLG Hamm v. 16.8.1949 - 4b Wlw 29/49 - RdL 1951 S. 106; OLG Schleswig v. 28.1.1954 - 3 Wlw 256/53 - RdL 1954 S. 103; BGH v. 8.10.1957 - V Blw 12/57 - RdL 1957 S. 297 (299 f); OLG Schleswig v. 27.3.1961 - 3 Wlw 30/61 - RdL 1961 S. 318; OLG Celle v. 30.10.1961 - 7 Wlw 40/61 - RdL 1962 S. 45; OLG Hamm v. 27.3.1962 - 10 Wlw 131/61 - RdL 1962 S. 157; OLG Celle v. 23.3.1965 - 7 Wlw 80/64 - RdL 1965 S. 271

17 Vgl. die Ausführungen auf S. 63 ff

18 BFH v. 11.3.1992 - X R 141/88 - BStBl 1992 II S. 499 (501); v. 15.7.1992 - X R 201-202/89 - BFH/NV 1992 S. 817 (818); v. 15.7.1992 - X R 31/91 - BFH/NV 1993 S. 18 (19)

19 Urteil v. 11.3.1992 - X R 141/88 - BStBl 1992 II S. 499 (500); v. 16.12.1993 - X R 67/92 - BFHE Bd. 173 S. 152

20 *Fischer, P.*, DStR 1992 - Beihefter zu Heft 17 - S. 1 (4); vgl. auch *Martin, S.*, BB 1993 S. 1773 (1775)

21 Dem ist insofern zuzustimmen, als in den Ausführungen des Großen Senats zur Rechtsfigur der vorbehaltenen Vermögenserträge und dem gleichzeitigen Festhalten am Begriff der Versorgungs*leib*rente, sofern die vereinbarten Leistungen gleichbleibend sind, ein gewisser Widerspruch nicht zu leugnen ist; wohl gl.A. *Paus, B.*, DStZ 1994 S. 464 (465)

22 Im Urteil v. 8.4.1992 (X R 52/89 - BFH/NV 1992 S. 657) nahm der X. Senat in Anlehnung an die Rechtsnatur des Versorgungsvertrags eine dauernde Last an, obwohl die Vertragsparteien die wiederkehrenden Zahlungen als Leibrente bezeichnet hatten; vgl. zu dieser Problematik auch das Urteil des BFH v. 16.12.1993 - X R 67/92 - BFHE Bd. 173 S. 152; offen ist, inwieweit der XI. Senat des BFH (Urteil v. 23.1.

Eine dem Vermögensübergabevertrag immanente Anpassung der vereinbarten wiederkehrenden Leistungen darf allerdings nicht beliebig erfolgen. Um den sachlichen Zusammenhang mit der Vermögensübergabe zu wahren, müssen sich die am Vertrag beteiligten Personen innerhalb des ursprünglichen Vertragskonzepts halten.[24] Denn es ist gerade Kennzeichen des Versorgungsvertrags, daß die Parteien auf geänderte Bedarfslagen reagieren, indem sie Einzelpositionen, aus denen sich die Versorgungsleistungen der Höhe nach zusammensetzen, neu bewerten und untereinander ersetzen.[25] Als Grund für eine Erhöhung der Versorgungsleistungen kommen beispielsweise neben der allgemeinen Verteuerung der Lebenshaltungskosten[26] auch ein erhöhter Versorgungsbedarf des Übergebers in Betracht. So kann eine Verpflichtung zur Hege und Pflege des Übergebers durch Zahlung einer Geldrente abgelöst werden, die es diesem ermöglicht, seine Betreuung durch eine Pflegeperson vornehmen zu lassen.[27] Bei jeder Änderung der Versorgungsleistungen ist allerdings auf die Ertragskraft des übergebenen Vermögens Rücksicht zu nehmen.[28] Deshalb muß auch der Übergeber das wirtschaftliche Risiko mittragen und sich eventuell mit geringeren Verbes-

---

1992 - XI R 6/87 - BStBl 1992 II S. 526) diese Rechtsauffassung teilt; vgl. hierzu kritisch *Richter, H.*, DStR 1992 S. 812 ff; *Seithel, R.*, BB 1993 S. 473 (478); *Stephan, R.*, DB 1993 S. 194 (197)

23 Vgl. allerdings das Urteil v. 16.12.1993 - X R 67/92 - BFHE Bd. 173 S. 152 sowie die Ausführungen auf S. 66 f

24 *Fischer, P.*, (Wiederkehrende Bezüge 1994) Rdnr. 348

25 BFH v. 8.4.1992 - X R 52/89 - BFH/NV 1992 S. 657

26 RG v. 19.12.1923 - V 750/22 - RGZ Bd. 107 S. 215 (217); v. 3.3.1924 - IV 101/23 - RGZ Bd. 108 S. 292 (294 f)

27 BGH v. 8.10.1957 - V Blw 12/57 - RdL 1957 S. 297 (299 f)

28 OLG Hamm v. 16.8.1949 - 4b Wlw 29/49 - RdL 1951 S. 106; OLG Schleswig v. 28.1.1954 - 3 Wlw 256/53 - RdL 1954 S. 103; BGH v. 8.10.1957 - V Blw 12/57 - RdL 1957 S. 297 (299 f); ausgenommen der Tatsache, daß das übertragene Vermögen inzwischen veräußert wurde (OLG Celle v. 12.6.1972 - 7 Wlw 15/72 - AgrarR 1971/72 S. 471)

serungen begnügen[29] oder sogar Einschränkungen hinnehmen.[30] Schlechte Wirtschaftsführung entlastet den Verpflichteten allerdings nicht.[31]

Die generelle Möglichkeit der Anpassung der Versorgungsleistungen insofern, als sich die für ihre Festsetzung maßgebend gewesenen allgemeinen oder persönlichen Verhältnisse verändert haben, gilt nicht nur für vertraglich eingeräumte Versorgungsrenten. Dasselbe gilt für testamentarisch angeordnete Versorgungsleistungen,[32] wenn sich seit dem Erbfall die maßgebenden Verhältnisse erheblich geändert haben.[33]

II. Erscheinungsformen der dauernden Last

(1) Leistungen in Geld und/oder Sachwerten

Aufgrund des Beschlusses des Großen Senats vom 15.7.1991[34] sind die in sachlichem Zusammenhang mit einer Vermögensübergabe im Wege der vorweggenommenen Erbfolge vereinbarten *Geldleistungen* nach der Rechtsnatur des Versorgungsvertrags ebenso als dauernde Last abziehbar, wie beispielsweise Sach- oder Naturalleistungen.[35] Dies folgt aus der Auslegung des Versorgungsvertrags - aus dessen Rechtsnatur. Die Annahme einer dauernden Last kann daher nur vermieden werden, wenn ausdrücklich eine Leibrente vereinbart ist.[36]

---

29 OLG Celle v. 30.10.1961 - 7 Wlw 40/61 - RdL 1962 S. 45; OLG Celle v. 23.3.1965 - 7 Wlw 80/64 - RdL 1965 S. 271

30 RG v. 21.2.1935 - IV 177/34 - RGZ Bd. 147 S. 94 (99 f); OLG Schleswig v. 27.3. 1961 - 3 Wlw 30/61 - RdL 1961 S. 318; OLG Hamm v. 27.3.1962 - 10 Wlw 131/61 - RdL 1962 S. 157

31 OLG Celle v. 13.1.1958 - 7 Wlw 163/57 - RdL 1958 S. 183

32 OLG Oldenburg v. 12.7.1968 - 3 Wlw 46/67 - RdL 1968 S. 236; OLG Celle v. 12.6. 1972 - 7 Wlw 15/72 - AgrarR 1971/72 S. 471

33 OLG Celle v. 12.6.1972 - 7 Wlw 15/72 - AgrarR 1971/72 S. 471

34 GrS 1/90 - BStBl 1992 II S. 78 (84)

35 Zu den Beanstandungsgrenzen für unbare Altenteilsleistungen bei Land- und Forstwirten vgl. Verfügung d. OFD Hannover v. 19.1.1994, DStR 1994 S. 393

36 Kritisch hierzu insbes. *Seithel, R.*, BB 1993 S. 473 (477 ff)

(2) Pflegeleistungen

Die steuerliche Berücksichtigung wiederkehrender Leistungen als dauernde Last i.S.d. § 10 Abs. 1 Nr. 1 a EStG ist nur unter der Voraussetzung möglich, daß der Übernehmer durch die Leistungsverpflichtung wirtschaftlich belastet ist.[37] Dies ergibt sich sowohl aus dem einleitenden Satz 1 des § 10 Abs. 1 EStG, wonach als Sonderausgaben nur *Aufwendungen* abzugsfähig sind, als auch aus dem Zweck der Regelung des § 10 EStG, bestimmte, die wirtschaftliche Leistungsfähigkeit des Steuerpflichtigen mindernde Privatausgaben vom generellen Abzugsverbot des § 12 EStG auszunehmen.[38]

Da der Begriff der Aufwendungen i.S.d. § 10 EStG überwiegend als *Ausgabe* verstanden wird,[39] sind persönliche Dienstleistungen, die Dritten gegenüber erbracht werden, nicht als Sonderausgabe abzugsfähig. Deshalb können auch die im Rahmen eines Vermögensübergabevertrags vereinbarten *persönlichen Pflegeleistungen* - die dem Grunde nach zwar Inhalt einer dauernden Last sind[40] - nicht als Sonderausgabe abgezogen werden.[41]

Die steuerliche Behandlung des Berechtigten hat grundsätzlich isoliert von der des Verpflichteten zu erfolgen.[42] Eine Ausnahme soll nach *Fischer*[43] al-

---

37 BVerfG v. 18.2.1988 - 1 BvR 930/86 - StRK EStG 1975 § 10 Abs. 1 Nr. 1 a R. 10 a; BFH v. 20.2.1976 - VI R 131/74 - BFHE 118 S. 331; v. 24.9.1985 - IX R 2/80 - BStBl 1986 II S. 284 (285); v. 4.4.1989 - X R 14/85 - BStBl 1989 II S. 779 (781); v. 12.7.1989 - X R 11/84 - BStBl 1990 II S. 13 (15); v. 24.10.1990 - X R 43/89 - BStBl 1991 II S. 175 (176); v. 27.2.1992 - X R 136/88 - BStBl 1992 II S. 609 (611); v. 27.2.1992 - X R 139/88 - BStBl 1992 II S. 612 (614)

38 Der BFH verkennt hier allerdings, daß das Prinzip der Besteuerung nach der Leistungsfähigkeit im Bereich der Sonderausgaben keine Gültigkeit beanspruchen kann; vgl. hierzu insbes. *Biergans, E.*, *Stockinger, R.*, FR 1982 S. 25

39 *Schmidt/Heinicke*, § 10 EStG Anm. 3 a; *Söhn* in: *Kirchhof/Söhn*, § 10 EStG Rdnr. A 7, B 12; *Stephan* in: *Littmann/Bitz/Hellwig*, § 10 EStG Rn. 1

40 BFH v. 24.4.1991 - XI R 9/84 - BStBl 1991 II S. 794 (795); v. 18.9.1991 - XI R 11/85 - BFH/NV 1992 S. 234; v. 22.1.1992 - X R 35/89 - BStBl 1992 II S. 552; FG Rheinland-Pfalz v. 4.6.1992 - 4 K 1473/91 - EFG 1993 S.74 (rkr.)

41 BFH v. 28.7.1983 - IV R 174/80 - BStBl 1984 II S. 97 (101); v. 18.9.1991 - XI R 11/85 - BFH/NV 1992 S. 234; FG Rheinland-Pfalz v. 4.6.1992 - 4 K 1473/91 - EFG 1993 S.74 (rkr.); *Felix, G.*, KÖSDI 1992 S. 8976 (8978, 8979); *Jansen* in: *Herrmann/Heuer/Raupach*, § 22 EStG Anm. 68; offengelassen durch BFH v. 22.1.1992 - X R 35/89 - BStBl 1992 II S. 552

42 Dies ergibt sich aus dem *Subjektcharakter* der Einkommensteuer; vgl. hierzu ausführlich *Biergans, E.*, (Einkommensteuer 1992) S. 1051 f

lerdings für die im Rahmen eines Übergabevertrags erbrachten Dienstleistungen gelten.[44] Obwohl beim Übergeber insofern der Tatbestand des § 22 Nr. 1 S. 1 i.V.m. § 8 Abs. 1 und 2 EStG erfüllt ist,[45] soll aufgrund einer *materiell-rechtlichen Korrespondenz,* welche der *Konzeption der vorbehaltenen Vermögenserträge* entspricht, von einer Besteuerung beim Berechtigten abzusehen sein, wenn der Verpflichtete seine Pflegeleistung nicht als Sonderausgabe geltend machen kann.[46]

Etwas anderes gilt dagegen, wenn die Verpflichtung zur Pflege des Übergebers durch eine vom Übernehmer entlohnte Pflegekraft erbracht wird. In diesem Fall sind die Aufwendungen, die dem Übernehmer tatsächlich entstehen, als dauernde Last abzugsfähig.[47] Der Übergeber hat die Pflegeleistungen - in der Regel in Höhe des Lohnaufwands - nach § 22 Nr. 1 S. 1 EStG als sonstige Einkünfte zu versteuern.[48]

---

43 (Wiederkehrende Bezüge 1994) Rdnr. 26, 410 ff

44 Offengelassen durch BFH v. 22.1.1992 - X R 35/89 - BStBl 1992 II S. 552 (553)

45 Dienstleistungen zählen zu den Einnahmen i.S.d. § 8 Abs. 2 EStG (*Birk* in: *Herrmann/Heuer/Raupach,* § 8 EStG Anm. 105 "Dienstleistungen")

46 Dieser Ansicht ist - vorbehaltlich eines materiellrechtlichen Charakters der Rechtsfigur der vorbehaltenen Vermögenserträge, durch die ein *Transfer von Einkünften* rechtstechnisch verwirklicht wird (BFH v. 14.7.1993 - X R 54/91 - BStBl 1994 II S. 19 (21)) - zuzustimmen. Allerdings ist zu bedenken, daß die Rechtsfigur der vorbehaltenen Vermögenserträge - nach hier vertretener Ansicht - ein Sonderrecht der Vermögensübergabe nicht begründen kann; vgl. hierzu die Ausführungen auf S. 69 ff, 160 ff

47 BFH v. 18.9.1991 - XI R 11/85 - BFH/NV 1992 S. 234; v. 22.1.1992 - X R 35/89 - BStBl 1992 II S. 552; FG Rheinland-Pfalz v. 4.6.1992 - 4 K 1473/91 - EFG 1993 S. 74 (rkr.); unbare Leistungen sind dabei, sofern ein Einzelnachweis nicht geführt wird, mit dem in § 1 der jeweils geltenden Sachbezugsordnung festgelegten Wert anzusetzen (BFH v. 23.5.1989 - X R 34/86 - BStBl 1989 II S. 784; v. 21.6.1989 - X R 13/85 - BStBl 1989 II S. 786; v. 18.12.1990 - X R 151/88 - BStBl 1991 II S. 354)

48 H 165 EStR "Wiederkehrende Bezüge sind"

(3) Überlassung einer Wohnung

Nach Ansicht der Finanzverwaltung[49] und der h.M. in der Literatur[50] kann im Geltungsbereich der Privatgutlösung[51] der *Nutzungswert einer im Rahmen eines Übergabevertrags unentgeltlich überlassenen Wohnung* mangels tatsächlicher Aufwendungen nicht als dauernde Last gem. § 10 Abs. 1 Nr. 1 a EStG abgezogen werden. Denn der mit der Nutzungsüberlassung verbundene Verzicht des Überlassenden auf Einnahmen stellt keinen Aufwand i.S.d. § 10 Abs. 1 Nr. 1 a EStG dar; insoweit liegt also keine wirtschaftliche Belastung vor.[52] Entsprechend hierzu hat der Nutzungsberechtigte i.H.d. Nutzungswerts auch keine sonstigen Einkünfte i.S.d. § 22 Nr. 1 S. 1 EStG zu versteuern.

Von der unentgeltlichen Überlassung der Wohnung als solcher getrennt zu würdigen ist allerdings die Frage, inwieweit Aufwendungen, die dem Verpflichteten im Zusammenhang mit der unentgeltlichen Wohnungsüberlassung entstehen, als dauernde Last abzugsfähig sind. Die bisherige Rechtsprechung[53] fordert für das Vorliegen einer dauernden Last, daß die wiederkehrenden Bezüge einem Berechtigten zufließen.[54] Einen Zufluß und damit die Abzugsfähigkeit als dauernde Last hat der BFH[55] hinsichtlich der - im

---

49 BMF-Schreiben v. 16.3.1988, DB 1988 S. 885 (886); Verfügung d. OFD Münster v. 21.4.1989, DStR 1989 S. 394; Verfügung d. OFD München v. 1.6.1992, DB 1992 S. 1703; aus der Rechtsprechung vgl. FG Münster v. 18.12.1990 - VI 2854/90 E - EFG 1991 S. 530 (rkr.); v. 23.11.1993 - 6 K 826/93 E - EFG 1994 S. 518 (Rev. X R 7/94)

50 *Biergans, E., Koller, A.*, DStR 1993 S. 741 (746); *Stephan* in: *Littmann/Bitz/Hellwig*, § 10 Rn. 70, § 22 Rn. 67; *Stuhrmann, G.*, FR 1988 S. 244; *Felsmann, W.*, (Einkommensbesteuerung) Abschn. A Anm. 734 c

51 Auf die im Zusammenhang mit der Nutzungswertbesteuerung sich ergebenden Fragen wird im Rahmen dieser Arbeit nicht eingegangen; vgl. hierzu beispielsweise *Felsmann, W.*, (Einkommensbesteuerung) Abschn. A Anm. 710 f, 734 f, 737 a; *Fischer, P.*, (Wiederkehrende Bezüge 1994) Rdnr. 395 ff

52 *Söhn* in: *Kirchhof/Söhn*, § 10 EStG Rdnr. D 203 i.V.m. C 26

53 Urteile v. 23.11.1967 - IV R 143/67 - BStBl 1968 II S. 259; v. 7.12.1982 - VIII R 166/80 - BStBl 1983 II S. 660 (662); v. 30.10.1984 - IX R 2/84 - BStBl 1985 II S. 610 (613 f)

54 Kritisch hierzu: *Bruschke, G.*, FR 1983 S. 166; *Söhn* in: *Kirchhof/Söhn*, § 10 EStG Anm. D 91 f

55 Urteile v. 30.10.1984 - IX R 2/84 - BStBl 1985 II S. 610 (613 f); v. 16.7.1985 - IX R 1/79 - BFH/NV 1985 S. 77 (78); v. 16.7.1985 - IX R 1/84 - BFH/NV 1985 S. 78; v. 16.7.1985 - IX R 3/84 - BFH/NV 1985 S. 78 (79); v. 5.8.1986 - IX R 10/82 -

Zusammenhang mit einem *obligatorisch* vorbehaltenen Wohnrecht - getätigten Erhaltungsaufwendungen angenommen, zu deren Zahlung sich der Übernehmer im Rahmen eines Übergabevertrags verpflichtet hatte. Demgegenüber lehnte der BFH im Urteil vom 7.12.1982[56] den Abzug von Reparaturaufwendungen als dauernde Last ab, weil es sich um eine *dingliche* Absicherung des Wohnrechts handelte. Er begründete dies damit, daß die Zahlungen des Verpflichteten in diesem Fall dem Nutzungsberechtigten nicht zufließen, da das dinglich vorbehaltene Wohnrecht von vornherein eine dingliche Befreiung von der Instandhaltungsverpflichtung nach § 1041 BGB umfasse. Diese - bereits in sich fragwürdige Ansicht[57] - ist *m.E.* überholt. Davon abgesehen, daß es der BFH im Urteil vom 4.4.1989[58] stark bezweifelt, ob die dauernde Last das Vorhandensein eines Berechtigten voraussetzt, stellt das Urteil vom 25.3.1992[59] klar, daß "... es dahingestellt bleiben ..." könne, "... ob eine unterschiedliche Behandlung auf die obligatorische oder dingliche Rechtsnatur des Nutzungsrechts gestützt werden kann." Wesentlich sei nur, ob die Instandhaltungskosten Bestandteil der im Wege eines Vermögensübergabevertrags vereinbarten Versorgungsleistungen sind. Sofern dies der Fall ist, kommt der Abzug als dauernde Last unabhängig davon in Betracht, ob das Nutzungsrecht dinglicher oder obligatorischer Natur ist.[60]

Neben den Erhaltungsaufwendungen sind auch andere laufende Aufwendungen, die dem Übernehmer im Zusammenhang mit der Wohnungsüberlassung entstehen, wie Wasser, Strom oder Heizung, als dauernde Last berücksichtigungsfähig.[61] Dies gilt jedoch nicht für originäre Lasten des

BFH/NV 1987 S. 29 (30); v. 10.4.1991 - XI R 19/88 - BFH/NV 1991 S. 673 (674); v. 25.3.1992 - X R 196/87 - BStBl 1992 II S. 1012 (1015); vgl. auch BMF-Schreiben v. 16.3.1988, DB 1988 S. 885

56 VIII R 166/80 - BStBl 1983 II S. 660 (661 f); a.A. Verfügungen der OFD'en Freiburg, Karlsruhe, Stuttgart v. 14.10.1981, Inf 1982 S. 28 (32)

57 Kritisch hierzu *Biergans, E., Koller, A.*, DStR 1993 S. 741 (747)

58 X R 14/85 - BStBl 1989 II S. 779 ("Grabpflegekosten")

59 X R 196/87 - BStBl 1992 II S. 1012

60 So wohl auch H 87 EStR "Erhaltungs-/Instandhaltungsaufwendungen"

61 BFH v. 30.10.1984 - IX R 2/84 - BStBl 1985 II S. 610 (614); v. 5.6.1991 - XI R 1/88 - BFH/NV 1991 S.678; v. 25.3.1992 - X R 196/87 - BStBl 1992 II S. 1012 (1014); v. 3.6.1992 - X R 14/89 - BStBl 1993 II S. 23 (26); die Bewertung ist dabei in Anlehnung an § 1 Abs. 1 der Sachbezugsordnung vorzunehmen; H 87 EStR "Altenteilsleistung"

Grundstücksübernehmers, die das Versorgungsbedürfnis des Berechtigten nicht berühren, wie z.B. öffentliche Lasten (Grundsteuer) sowie Hausversicherungen.[62] Ebensowenig kann der Verpflichtete die anteiligen Abschreibungen[63] sowie die Fremdkapitalzinsen, die im Zusammenhang mit der Finanzierung der überlassenen Wohnung anfallen,[64] als dauernde Last berücksichtigen.

B. Behandlung der wiederkehrenden Zahlungen

Beim *Berechtigten* sind die in sachlichem Zusammenhang mit einer vorweggenommenen Erbfolgeregelung vereinbarten Versorgungsleistungen in Form dauernder Lasten vom Beginn der Zahlungen an in voller Höhe nach § 22 Nr. 1 EStG steuerpflichtig.[65] Handelt es sich bei den privaten Versorgungsleistungen dagegen - ausnahmsweise[66] - um Leibrenten, ist nur der nach § 22 Nr. 1 EStG bzw. § 55 EStDV ermittelte Ertragsanteil unter den sonstigen Einkünften zu versteuern.

Werden die Versorgungsleistungen zugunsten von Eltern als Gesamtberechtigte i.S.d. § 428 BGB vereinbart, sind die Einkünfte auf die Eltern - i.d.R. je zur Hälfte - aufzuteilen.[67] Dies gilt selbst dann, wenn einer der Ehegatten nicht Eigentümer des übertragenen Vermögens war.[68] Der BFH[69] geht viel-

---

62 BFH v. 25.3.1992 - X R 196/87 - BStBl 1992 II S. 1012 (1014)

63 BFH v. 7.12.1982 - VIII R 166/80 - BStBl 1983 II S. 660 (661); v. 30.10.1984 - IX R 2/84 - BStBl 1985 II S. 610 (614); v. 16.7.1985 - IX R 1/84 - BFH/NV 1985 S. 78; v. 10.4.1991 - XI R 19/88 - BFH/NV 1991 S. 673 (674); v. 3.6.1992 - X R 14/89 - BStBl 1993 II S. 23 (26)

64 BMF-Schreiben v. 16.3.1988, DB 1988 S. 885 (886); ein Abzug scheitert in diesem Fall - wie bei den Erbbauzinsen (vgl. hierzu ausführlich *Biergans, E.*, (Renten 1993 S. 26)) - daran, daß die Zinsen Gegenleistung für die Überlassung von Kapital sind und deshalb nach der Rechtsprechung die Grundsätze der Wertverrechnung anzuwenden sind.

65 Verzichtet der Altenteilsberechtigte zwecks Anpassung der Versorgungsleistungen an die wirtschaftlichen Verhältnisse der Vertragsparteien (teilweise) auf die ursprünglich vereinbarten wiederkehrenden Leistungen, so führt dies bei ihm nicht zu fiktiven Einnahmen; vgl. hierzu FG Niedersachsen v. 14.10.1992 - IX 520/88 - EFG 1994 S. 209 (210) (rkr.)

66 Vgl. S. 90

67 BFH v. 22.9.1993 - X R 126/92 - BFH/NV 1994 S. 235 (236); v. 22.9.1993 - X R 48/92 - BStBl 1994 II S. 107 (108)

68 Vgl. auch Verfügung d. OFD Hannover v. 27.12.1993, DStR 1994 S. 393

mehr davon aus, daß dieser Ehegatte "... durch seine Mitwirkung bei Weitergabe der Existenzgrundlage ... zumindest im wirtschaftlichen Sinne über ein \`eigenes´ Vermögen verfügt ..." und somit "... ein originär eigenes Altenteilsrecht hat." Aus diesem Grunde können beide Ehegatten sowohl den Pauschbetrag des § 9 a S. 1 Nr. 3 EStG[70] als auch den Altersentlastungsbetrag gem. § 24 a EStG beanspruchen.[71]

Korrespondierend zur steuerlichen Behandlung beim Berechtigten sind die privaten Versorgungsleistungen beim *Verpflichteten* zu behandeln. Sofern es sich um Versorgungslasten handelt, sind diese vom Beginn der Zahlung an in voller Höhe[72] als Sonderausgaben i.S.d. § 10 Abs. 1 Nr. 1 a EStG abzugsfähig. Eine Verrechnung der wiederkehrenden Zahlungen mit dem Wert des übernommenen Vermögens kommt nicht in Betracht, da in der Vermögensübertragung keine die Abzugsfähigkeit ausschließende "Gegenleistung" für die Einräumung der Versorgungszahlungen gesehen wird.[73] Bei Versorgungsleibrenten ist dagegen nicht die volle Zahlung, sondern nur der nach § 22 Nr. 1 EStG bzw. § 55 EStDV ermittelte Ertragsanteil als Sonderausgabe abzugsfähig.

Da die neue Rechtsprechung bei Vermögensübertragungen im Wege der vorweggenommenen Erbfolge gegen Versorgungsleistungen grundsätzlich von einem stillschweigenden Änderungsvorbehalt ausgeht, wurde die bisher umstrittene Frage[74] nach der Wirksamkeit *nachträglich vereinbarter Änderungsklauseln* erheblich entschärft.[75] Diese Problematik stellt sich in Zu-

---

69 Urteile v. 22.9.1993 - X R 126/92 - BFH/NV 1994 S. 235 (236); v. 22.9.1993 - X R 48/92 - BStBl 1994 II S. 107 (108)

70 Sofern nicht höhere Werbungskosten nachgewiesen werden.

71 BFH v. 22.9.1993 - X R 48/92 - BStBl 1994 II S. 107; der Altersentlastungsbetrag kann allerdings für Versorgungsleistungen nicht geltend gemacht werden, wenn es sich dabei um Versorgungs*leib*renten handelt (vgl. § 24 a S. 2 EStG).

72 Zahlungen zugunsten beider Elternteile sind auch dann in voller Höhe abziehbar, wenn einer der Ehegatten nicht Eigentümer des übertragenen Vermögens war; FG Münster v. 4.5.1994 - 11 K 495/90 E - EFG 1994 S. 1088 (NZB: IX B 119/94)

73 Vgl. die Ausführungen auf S. 58 ff

74 Im Urteil v. 19.9.1980 (VI R 161/77 - BStBl 1981 II S. 26) hatte der BFH die nachträgliche Änderung einer Leibrente in eine dauernde Last abgelehnt; ausführlich zu dieser Problematik *Fischer, L.*, BB 1988 S. 1294

75 *Biergans, E.*, (Renten 1993) S. 12; *Fischer, P.*, (Wiederkehrende Bezüge 1994) Rdnr. 349

kunft allenfalls umgekehrt. Sofern die Annahme einer dauernden Last bei den am Vertrag beteiligten Personen unerwünscht ist, ergibt sich die Notwendigkeit eines nachträglichen expliziten Ausschlusses der Abänderungsmöglichkeit. Nach einhelliger Auffassung in der Literatur[76] kann die Rechtsqualität der Versorgungsleistungen mit Wirkung für die Zukunft (ex nunc) jederzeit vertraglich abgeändert werden.[77]

In Altfällen, bei denen bisher mangels ausdrücklich vereinbarter Änderungsklauseln eine Leibrente angenommen wurde, empfiehlt *Biergans*[78] aufgrund der geänderten Rechtsprechung für noch offene Veranlagungszeiträume beim Übernehmer den vollen Abzug als dauernde Last zu beantragen. Für den Übergeber scheide eine entsprechende Berücksichtigung der geänderten Rechtsprechung zu seinen Ungunsten in zurückliegenden Steuerbescheiden aus, da insoweit der Vertrauensschutz nach § 176 AO greift. Für die Zukunft dürfte der Berechtigte dagegen - wegen Minderung der Leistung durch die Besteuerung - eine entsprechende Erhöhung der Versorgungsbezüge beanspruchen können.[79]

Werden die privaten Versorgungsleistungen - unabhängig davon, ob es sich um eine Leibrente oder um eine dauernde Last handelt - durch eine einmalige Abfindungszahlung abgelöst, handelt es sich beim *Übergeber* um einen einkommensteuerneutralen Vorgang.[80] Sofern die Abfindungszahlung dem Barwert der Versorgungsleistungen entspricht, liegt eine steuerlich unbeachtliche Vermögensumschichtung vor, da durch die Ablösung eine Forderung in gleicher Höhe abgegolten wird.

---

76 *Biergans, E.*, (Renten 1993) S. 12 f; *Felix, G.*, KÖSDI 1992 S. 8976 (8978); *Fischer, P.*, (Wiederkehrende Bezüge 1994) Rdnr. 329, 349; *Katterbe, B.*, FR 1993 S. 623 (626)

77 Eine rückwirkende Vereinbarung ist dagegen steuerlich nicht anzuerkennen; vgl. beispielsweise *Katterbe, B.*, FR 1993 S. 623 (626)

78 (Renten 1993) S. 12 (Fn. 90); ähnlich *Seithel* (BB 1993 S. 473 (478)), der im Ergebnis allerdings eine korrespondierende Behandlung von Übergeber und Übernehmer befürwortet und deshalb den Wechsel von der bisherigen Besteuerung als Leibrente zur Vollversteuerung als dauernde Last von der Zustimmung des Berechtigten abhängig macht.

79 *Felix, G.*, KÖSDI 1992 S. 8976 (8981); zurückhaltender *Wrede, F.*, FR 1991 S. 745

Beispiel:

V überträgt im Wege einer vorweggenommenen Erbfolgeregelung seinen Betrieb gegen Versorgungsleistungen auf seinen Sohn S. Nach vier Jahren einigen sich beide darauf, daß die zu erbringenden künftigen Versorgungszahlungen, deren Barwert noch DM 150.000 beträgt, durch eine einmalige Abfindungszahlung in gleicher Höhe abgelöst werden soll.

Die Ablösung des Anspruchs auf die Versorgungszahlungen stellt eine Vermögensumschichtung im privaten Bereich dar und unterliegt deshalb nicht der Einkommensteuer.

Dasselbe gilt, wenn der Abfindungsbetrag über oder unter dem Barwert der zukünftigen laufenden Zahlungen liegt. Auch hier handelt es sich um eine einkommensteuerlich[81] irrelevante Vermögensmehrung oder -minderung im Privatbereich.

Beispiel:

Sachverhalt wie im vorherigen Beispiel mit dem Unterschied, daß S seine gegenüber dem Vater eingegangene Verpflichtung durch eine Abfindung i.H.v. DM 200.000 ablöst.

Auch der gegenüber dem Barwert der Versorgungsrente gezahlte Mehrbetrag von DM 50.000 unterliegt nicht der Einkommensteuer, da es sich um eine einkommensteuerneutrale Vermögensumschichtung im Privatbereich handelt.

Da es sich bei der Abfindungszahlung um eine reine Vermögensumschichtung im Privatbereich handelt, ist auch beim *Übernehmer* der Abzug der Ablösungszahlung bei der Einkunftsermittlung ausgeschlossen. Ein Abzug unter den Sonderausgaben i.S.d. § 10 Abs. 1 Nr. 1 a EStG scheitert daran, daß aufgrund der mangelnden Wiederkehr bei der Abfindung weder eine Rente noch eine dauernde Last vorliegt.[82]

---

80 BFH v. 23.4.1958 - VI 176/57 U - BStBl 1958 III S. 277 (278); v. 26.5.1971 - I R 79/69 - BStBl 1971 II S. 655; a.A. *Fischer, P.*, (Wiederkehrende Bezüge 1994) Rdnr. 331, der nachträgliche Anschaffungskosten annimmt.

81 Möglicherweise liegt allerdings ein schenkungsteuerpflichtiger Vorgang vor.

82 BFH v. 23.4.1958 - VI 176/57 U - BStBl 1958 III S. 277 (278); v. 26.5.1971 - I R 79/69 - BStBl 1971 II S. 655; v. 20.3.1984 - IX R 8/80 - BStBl 1985 II S. 43 ("Beerdigungskosten"); H 87 EStR "Dauernde Last"; kritisch hierzu *Fischer, P.*, (Wiederkehrende Bezüge 1994) Rdnr. 419; *Schmidt, E.*, BB 1985 S. 1381

Kapitel 3
Steuerrechtliche Behandlung der im Rahmen eines Wirtschaftsüberlassungsvertrags vereinbarten "altenteilsähnlichen Leistungen"

A. Rechtslage

Die Rechtsfolgen des Wirtschaftsüberlassungsvertrags entsprechen bezüglich der Nutzungsüberlassung denen der Betriebsverpachtung;[1] hinsichtlich etwaiger "Versorgungsleistungen" gelten die Grundsätze der Übertragung von Vermögen im Wege einer vorweggenommenen Erbfolgeregelung.[2]

Beim Wirtschaftsüberlassungsvertrag handelt es sich - wie bei der Vermögensübergabe gegen Versorgungsleistungen - um einen familienrechtlichen Vertragstypus mit erbrechtlichem Bezug, dem in der Regel[3] die Vermögensübertragung in Vorwegnahme der künftigen Erbregelung folgt, oder der durch den Erbfall selbst beendet wird.[4] Die aufgrund einer solchen Vereinbarung erbrachten altenteilsähnlichen Leistungen sind beim Hofeigentümer daher grundsätzlich[5] in voller Höhe[6] als sonstige Einkünfte nach § 22 Nr. 1 EStG zu erfassen. Entgegen der "normalen" Vermögensübergabe gegen

---

1 Auf diesen Problemkreis wird im Rahmen dieser Arbeit nicht eingegangen; vgl. hierzu beispielsweise *Felsmann, W.*, (Einkommensbesteuerung) Abschn. A Anm. 698 ff; *Pape, M.*, Inf 1991 S. 49; zum umstrittenen Fall der Abschreibungsberechtigung beim Wirtschaftsüberlassungsvertrag vgl. BMF-Schreiben v. 29.4.1993, BStBl 1993 I S. 337; BFH v. 23.1.1992 - IV R 104/90 - BStBl 1993 II S. 327; *Kanzler, H. J.*, NWB F. 3 d S. 537; *Schubert, P.*, Inf 1993 S. 419; *Söffing, M.*, FR 1992 S. 407

2 *Kanzler, H. J.*, FR 1992 S. 239 (243 f); vgl. hierzu auch die Ausführungen auf S. 22 ff; *Korn* (KÖSDI 1993 S. 9426) vertritt dabei zu Recht die Auffassung, daß auch in den Fällen, in denen außerhalb der Landwirtschaft existenzsicherndes Vermögen gegen wiederkehrende Zahlungen zunächst nur zur Nutzung übertragen wird und erst später übergehen soll, nach den Grundsätzen des Wirtschaftsüberlassungsvertrags zu verfahren ist; a.A. *Wätzig* (Inf 1982 S. 437), wonach der Wirtschaftsüberlassungsvertrag nur in der Landwirtschaft Bedeutung hat.

3 Zum atypischen Wirtschaftsüberlassungsvertrag vgl. S. 24 ff

4 Vgl. S. 22 ff

5 Vorbehaltlich der Tatsache, daß die Leistungen beim Nutzungsberechtigten nicht dem Abzugsverbot des § 12 Nr. 2 EStG unterliegen.

6 Sofern die auf S. 90 f dargelegten Voraussetzungen erfüllt sind (Stichwort: Leibrente), kommt nur die Besteuerung des Ertragsanteils in Betracht; gl.A. *Söffing, M.*, FR 1993 S. 509 (510)

Versorgungsleistungen beurteilt der BFH[7] allerdings auch die vom Nutzungsberechtigten vertragsgemäß übernommenen weiteren Leistungen (Zins- und Tilgungsdienste) wirtschaftlich nicht als Entgelt. Vielmehr soll es sich auch hier um Vermögenserträge handeln, die sich der Eigentümer mit der Nutzungsüberlassung vorbehalten hat. Daher hat er auch diese Leistungen - obwohl sie keinen altenteilsähnlichen Charakter aufweisen - als wiederkehrende Bezüge i.S.d. § 22 Nr. 1 EStG zu versteuern.[8]

Entsprechend der steuerlichen Behandlung beim Hofeigentümer kann der Nutzungsberechtigte *alle* vertraglich übernommenen Verpflichtungen - unabhängig ihrer Differenzierung als altenteilsähnliche oder andere Leistungen - als Sonderausgaben gem. § 10 Abs. 1 Nr. 1 a EStG geltend machen. Allerdings gilt dies nur dann, wenn es sich bei den vereinbarten Leistungen nicht um Unterhaltszahlungen nach § 12 Nr. 2 EStG handelt. Eine nicht abziehbare Unterhaltsleistung liegt in Anwendung der 50% - Regel nach Ansicht des IV. Senats des BFH[9] dann vor, wenn unter Berücksichtigung der "Gegenleistung" der Unterhaltscharakter offensichtlich überwiegt.[10] Dabei ist unter Berücksichtigung der Besonderheiten des Wirtschaftsüberlassungsvertrags als einer Nutzungsüberlassung mit erbrechtlichem Bezug nicht der Wert der bloßen Nutzungsüberlassung, sondern - wie bei der Hofübergabe selbst - der Wert des Betriebsvermögens zugrunde zu legen. Sofern bei den vom Nutzungsberechtigten übernommenen Leistungen der Unterhaltscharakter überwiegen sollte, hat der Nutzungsverpflichtete (Hofeigentümer) diese auch nicht als wiederkehrende Bezüge nach § 22 Nr. 1 EStG zu versteuern.

---

7 Urteile 18.2.1993 - IV R 106/92 - BStBl 1993 II S. 546 (547); v. 18.2.1993 - IV R 50/92 - BStBl 1993 II S. 548 (549); v. 18.2.1993 - IV R 51/92 - BFH/NV 1994 S. 14 (15)

8 Mit Ausnahme der Tilgungsleistung kann der Hofeigentümer - da es sich bei diesen Beträgen um Aufwendungen, die durch den Betrieb veranlaßt sind (§ 4 Abs. 4 EStG), handelt - diese Zuwendungen zugleich als Betriebsausgaben abziehen.

9 Urteile 18.2.1993 - IV R 106/92 - BStBl 1993 II S. 546 (547); v. 18.2.1993 - IV R 50/92 - BStBl 1993 II S. 548 (549); v. 18.2.1993 - IV R 51/92 - BFH/NV 1994 S. 14 (15)

10 Der IV. Senat setzt sich damit in Widerspruch zur Rechtsprechung des X. Senats; vgl. hierzu ausführlich S. 63 ff

B. Stellungnahme

Der Vergleich des (typischen)[11] Wirtschaftsüberlassungsvertrags als Erscheinungsform der "umgekehrt" gleitenden Vermögensübergabe mit dem steuerrechtlichen Typus des Übergabevertrags gegen Versorgungsleistungen ist grundsätzlich vertretbar. Nicht nachvollziehbar ist allerdings, daß *alle* vom Nutzungsberechtigten vertragsgemäß übernommenen Leistungen - also auch diejenigen, die keinen altenteilsähnlichen Charakter aufweisen - bei diesem als Sonderausgaben abziehbar sowie beim Betriebsüberlasser als wiederkehrende Bezüge zu erfassen sein sollen. Die Übernahme von Zins- und Tilgungsleistungen für betriebliche Verbindlichkeiten des Übergebers gehört beim Vermögensübergabevertrag nämlich nicht zu den steuerlich begünstigten Versorgungsleistungen. Diesbezüglich ist deshalb ein Vergleich des (typischen) Wirtschaftsüberlassungsvertrags mit den Grundsätzen, die für die Übertragung von Vermögen im Wege der vorweggenommenen Erbfolge gelten, nicht möglich.[12]

Problematisch erscheint zudem, daß die Leistungen des "potentiellen Erwerbers" bereits anerkannt werden, obwohl ihm das Vermögen erst "... unverbindlich zugesagt worden ist, hinsichtlich dessen er aber keine Rechtsansprüche erworben hat."[13] Dem könnte allerdings durch eine vorläufige Steuerfestsetzung gem. § 165 Abs. 1 S. 1 AO begegnet werden.[14]

11 Zum atypischen Wirtschaftsüberlassungsvertrag vgl. S. 24 ff

12 Gl.A. *Fischer, P.*, FR 1993 S. 575 (576); nach *Paus* (DStZ 1993 S. 599 (600)) "... kann sich der IV. Senat weder auf den Wortlaut des Gesetzes noch auf die Entscheidung des Großen Senats noch auf den Gedanken der Kontinuität der Rechtsprechung noch auf den Willen des Gesetzgebers ... berufen."

13 *Paus, B.*, DStZ 1993 S. 599 (600)

14 Vgl. hierzu auch S. 25 f

Teil 3

Einkommensteuerrechtliche Behandlung vorweggenommener Erbfolgeregelungen an einer "Nicht-Wirtschaftseinheit"

Wird in sachlichem Zusammenhang mit einer vorweggenommenen Erbfolgeregelung Vermögen gegen wiederkehrende Zahlungen übertragen, sind diese grundsätzlich[1] als private Versorgungsleistungen zu qualifizieren.[2] Dies gilt jedoch nicht, wenn Vermögen übertragen bzw. auf Vermögensansprüche verzichtet wird und es sich hierbei nicht um eine existenzsichernde und generationenübergreifende Wirtschaftseinheit handelt, deren Übertragung herkömmlicherweise dem Typus der Vermögensübergabe gegen private Versorgungsleistungen zugerechnet werden kann.[3] Vielmehr wird beispielsweise in der Übertragung von Geldvermögen bzw. in dem Verzicht auf in Geld gerichtete Ansprüche gegen wiederkehrende Zahlungen ein Darlehensverhältnis bzw. - falls Leistung und Gegenleistung sich nicht ausgewogen gegenüberstehen - ein darlehensähnlicher Vorgang angenommen.[4] Wird dagegen (nahezu) ertragloses Vermögen übertragen bzw. auf vorbehaltene oder vermächtnisweise eingeräumte Nutzungsrechte an (nahezu) ertraglosem Vermögen gegen wiederkehrende Zahlungen verzichtet, ist ein Veräußerungsgeschäft bzw. ein veräußerungsähnlicher Vorgang anzunehmen.[5] Dies gilt selbst dann, wenn alle sonstigen Voraussetzungen[6] einer Vermögensübergabe gegen private Versorgungsleistungen - insbesondere

---

1 Sofern der Vorgang dem Typus des Vermögensübergabevertrags zugerechnet werden kann.

2 Zur steuerlichen Behandlung privater Versorgungsleistungen vgl. S. 99 ff

3 Vgl. ausführlich S. 42 ff

4 BFH v. 28.6.1963 - VI 321/61 U - BStBl 1963 III S. 424; v. 13.8.1985 - IX R 10/80 - BStBl 1985 II S. 709 (710); v. 27.2.1992 - X R 136/88 - BStBl 1992 II S. 609 (612); v. 27.2.1992 - X R 40/89 und X R 55/89 - BFH/NV 1992 S. 647 (648); v. 28.9.1993 - X B 96/93 - BFH/NV 1994 S. 237 (238); a.A. FG Hessen v. 25.10.1993 - 3 K 1116/90 - EFG 1994 S. 521 (rkr.)

5 Vgl. S. 123 ff

6 Sofern ein "Vermögensübergabevertrag" deshalb nicht angenommen wird, weil die Person, an die die wiederkehrenden Zahlungen geleistet werden, nicht zum begünstigten Personenkreis gehört (vgl. S. 40 f), ergeben sich die Rechtsfolgen für darlehens- und veräußerungs(ähnliche) Vereinbarungen analog.

die Versorgung des Übergebers durch Verknüpfung der beiderseitigen Lebensverhältnisse[7] - erfüllt sind.[8]

Kapitel 1 Darlehensähnliche vorweggenommene Erbfolgeregelungen

A. Übertragung von Geldvermögen gegen wiederkehrende Zahlungen

I. "Unterhaltskauf" als Gestaltungsmodell

Die im Rahmen eines Übergabevertrags typischerweise vorbehaltenen Vermögenserträge sind beim Übergeber von Beginn der Zahlungen an gemäß § 22 Nr. 1 EStG in voller Höhe[9] steuerpflichtig bzw. beim Übernehmer als Sonderausgabe i.S.d. § 10 Abs. 1 Nr. 1 a EStG voll abzugsfähig.[10] Die Vermögensübergabe unter Vorbehalt von Versorgungsleistungen erlaubt somit eine steuerlich günstige Aufteilung der Einkünfte auf zwei Generationen, wobei "... dieses `Splitting´ insbesondere bei einem starken Progressionsgefälle zwischen dem Vermögensübernehmer (hoher Steuersatz) und dem Versorgungsberechtigten (Vermögensübergeber bzw. dessen Ehegatte oder Geschwister des Übernehmers), der im Idealfall außer den Versorgungsleistungen keine Einkünfte erzielt,"[11] vorteilhaft ist.

Demgegenüber subsumiert die ständige Rechtsprechung des BFH[12] - um "mißbrauchsverdächtige Mitnahmeeffekte"[13] zu verhindern - die im Wege einer vorweggenommenen Erbregelung erfolgte Übertragung von Geldver-

---

7 Vgl. S. 10

8 *Biergans, E., Koller, A.*, DStR 1993 S. 857 (859)

9 Vorbehaltlich der Tatsache, daß ausdrücklich die Leibrentenbesteuerung gewählt wurde; vgl. S. 90 f

10 Vgl. S. 99 ff

11 *Biergans, E., Koller, A.*, DStR 1993 S. 857

12 BFH v. 28.6.1963 - VI 321/61 U - BStBl 1963 III S. 424; v. 13.8.1985 - IX R 10/80 - BStBl 1985 II S. 709 (710); v. 27.2.1992 - X R 136/88 - BStBl 1992 II S. 609 (612); v. 27.2.1992 - X R 40/89 und X R 55/89 - BFH/NV 1992 S. 647 (648); v. 28.9.1993 - X B 96/93 - BFH/NV 1994 S. 237 (238)

13 *Fischer, P.*, (Wiederkehrende Bezüge 1994) Rdnr. 339, 380 f

mögen gegen dauernde Lasten[14] generell nicht unter den steuerrechtlichen Typus des Vermögensübergabevertrags.[15] Vielmehr sieht der BFH[16] in dieser Gestaltung einen sog. "Unterhaltskauf", dessen steuerrechtliche Beurteilung nach den Grundsätzen der **Wertverrechnungslehre** zu erfolgen hat. Im Hinblick auf die steuerliche Anwendung des Wertverrechnungsgedankens besteht allerdings auf seiten des BFH keine Einigkeit.[17] Während - ähnlich der Auslegung der 50% - Regel zur Abgrenzung von Versorgungs- zu Unterhaltsleistungen[18] - der XI. Senat des BFH[19] in Anlehnung an die bisherige Rechtsprechung[20] der Wertverrechnungstheorie eher konservativ gegenübersteht, sieht sich der X. Senat[21] zu einer "Fortschreibung" der Wertverrechnungslehre legitimiert.

---

14 *Fischer* (Wiederkehrende Bezüge 1994 Rdnr. 194) spricht in diesem Zusammenhang von abänderbaren Leistungen, da seiner Ansicht nach der Begriff der dauernden Last im Bereich der Gegenleistungsrenten keine Bedeutung hat

15 A.A. FG Hessen v. 25.10.1993 - 3 K 1116/90 - EFG 1994 S. 521 (rkr.); zur Kritik vgl. S. 44 ff

16 Urteile v. 28.6.1963 - VI 321/61 U - BStBl 1963 III S. 424; v. 13.8.1985 - IX R 10/80 - BStBl 1985 II S. 709 (710); v. 27.2.1992 - X R 136/88 - BStBl 1992 II S. 609 (612); v. 27.2.1992 - X R 40/89 und X R 55/89 - BFH/NV 1992 S. 647 (648)

17 Vgl. hierzu bereits die grundsätzlichen Ausführungen auf S. 4

18 Vgl. S. 58 ff

19 Urteil v. 11.9.1991 - XI R 20/89 - BFH/NV 1992 S. 166

20 BFH v. 28.6.1963 - VI R 321/61 U - BStBl 1963 III S. 424; v. 13.8.1985 - IX R 10/80 - BStBl 1985 II S. 709

21 BFH v. 27.2.1992 - X R 136/88 - BStBl 1992 II S. 609 (612); v. 27.2.1992 - X R 40/89 und X R 55/89 - BFH/NV 1992 S. 647 (648); v. 28.9.1993 - X B 96/93 - BFH/NV 1994 S. 237 (238); vgl. auch das Urteil des IX. Senats des BFH v. 9.2.1994 - IX R 110/90 - DStR 1994 S. 1727

Konservative Auffassung	Progressive Auffassung
- Bestätigung der Wertverrechnungstheorie	- Fortschreibung der Wertverrechnungstheorie
- Der zeitlich gestreckten Vermögensumschichtung wird durch Saldierung von Leistung und Gegenleistung Rechnung getragen Die Steuerwirksamkeit der Zahlungen tritt erst nach Aufrechnung mit dem Wert des übertragenen Vermögens ein	- Der zeitlich gestreckten Vermögensumschichtung wird durch Aufteilung in Zins- und Tilgungsanteil von Beginn der Zahlung an Rechnung getragen

Übersicht 5: "Konservative" versus "progressive" Auffassung der Wertverrechnungslehre

(1) Konservative Auffassung des Wertverrechnungsgedankens

Wird Geldvermögen gegen dauernde Lasten übertragen, führt dies nach der bisherigen Rechtsprechung des BFH[22] im Privatbereich zur Anwendung der sog. Wertverrechnungslehre. Diese - auf dem allgemeinen Grundsatz der Trennung von Vermögensumschichtungs- und Zinsanteil basierende - Theorie wurde zunächst am Beispiel des sog. Unterhaltskaufs entwickelt[23] und später auf *alle* abänderbaren Gegenleistungsrenten ausgedehnt.[24] Danach kann der *Verpflichtete* die wiederkehrenden Leistungen als Sonderausgabe[25]

22 BFH v. 28.6.1963 - VI 321/61 U - BStBl 1963 III S. 424; v. 13.8.1985 - IX R 10/80 - BStBl 1985 II S. 709

23 BFH v. 28.6.1963 - VI 321/61 U - BStBl 1963 III S. 424; v. 13.8.1985 - IX R 10/80 - BStBl 1985 II S. 709

24 BFH v. 3.6.1986 - IX R 2/79 - BStBl 1986 II S. 674; v. 11.9.1991 - XI R 20/89 - BFH/NV 1992 S. 166; vgl. hierzu auch *Biergans, E.*, (Renten 1993) S. 207 ff

25 Sofern das übertragene Vermögen *nicht* zur Einkunftserzielung genutzt wird.

bzw. als Werbungskosten[26] - entgegen dem Gesetzeswortlaut - erst dann abziehen, wenn der aufsummierte Wert der laufenden Zahlungen den Wert des übertragenen Geldbetrags (Gegenleistung) übersteigt, wodurch sichergestellt wird, daß der Vorgang solange steuerneutral behandelt wird, als lediglich eine Vermögensumschichtung im Privatbereich vorliegt.[27] Denn in Höhe der Vermögensumschichtung führen die wiederkehrenden Zahlungen nicht zu einer die steuerliche Leistungsfähigkeit des Erwerbers mindernden wirtschaftlichen Belastung.[28] Entsprechend der Behandlung beim Verpflichteten hat daher auch der *Berechtigte* die wiederkehrenden Bezüge erst dann (in voller Höhe) unter den sonstigen Einkünften i.S.d. § 22 Nr. 1 EStG zu versteuern, wenn ihre Summe über den Wert des erworbenen Geldbetrags hinausgeht.[29]

Beispiel:

Der Vater V überträgt seiner Tochter T einen Kapitalbetrag in Höhe von DM 200.000. Im Gegenzug verpflichtet sich T, ihrem Vater eine lebenslängliche Versorgungsrente in Höhe von jährlich DM 35.000 zu zahlen. Der Barwert der Rente zum Zeitpunkt der Kapitalübertragung beträgt DM 350.000. Die Zahlungen unterliegen dem Änderungsvorbehalt gemäß § 323 ZPO.

Nach der Wertverrechnungstheorie handelt es sich bei den Zahlungen in den ersten fünf Jahren um eine steuerlich irrelevante, zeitlich gestreckte Vermögensumschichtung. Im sechsten Jahr kann T DM 10.000 als dauernde Last i.S.d. § 10 Abs. 1 Nr. 1 a EStG bzw. - im Falle der Verwendung des Geldbetrags zur Erzielung von Haushaltseinkünften - als Werbungskosten i.S.d. § 9 Abs. 1 Nr. 1 EStG berücksichtigen. Ab dem siebten Jahr kann T die Zahlungen in voller Höhe steuerlich geltend machen. V hat im sechsten Jahr DM 10.000/ab dem siebten Jahr DM 35.000 als sonstige Einkünfte i.S.d. § 22 Nr. 1 EStG zu versteuern. Eine Aufteilung der Zahlungen in einen voll entgeltli-

---

26 Sofern das übertragene Vermögen der Einkunftserzielung dient.

27 *Biergans, E., Koller, A.*, DStR 1993 S. 857 (859)

28 BVerfG-Beschluß v. 18.2.1988 - 1 BvR 930/86 - StRK EStG 1975 § 10 Abs. 1 Nr. 1 a EStG R. 10 a; BFH v. 13.8.1985 - IX R 10/80 - BStBl 1985 II S. 709 (710); v. 11.9.1991 - XI R 20/89 - BFH/NV 1992 S. 166

29 BFH v. 3.6.1986 - IX R 2/79 - BStBl 1986 II S. 674 (676); *Prinz* in: *Herrmann/Heuer/Raupach*, § 9 EStG Anm. 396; *Richter, H.*, (Rentenbesteuerung) F. 3.2 Rdnr. 200 ff; *Schmidt, L.*, DStR 1985 S. 739 (740); *Stephan, R.*, DB 1986 S. 450; zur steuerlichen Behandlung sofern der Kapitalbetrag innerhalb der Spekulationsfrist des § 23 Abs. 1 Nr. 1 b EStG übertragen wird vgl. *Biergans, E.*, (Renten 1993) S. 205

chen und einen voll unentgeltlichen Teil (weil der Barwert der vereinbarten Zahlungen die Höhe des übertragenen Geldbetrags überschreitet) findet nicht statt.

(2) Progressive Auffassung des Wertverrechnungsgedankens

Vor dem Hintergrund, daß der Große Senat des BFH im Beschluß vom 15.7.1991[30] einerseits die steuerrechtliche Maßgeblichkeit des bürgerlichrechtlichen Leibrentenstammrechts verneinte,[31] indem er ausführte, daß das Tatbestandsmerkmal "Leibrente" auf die steuerliche Zwecksetzung - Sonderung der Vermögensumschichtung von einem steuerbaren Zinsanteil - zugeschnitten ist und andererseits die privaten Versorgungsleistungen generell dem "... Rechtsinstitut `dauernde Last´ ..."[32] zuwies,[33] stellte der X. Senat im Urteil vom 27.2.1992[34] die "... *Wertverrechnung* ... auf eine *neue dogmatische Grundlage*."[35] *Fischer*[36] spricht in diesem Zusammenhang sogar vom "... *Ende der Wertverrechnungslehre*", weil aufgrund der Tatsache, daß auch in abänderbaren Leistungen im Austausch mit einer Gegenleistung von Beginn der Zahlung an über die gesamte Laufzeit hinweg ein Zinsanteil enthalten ist, "... *der Begriff `dauernde Last´ im Bereich der Gegenleistungsrenten keine Bedeutung hat.*"

Daher sind nach Auffassung des X. Senats[37] abänderbare wiederkehrende Zahlungen, die außerhalb des Sonderrechts der Vermögensübergabe gegen private Versorgungsleistungen im Austausch mit einer Gegenleistung (hier: übertragener Geldbetrag) vereinbart werden, nach den für Darlehen geltenden Grundsätzen zu beurteilen. Im Hinblick auf die sich daraus ergebenden

---

30 GrS 1/90 - BStBl 1992 II S. 78 (83)
31 Vgl. S. 160 ff
32 GrS 1/90 - BStBl 1992 II S. 78 (84)
33 Vgl. S. 91 ff
34 X R 136/88 - BStBl 1992 II S. 609; vgl. auch die Urteile v. 27.2.1992 - X R 40/89 und X R 55/89 - BFH/NV 1992 S. 647; v. 28.9.1993 - X B 96/93 - BFH/NV 1994 S. 237 (238)
35 *Fischer, P.*, (Wiederkehrende Bezüge 1994) Rdnr. 193 (Herv. im Original)
36 (Wiederkehrende Bezüge 1994) Rdnr. 194 (Herv. im Original)
37 Urteil v. 27.2.1992 - X R 136/88 - BStBl 1992 II S. 609 (612); vgl. auch das Urteil des IX. Senats v. 9.2. 1994 - IX R 110/90 - DStR 1994 S. 1727 sowie FG Münster v. 18.3.1994 - 11 K 5596/90 F - EFG 1994 S. 829 (rkr.)

steuerlichen Konsequenzen ist deshalb danach zu differenzieren,[38] ob der Barwert der vereinbarten Zahlungen

(a) der Höhe des übertragenen Geldbetrags entspricht,

(b) der Höhe des übertragenen Geldbetrags nicht entspricht.

Zu (a): Sofern sich der Barwert der wiederkehrenden Zahlungen und die Höhe des übertragenen Geldbetrags entsprechen, ist in der Vereinbarung ausschließlich ein Darlehensvorgang zu sehen. Demnach sind die wiederkehrenden Zahlungen in einen Zins- und Tilgungsanteil zu zerlegen. Während der Tilgungsanteil eine steuerlich neutrale Vermögensumschichtung in der Privatsphäre darstellt, kann der *Verpflichtete* den Zinsanteil - allerdings nur, sofern er den übertragenen Geldbetrag zur Einkunftserzielung verwendet - als Werbungskosten gem. § 9 Abs. 1 Nr. 1 EStG geltend machen. Eine Abzugsfähigkeit des Zinsanteils unter den Sonderausgaben scheidet aufgrund des privaten Schuldzinsenabzugsverbots grundsätzlich aus. Eine Ausnahme hiervon ist lediglich dann gegeben, wenn das übertragene Kapital zur Finanzierung eigengenutzten Wohnraums eingesetzt wird. Sofern dies der Fall ist, kommt unter den Voraussetzungen des § 10 e Abs. 6 bzw. Abs. 6 a EStG[39] ein Sonderausgabenabzug in Betracht.[40] Unabhängig von der steuerlichen Behandlung des Verpflichteten hat der *Berechtigte* den Zinsanteil der Zahlungen von Beginn an unter den Einkünften aus Kapitalvermögen gem. § 20 Abs. 1 Nr. 7 EStG zu versteuern.[41] Dies hat den Vorteil einer möglichen Inanspruchnahme des Freibetrags für Zinseinkünfte in Höhe von DM 6.000 bzw. DM 12.000 (zusammenveranlagte Ehegatten).[42]

---

38 Vgl. hierzu auch *Biergans, E., Koller, A.*, DStR 1993 S. 857 (859)

39 Der erweiterte Schuldzinsenabzug des § 10 e Abs. 6 a EStG kann allerdings nur in Anspruch genommen werden, wenn das Objekt vor dem 1. Januar 1995 fertiggestellt oder vor diesem Zeitpunkt bis zum Ende des Jahres der Fertigstellung angeschafft wurde.

40 Vgl. hierzu im einzelnen *Koller, A.*, DStR 1992 S. 773

41 Vgl. *Biergans, E., Koller, A.*, DStR 1993 S. 857 (860); *Fischer, P.*, (Wiederkehrende Bezüge 1994) Rdnr. 195; *ders.*, DStR 1992 - Beihefter zu Heft 17 - S. 1 (8)

42 § 20 Abs. 4 EStG; vgl. hierzu auch BFH v. 9.2.1994 - IX R 110/90 - DStR 1994 S. 1727 sowie *Drenseck, W.*, FR 1994 S. 787 ff und *Ebling, K.*, DStR 1995 S. 13 (14)

Hinsichtlich der Ermittlung der angemessenen Höhe des in den Zahlungen enthaltenen Zinsanteils hat es der X. Senat im Urteil vom 26.11.1992[43] nicht ausgeschlossen, in Einzelfällen, insbesondere bei betragsmäßig geringfügiger Auswirkung, eine vereinfachte Ermittlung in Anlehnung an die Ertragswerttabelle des § 22 Nr. 1 EStG zuzulassen, d.h. es ist der gesetzlich vorgeschriebene Regelzinssatz von 5,5% maßgebend.[44]

Beispiel:

Der 65-jährige Vater V überträgt seiner Tochter T einen Kapitalbetrag in Höhe von DM 200.000. Im Gegenzug verpflichtet sich T, ihrem Vater eine lebenslängliche Versorgungsrente in Höhe von jährlich DM 20.000 (Tilgung: DM 14.600; Zins: DM 5.400)[45] zu zahlen. Der Barwert zum Zeitpunkt der Kapitalübertragung beträgt ebenfalls ca. DM 200.000. Die Zahlungen unterliegen dem Änderungsvorbehalt gemäß § 323 ZPO. T verwendet den Geldbetrag im Fall *(1)* zum Kauf einer Eigentumswohnung, im Fall *(2)* zum Kauf eines wertvollen Gemäldes.

Vermietet T die Wohnung im Fall *(1)*, kann sie den Zinsanteil i.H.v. DM 5.400 aus der jährlichen Zahlung als Werbungskosten i.S.d. § 9 Abs. 1 Nr. 1 EStG geltend machen. Bewohnt sie die Wohnung dagegen selbst, ist der Zinsanteil unter den Sonderausgaben nach § 10 e Abs. 6 bzw. Abs. 6 a EStG berücksichtigungsfähig, sofern die Voraussetzungen hierfür erfüllt sind. Im Fall *(2)* kann T die Zinszahlungen aufgrund des privaten Schuldzinsenabzugsverbots nicht geltend machen.

V hat - unabhängig von der Verwendung des Kapitalbetrags durch T - in Höhe des Zinsanteils (DM 5.400) Einkünfte aus Kapitalvermögen i.S.d. § 20 Abs. 1 Nr. 7 EStG.

Zu (b): Sofern der Barwert der vereinbarten wiederkehrenden Zahlungen der Höhe des übertragenen Geldbetrags nicht entspricht, liegt ein teilentgeltliches Rechtsgeschäft vor, d.h. der Vorgang ist in einen voll entgeltlichen und einen voll unentgeltlichen Teil aufzuspalten.[46]

---

43 X R 187/87 - BStBl 1993 II S. 298 (301)

44 Vgl. auch das Urteil v. 9.2.1994 - IX R 110/90 - DStR 1994 S. 1727 (1731), das den Zinsanteil für dauernde Lasten durch entsprechende Anwendung der Ertragsanteilstabelle ermittelt. Im Normalfall ist der Zinsanteil jedes Jahr neu zu bestimmen, wobei die Höhe des zu versteuernden Zinsanteils im Zeitablauf abnimmt.

45 Vgl. Ertragswerttabelle des § 22 Nr. 1 EStG

46 *Biergans, E., Koller, A.*, DStR 1993 S. 857 (859 f)

Übersteigt der Barwert der Leistungen den übertragenen Geldbetrag, liegt beim *Verpflichteten* in Höhe des Teils der Zahlungen, der die Kapitalrückzahlung *und* den angemessenen Zinsanteil übersteigt, eine Zuwendung gem. § 12 Nr. 2 EStG vor, da diesem keine wirtschaftliche Gegenleistung mehr gegenübersteht. Beim *Berechtigten* ist dieser Teil der Zahlungen als Schenkung nicht einkommensteuerbar.[47] Für den Teil der laufenden Zahlungen, der als Kapitalrückzahlung einschließlich des angemessenen Zinsanteils anzusehen ist, gelten die Ausführungen zu *(a)* entsprechend.

Beispiel:

Sachverhalt wie im vorherigen Beispiel mit dem Unterschied, daß T ihrem Vater eine lebenslängliche Versorgungsrente in Höhe von jährlich DM 35.000 einräumt. Der Barwert zum Zeitpunkt der Kapitalübertragung beträgt ca. DM 350.000, d.h. der Barwert der Zahlungen übersteigt den übertragenen Kapitalbetrag um DM 150.000. Die Zahlungen unterliegen dem Änderungsvorbehalt gemäß § 323 ZPO. T verwendet den Geldbetrag zum Kauf einer Mietwohnung.

T kann den Zinsanteil i.H.v. DM 5.400 (entspricht dem entgeltlich erworbenen Teil) aus der jährlichen Zahlung als Werbungskosten i.S.d. § 9 Abs. 1 Nr. 1 EStG geltend machen. Der Tilgungsanteil i.H.v. DM 14.600 stellt eine steuerneutrale Vermögensumschichtung dar. Hinsichtlich des zuviel gezahlten Betrags i.H.v. DM 15.000 liegt eine nichtabziehbare Zuwendung gem. § 12 Nr. 2 EStG vor.

V hat in Höhe des Zinsanteils (DM 5.400) Einkünfte aus Kapitalvermögen i.S.d. § 20 Abs. 1 Nr. 7 EStG. Hinsichtlich des unentgeltlich erworbenen Teils i.H.v. DM 15.000 liegt eine nicht einkommensteuerbare Schenkung vor.

Demgegenüber will das FG Saarland[48] den Zinsanteil, solange keine vollständige Kapitalrückzahlung erfolgt ist, in voller Höhe steuerlich berücksichtigen. Ab diesem Zeitpunkt sollen dann in voller Höhe Zahlungen aufgrund einer freiwillig begründeten Rechtspflicht i.S.v. § 12 Nr. 2 EStG vorliegen. *M.E.* handelt es sich bei dieser Ansicht um einen - bezüglich der Teilentgeltlichkeit modifizierten - *Rückfall in die Wertverrechnungslehre*, die auf einer inkonsequenten Umsetzung der Gedanken des X. Senats beruht.

---

47 Ggf. liegt jedoch ein schenkungsteuerpflichtiger Vorgang vor.

48 Urteil v. 30.3.1993 - 1 K 321/92 - EFG 1993 S. 778 (rkr.)

Übersteigt dagegen das übertragene Kapital den Barwert der wiederkehrenden Leistungen, liegt - soweit sich Leistung und Gegenleistung entsprechen - ein Darlehen vor. In Höhe des Differenzbetrags zwischen Kapitalwert und Barwert der Zahlungen ist dagegen eine unentgeltliche Zuwendung des Übertragenden anzunehmen.

Beispiel:

Sachverhalt wie im vorherigen Beispiel mit dem Unterschied, daß T ihrem Vater eine lebenslängliche Versorgungsrente in Höhe von jährlich DM 10.000 einräumt. Der Barwert zum Zeitpunkt der Kapitalübertragung beträgt ca. DM 100.000, d.h. der übertragene Kapitalbetrag übersteigt den Barwert der Zahlungen um DM 100.000.

T kann den Zinsanteil i.H.v. DM 2.700[49] aus der jährlichen Zahlung als Werbungskosten i.S.d. § 9 Abs. 1 Nr. 1 EStG geltend machen. Der Tilgungsanteil i.H.v. DM 7.300 stellt eine steuerneutrale Vermögensumschichtung dar. Da T - sofern ein voll entgeltliches Rechtsgeschäft vorläge - jährlich DM 20.000 zu zahlen hätte (vgl. vorletztes Beispiel), liegt hinsichtlich der "fehlenden" DM 10.000 eine nicht einkommensteuerbare Schenkung des V an T vor.

V hat in Höhe des Zinsanteils (DM 2.700) Einkünfte aus Kapitalvermögen i.S.d. § 20 Abs. 1 Nr. 7 EStG.

(3) Stellungnahme

Die Rechtsprechung des X. Senats[50] des BFH zur steuerlichen Behandlung entgeltlich begründeter abänderbarer Leistungen ist aus steuersystematischer Sicht zu begrüßen.[51] Wie *Biergans/Koller*[52] zu Recht feststellen, wird damit erstmals explizit den beiden folgenden grundlegenden Prinzipien der Rentenbesteuerung Rechnung getragen:[53]

---

49 Vgl. Ertragswerttabelle des § 22 Nr. 1 EStG

50 Urteile v. 27.2.1992 - X R 136/88 - BStBl 1992 II S. 609; v. 27.2.1992 - X R 40/89 und X R 55/89 - BFH/NV 1992 S. 647; v. 28.9.1993 - X B 96/93 - BFH/NV 1994 S. 237 (238)

51 Gl.A. *Biergans, E.*, (Renten 1993) S. 211, 354 ff

52 DStR 1993 S. 857 (860)

53 Eine Ausnahme soll nur für das sog. Sonderrecht der Vermögensübergabe gegen private Versorgungsleistungen gelten; zur Kritik vgl. S. 160 ff

(1) Wiederkehrende Zahlungen in Form abänderbarer Leistungen setzen sich - auch im außerbetrieblichen Bereich - aus einem Zinsanteil und einem Tilgungsanteil zusammen.

(2) Vermögensübertragungen gegen wiederkehrende Zahlungen müssen nicht alternativ voll entgeltlich oder voll unentgeltlich sein. Vielmehr kann es sich auch um teilentgeltliche Vorgänge handeln, die in einen entgeltlichen und einen unentgeltlichen Teil aufzuspalten sind.

Dennoch erscheint fraglich, ob der X. Senat vor dem Hintergrund der bisherigen Rechtsprechung[54] und der gesetzlichen Fassung der §§ 10 Abs. 1 Nr. 1 a und 22 Nr. 1 EStG zu einer derartigen Fortschreibung der Wertverrechnungslehre berechtigt ist.[55]

Die Entwicklung der höchstrichterlichen Rechtsprechung zur steuerlichen Behandlung entgeltlicher, im Austausch mit einer Gegenleistung eingeräumter wiederkehrender Zahlungen, läßt *m.E.* bis zur Reform der Rentenbesteuerung im Jahre 1954 eine einheitliche Linie erkennen.[56] Während der RFH zunächst in ständiger Rechtsprechung[57] die volle Steuerpflicht und den vollen Abzug wiederkehrender Bezüge/Leistungen in Anlehnung an deren äußere Form - unabhängig davon, ob eine Leibrente oder dauernde Last vorlag[58] - bejahte, erfaßte der BFH[59] unter Bezugnahme auf die systemtragenden Grundsätze des Einkommensteuergesetzes die entgeltlichen wiederkehrenden Bezüge generell erst dann in voller Höhe, wenn diese den Wert der Gegenleistung überschritten hatten.[60] Erst in Folge des Steuerneuord-

---

54 BFH v. 28.6.1963 - VI 321/61 U - BStBl 1963 III S. 424; v. 13.8.1985 - IX R 10/80 - BStBl 1985 II S. 709; v. 3.6.1986 - IX R 2/79 - BStBl 1986 II S. 674; v. 11.9.1991 - XI R 20/89 - BFH/NV 1992 S. 166

55 Bejahend: *Fischer, P.*, (Wiederkehrende Bezüge 1994) Rdnr. 193 ff; *Martin, S.*, BB 1993 S. 1773 (1779 ff); verneinend: *Biergans, E.*, (Renten 1993) S. 211; *Drenseck, W.*, in: StbJb 1993/94 S. 187 (203 f); *Seithel, R.*, BB 1993 S. 473 (474)

56 Vgl. hierzu ausführlich S. 138 ff

57 Vgl. S. 142 ff

58 Die Begriffe Renten und dauernde Lasten schlossen einander nicht aus; auch Renten waren Lasten und konnten in Abhängigkeit vom Zeitmoment dauernde Lasten sein; vgl. S. 144

59 Urteil v. 18.9.1952 - IV 70/49 U - BStBl 1952 III S. 290; zuvor war bereits der RFH bei den *betrieblichen* Veräußerungsrenten und den *Zeit*renten von der Besteuerung nach der äußeren Form abgerückt; vgl. ausführlich S. 146 ff

60 Vgl. zu dieser Entwicklung die Ausführungen auf S. 142 ff

nungsgesetzes 1954,[61] in dessen Mittelpunkt die zivilrechtliche Lehre vom sog. Rentenstammrecht stand,[62] unterschied der BFH in Anlehnung an den zivilrechtlichen Begriff der Leibrente zwischen Renten und dauernden Lasten, und erfaßte den Ertragsanteil der Leibrente von Beginn der Zahlung an, während er bei den entgeltlich eingeräumten dauernden Lasten der Systematik des Einkommensteuergesetzes dadurch Rechnung zu tragen versuchte, daß er - entgegen dem eindeutigen Wortlaut des Gesetzes[63] - eine Saldierung zwischen Leistung und Wert der Gegenleistung vornahm.

Vor dem Hintergrund, daß der Große Senat des BFH im Beschluß vom 15.7.1991[64] den Begriff der Leibrente - aufgrund eines neuen Verständnisses der Einheit der Rechtsordnung[65] - vom bürgerlichen Recht loslöste, sah sich der X. Senat[66] zu einer generellen Reformierung der Gegenleistungsrenten in Form einer Fortentwicklung der Grundsätze über die Wertverrechnung legitimiert. Dem kann *m.E.* grundsätzlich zugestimmt werden. Dennoch wäre es wünschenswert, wenn der Gesetzgeber eine entsprechende eindeutige Regelung schaffen würde. Denn zur erheblichen Rechtsunsicherheit trägt insbesondere die Tatsache bei, daß der Begriff der dauernden Last - entgegen den Vorstellungen des X. Senats des BFH[67] - in § 10 Abs. 1 Nr. 1 a EStG nicht explizit und ausschließlich dem Sonderrecht der Vermögensübergabe unter Vorbehalt von Versorgungsleistungen zugewiesen ist.[68] Folgt man dem X. Senat dennoch darin, daß auch die "entgeltlich eingeräumte dauernde Last" in einen Zins- und einen Kapitalanteil aufzuteilen ist, so gibt es auch keinen tragfähigen Grund, die in einer dauernden Last und die in einer Leibrente enthaltenen Zinsanteile steuerrechtlich unter-

---

61 BGBl 1954 I S. 373

62 Vgl. hierzu die Ausführungen auf S. 155 ff

63 Kritisch hierzu insbesondere *Biergans, E.*, (Renten 1993) S. 26

64 GrS 1/90 - BStBl 1992 II S. 78

65 Vgl. hierzu S. 160 ff

66 Urteile v. 27.2.1992 - X R 136/88 - BStBl 1992 II S. 609; v. 27.2.1992 - X R 40/89 und X R 55/89 - BFH/NV 1992 S. 647; v. 28.9.1993 - X B 96/93 - BFH/NV 1994 S. 237 (238)

67 Vorlagebeschluß v. 25.4.1990 - X R 38/86 - BStBl 1990 II S. 625

68 Vgl. *Biergans, E.*, (Renten 1993) S. 211; *Drenseck, W.*, StbJb 1993/94 S. 187 (204); zur Kritik am sog. Sonderrecht der privaten Versorgungsleistungen vgl. S. 160 ff

schiedlich zu behandeln.[69] Der eindeutige Wortlaut des § 10 Abs. 1 Nr. 1 a EStG schreibt allerdings vor, daß diese Zins/Ertragsanteile als Sonderausgaben abzuziehen sind, sofern sie nicht mit Einkünften in wirtschaftlichem Zusammenhang stehen, die bei der Veranlagung außer Betracht bleiben. Daß die in entgeltlichen, im Austausch mit einer Gegenleistung eingeräumten Renten und dauernden Lasten enthaltenen Zinsanteile unter das Verbot des privaten Schuldzinsenabzuges fallen sollen,[70] läßt sich weder aus dem Wortlaut des Gesetzes noch aus der Entstehungsgeschichte der entsprechenden Vorschrift ableiten.[71]

II. Übertragung gegen Leibrente

Besteht die Gegenleistung für die Übertragung des Geldbetrags in einer *Leibrente*, war nach bisherigem Rechtsverständnis - gemäß dem eindeutigen Gesetzeswortlaut - der Ertragsanteil der Leibrentenzahlungen beim *Berechtigten* unter den sonstigen Einkünften i.S.d. § 22 Nr. 1 EStG zu versteuern. Der *Verpflichtete* konnte in entsprechender Höhe - je nachdem, ob er den übertragenen Geldbetrag zur Einkunftserzielung nutzte oder nicht - Werbungskosten gem. § 9 Abs. 1 Nr. 1 EStG bzw. Sonderausgaben gem. § 10 Abs. 1 Nr. 1 a EStG geltend machen.[72]

Der X. Senat des BFH[73] will dagegen - in angeblich verfassungskonformer Auslegung des § 10 Abs. 1 Nr. 1 a EStG - den Ertragsanteil nicht zum Sonderausgabenabzug zulassen, da dies dem Grundsatz der Nichtabzugsfähigkeit privater Schuldzinsen widerspreche.[74] Ebenso habe der Berechtigte den

---

69 So auch *Drenseck, W.*, in: Festschrift für Ludwig Schmidt S. 845 (860); vgl. zu dieser Problematik auch das Urteil des IX. Senats des BFH v. 9.2.1994 - IX R 110/90 - DStR 1994 S. 1727 sowie *Drenseck, W.*, FR 1994 S. 787 ff

70 So jedoch der X. Senat des BFH; vgl. hierzu die Ausführungen auf S. 112 ff, 125 ff sowie die kritische Stellungnahme auf S. 127 f

71 Vgl. ausführlich *Drenseck, W.*, in: Festschrift für Ludwig Schmidt S. 845 (858 ff); *ders.*, StbJb 1993/94 S. 187 (204); *Biergans, E.*, (Renten 1993) S. 252; *Biergans, E.*, *Koller, A.*, DStR 1993 S. 857 (860) sowie die Stellungnahme auf S. 127 f

72 Vgl. hierzu für viele *Biergans, E.*, (Renten 1989) S. 125, 166; *Nolde* in: *Herrmann/Heuer/Raupach*, § 10 EStG Anm. 37; *Jansen, R.*, *Wrede, F.*, (Renten 1992) Tz. 469, 476 f

73 Urteil v. 25.11.1992 - X R 91/89 - BFHE Bd. 170 S. 82, ergangen zu einem Verzicht auf ein Nutzungsrecht gegen Leibrente.

74 Ein Sonderausgabenabzug in Höhe des Zinsanteils ist daher lediglich unter den Voraussetzungen des § 10 e Abs. 6 bzw. Abs. 6 a EStG möglich.

Ertragsanteil nicht unter den sonstigen Einkünften des § 22 Nr. 1 EStG zu versteuern,[75] sondern - analog zum Zinsanteil einer "abänderbaren" wiederkehrenden Leistung - unter den Kapitaleinkünften des § 20 Abs. 1 Nr. 7 EStG.[76] Dies beinhaltet auch hier den Vorteil der möglichen Inanspruchnahme des Freibetrags für Zinseinkünfte in Höhe von DM 6.000 bzw. DM 12.000 (zusammenveranlagte Ehegatten).[77]

In Anlehnung an die Ausführungen im Urteil vom 27.2.1992[78] ist *m.E.*[79] auch in diesem Fall zu überprüfen, ob ein vollentgeltliches oder ein teilentgeltliches Rechtsgeschäft vorliegt. Sofern der Barwert der Leibrentenzahlungen der Höhe des übertragenen Geldbetrags nicht entsprechen sollte, ist lediglich der in den Zahlungen enthaltenen "angemessene" Zinsanteil steuerlich zu berücksichtigen.[80] In Höhe des Teils der Zahlungen, der der Kapitalrückzahlung *und* dem angemessenen Zinsanteil nicht entspricht, ist eine nichtsteuerbare Zuwendung gem. § 12 Nr. 2 EStG anzunehmen.[81]

---

75 Vgl. zu dieser Problematik allerdings *Drenseck, W.*, FR 1994 S. 787 (788) unter Bezugnahme auf das Urteil des IX. Senats v. 9.2.1994 - IX R 110/90 - DStR 1994 S. 1727

76 Zur Kritik vgl. die Stellungnahme zum Verzicht auf Nutzungsrechte gegen Leibrentenzahlungen auf S. 127 f

77 § 20 Abs. 4 EStG

78 X R 136/88 - BStBl 1992 II S. 609; vgl. hierzu ausführlich S. 112 ff

79 Gl.A. FG Saarland v. 30.3.1993 - 1 K 321/92 - EFG 1993 S. 778 (rkr.)

80 Das FG Saarland (v. 30.3.1993 - 1 K 321/92 - EFG 1993 S. 778 (rkr.)) will dagegen den Zinsanteil solange, wie keine vollständige Kapitalrückzahlung erfolgt ist, steuerlich voll berücksichtigen. Ab diesem Zeitpunkt soll es sich dann in voller Höhe um Zahlungen aufgrund freiwillig begründeter Rechtspflicht i.S.v. § 12 Nr. 2 EStG handeln; zur Kritik vgl. S. 127 f

81 Vgl. die Ausführungen zum "Unterhaltskauf" auf S. 114 ff analog

B. Verzicht auf in Geld gerichtete Ansprüche gegen wiederkehrende Zahlungen

Verzichtet nach dem Tode des Erblassers der überlebende Ehegatte auf seine *güterrechtliche Zugewinnausgleichsforderung* bzw. ein mit einem *Geldvermächtnis* Begünstigter sowie ein *Pflichtteils-* oder *Erbersatzanspruchsberechtigter* gegen wiederkehrende Zahlungen auf seinen Rechtsanspruch, ist darin grundsätzlich ein dem unentgeltlichem Erbfall nachgelagertes entgeltliches Rechtsgeschäft zu sehen.[82] Es handelt sich um eine Darlehensgewährung des originär Anspruchsberechtigten an den oder die Erben.[83]

Demgegenüber sind die wiederkehrenden Zahlungen als private Versorgungsleistungen zu qualifizieren, wenn in dem Verzicht des Anspruchsberechtigten eine Vermögensübergabe im Wege der vorweggenommenen Erbfolge gesehen werden kann.[84] In diesem Sinne entschied bereits der RFH im Urteil vom 22.11.1933[85] für den Fall, daß eine geschiedene Ehefrau, die bis zum Tode ihres Ehemannes auf die Auseinandersetzung über das Gesamtgut der Errungenengemeinschaft verzichtet hatte, auch nach dessen Tod darauf verzichtete, sich im Gegenzug dafür von den Erben (gemeinsame Söhne) allerdings monatliche Rentenzahlungen einräumen ließ.

Ob die Rechtsprechung des BFH dieser Ansicht folgen könnte, erscheint zweifelhaft; handelte es sich in dem vom RFH entschiedenen Fall doch um den Verzicht auf einen *Geld*anspruch, der nach Auffassung des BFH[86] herkömmlicherweise nicht dem steuerrechtlichen Typus der Vermögensübergabe zugeordnet wird. *M.E.* ist in diesem Zusammenhang allerdings das Urteil des VIII. Senats des BFH vom 7.4.1992[87] zu beachten, in dem dieser im Erb- und Pflichtteilsverzicht gegen wiederkehrende Zahlungen zu Lebzeiten des (potentiellen) Erblassers eine Parallelwertung zur Vermögensübergabe gegen private Versorgungsleistungen vornahm[88] und nicht darauf abstellte,

---

82 Vgl. S. 35 ff
83 Vgl. die Ausführungen auf S. 108 ff analog
84 Vgl. S. 37 f
85 VI A 856/33 - RStBl 1934 S. 338
86 Vgl. S. 42 ff
87 VIII R 59/89 - BStBl 1992 II S. 809
88 Obgleich hier weder Vermögen im Wege der vorweggenommenen Erbfolge übertragen noch eine erbrechtliche Version der Vermögensübergabe gegen Versorgungsleistungen vorlag; zur Kritik vgl. S. 31 ff

daß auch der Pflichtteilsverzicht dem Grunde nach ein Verzicht auf einen Geldanspruch ist. Es ist daher zu vermuten, daß private Versorgungsleistungen auch dann anerkannt werden, wenn im Wege einer vorweggenommenen Erbfolgeregelung auf einen eventuellen Pflichtteils- oder Zugewinnausgleichsanspruch gegen wiederkehrende Zahlungen verzichtet wird. Die rechtliche Qualifizierung der Ablösezahlungen als private Versorgungsleistungen dürfte indes nicht möglich sein, wenn auf ein reines Geldvermächtnis verzichtet wird.[89] In diesem Fall gelten daher die Ausführungen zur Übertragung von Geldvermögen gegen wiederkehrende Zahlungen analog.[90]

89 Zur Kritik an der kasuistischen Eingrenzung des Begriffs der Wirtschaftseinheit vgl. S. 42 ff

90 Vgl. S. 108 ff

Kapitel 2
Veräußerungsähnliche vorweggenommene Erbfolgeregelungen

A. Übertragung von ertraglosem Vermögen gegen wiederkehrende Zahlungen

Nach Ansicht des X. Senats des BFH[1] liegt eine Vermögensübergabe gegen private Versorgungsleistungen nicht vor, wenn ertragloses bzw. nahezu ertragloses[2] Vermögen gegen wiederkehrende Zahlungen in Vorwegnahme der Erbfolge übertragen wird.[3] Denn in Anlehnung an den zivilrechtlichen Typus des Übergabevertrags, dem die einkommensteuerrechtliche Behandlung typisierend folgt,[4] erkennt der X. Senat[5] private Versorgungsleistungen nur dann an, wenn sich die wiederkehrenden Zahlungen letztlich als zurückbehaltene Erträge der übertragenen Wirtschaftseinheit qualifizieren lassen.[6]

Fehlt es an dieser Voraussetzung, ist grundsätzlich[7] ein entgeltliches Veräußerungsgeschäft anzunehmen, weshalb in diesen Fällen zwischen dem steuerlich zu berücksichtigenden Zinsanteil und der steuerrechtlich grundsätzlich irrelevanten, zeitlich gestreckten Vermögensumschichtung zu unterscheiden ist. Analog zur steuerlichen Behandlung der Übertragung von Geldvermögen gegen wiederkehrende Zahlungen stehen sich auch hier die konservative Rechtsauffassung und die neue - progressive - Ansicht des X.

---

1 Urteile v. 25.3.1992 - X R 100/91 - BStBl 1992 II S. 803; v. 14.7.1993 - X R 54/91 - BStBl 1994 II S. 19 (22); v. 16.12.1993 - X R 67/92 - BFHE Bd. 173 S. 152

2 Nach Auffassung des X. Senats des BFH (Urteile v. 25.11.1992 - X R 91/89 - BFHE Bd. 170 S. 82 (87) und v. 13.10.1993 - X R 86/89 - BStBl 1994 II S. 451 (453)) muß eine Wirtschaftseinheit in zumindest nicht nur geringfügigem Umfang zur Existenzsicherung beitragen, wenn durch dessen Übertragung die beiderseitigen Lebensverhältnisse verknüpft werden sollen.

3 A.A. ist dagegen der XI. Senat des BFH (Urteil v. 23.1.1992 - XI R 6/87 - BStBl 1992 II S. 526) sowie die Finanzverwaltung (BMF-Schreiben v. 13.1.1993, BStBl 1993 I S. 80 Tz. 6), die eine private Versorgungsrente auch dann annehmen, wenn ertragloses Vermögen übertragen wird; vgl. die Ausführungen auf S. 17 f, 63 ff

4 Vgl. S. 2

5 Vgl. S. 15 ff

6 Vgl. hierzu ausführlich S. 63 ff

7 Vorbehaltlich der Tatsache, daß ein *atypischer Versorgungsvertrag* vorliegt; vgl. hierzu die kritischen Ausführungen auf S. 66 f

Senats gegenüber. Während nach bisheriger Rechtsauffassung[8] die steuerliche Behandlung der wiederkehrenden Leistungen von der Form der Zahlungen abhängt (Leibrente oder dauernde Last), vertritt der X. Senat des BFH[9] die Auffassung, daß unabhängig von der Form der wiederkehrenden Bezüge/Leistungen eine Aufteilung in einen steuerbaren Zinsanteil sowie einer nichtsteuerbaren Vermögensumschichtung zu erfolgen hat.[10]

B. Verzicht auf vorbehaltene bzw. vermächtnisweise eingeräumte Nutzungsrechte an (nahezu) ertraglosem Vermögen gegen wiederkehrende Zahlungen

I. Ablösung unentgeltlich vorbehaltener bzw. vermächtnisweise eingeräumter Nutzungsrechte

Hat sich der Übergeber anläßlich einer vorweggenommenen Erbregelung den Nießbrauch[11] an dem *unentgeltlich* übertragenen Vermögen vorbehalten und wird das Nutzungsrecht später durch wiederkehrende Zahlungen abgelöst, liegt eine zeitlich gestreckte - gleitende - Vermögensübergabe vor, sofern es sich bei dem Vermögen um eine die Existenz wenigstens teilweise sichernde Wirtschaftseinheit handelt.[12] Dasselbe gilt, wenn im Falle der erbrechtlichen Version der gleitenden Vermögensübergabe ein vermächtnisweise eingeräumtes Nutzungsrecht an einer Wirtschaftseinheit gegen wiederkehrende Zahlungen abgelöst wird.[13]

Demgegenüber stellt der Abfindungsvorgang *keinen* Teilakt einer gleitenden Vermögensübergabe, sondern ein Veräußerungsgeschäft bzw. einen veräu-

---

8 Generell zur Veräußerung von Privatvermögen gegen Leibrente vgl. *Biergans, E.*, (Renten 1993) S. 200 ff; - gegen dauernde Last vgl. *Biergans, E.*, (Renten 1993) S. 204 ff

9 Urteil v. 25.11.1992 - X R 91/89 - BFHE Bd. 170 S. 82 (87)

10 Zu den steuerlichen Konsequenzen vgl. die Ausführungen auf S. 112 ff analog

11 Der Begriff des Nießbrauchs wird im folgenden stellvertretend für Nutzungsrechte verwendet. Die Ausführungen gelten somit auch für andere dingliche Nutzungsrechte (z.B. dingliche Wohnrechte) und für obligatorische Nutzungsrechte.

12 Vgl. die Ausführungen auf S. 17 ff

13 RFH v. 21.6.1933 - VI A 496/33 - StuW 1933 II Nr. 654; BFH v. 25.11.1992 - X R 91/89 - BFHE Bd. 170 S. 82 (87)

ßerungsähnlichen Vorgang dar,[14] wenn es sich bei dem übertragenen Vermögen nicht um eine Wirtschaftseinheit handelt, durch deren Übertragung sich der Vermögensübergeber in Gestalt der Versorgungsleistungen typischerweise Erträge seines Vermögens vorbehält.[15] Vielmehr verschafft sich der Verpflichtete durch die Ablösung des Nutzungsrechts erstmals die vollständige rechtliche und wirtschaftliche Verfügungsmacht an dem Nießbrauchsobjekt.[16] In Höhe des Barwerts der wiederkehrenden Zahlungen entstehen ihm daher grundsätzlich[17] nachträgliche Anschaffungskosten für das Nießbrauchsobjekt.

(1) Ablösung gegen Leibrente

(a) Rechtslage

Sofern die Ablösung in Form einer Leibrentenzahlung erfolgt, war nach bisheriger Rechtsauffassung gemäß dem eindeutigen Gesetzeswortlaut beim *Berechtigten* der Ertragsanteil unter den wiederkehrenden Bezügen nach § 22 Nr. 1 EStG zu versteuern.[18] Der *Verpflichtete* konnte dementsprechend den Ertragsanteil als Sonderausgabe i.S.d. § 10 Abs. 1 Nr. 1 a EStG geltend machen.[19]

---

14 Falls Leistung und Gegenleistung einander nicht ausgewogen gegenüberstehen.

15 BFH v. 13.10.1993 - X R 86/89 - BStBl 1994 II S. 451 (453)

16 Vgl. *Biergans, E.*, *Koller, A.*, DStR 1993 S. 857 (862)

17 Vgl. allerdings das Urteil v. 13.10.1993 (X R 86/89 - BStBl 1994 II S. 451 (453)), in dem der X. Senat den Barwert der wiederkehrenden Leistungen nicht als Anschaffungskosten ansetzte, da in demselben - einheitlichen - Rechtsgeschäft ein Mietvertrag abgeschlossen wurde und die wiederkehrenden Leistungen und der Mietzinsanspruch sich im wesentlichen gegenseitig aufhoben (vgl. hierzu auch FG Niedersachsen v. 23. 6.1994 - II 690/90 - EFG 1994 S. 1089 (Rev. IX R 65/94)); sofern aus dieser Entscheidung in der Literatur allerdings gefolgert wird, daß die Gestaltungsform der Überlassung eines vom Übergeber selbst genutzten Wohngebäudes mit dauernder Last und Mietvertrag generell als überholt anzusehen sei (*Wegmann, B.*, MittBayNot 1994 S. 309; *ders.*, ZEV 1994 S. 275 (279)), kann dem nicht gefolgt werden; gl.A. *Fleischer, O.*, DStR 1994 S. 1726 f

18 Sofern das Nießbrauchobjekt dagegen zur Einkunftserzielung genutzt wurde, stellt sich die Frage, ob die Zahlungen evtl. als Entschädigungen i.S.d. § 24 Nr. 1 a EStG steuerbar sind; vgl. zu dieser Problematik *Biergans, E.*, *Koller, A.*, DStR 1993 S. 902 (904)

19 Die Erfassung des Ertragsanteils erfolgte unabhängig davon, ob der Wert des Nießbrauchrechts dem Barwert der Ablösezahlungen entsprach oder nicht.

Beispiel:

Der Erblasser E setzte seine Tochter T durch Testament zur Alleinerbin ein und räumte seiner Witwe W den lebenslänglichen Nießbrauch an einer kleinen Wohnung ein. Einige Jahre nach dem Erbfall einigt sich T mit ihrer Mutter W, das Nießbrauchsrecht gegen lebenslängliche Leibrentenzahlungen abzulösen.

T hat i.H.d. Barwerts der wiederkehrenden Zahlungen Anschaffungskosten für das Nießbrauchsobjekt und kann den nach § 22 Nr. 1 EStG i.V.m. § 55 EStDV ermittelten Ertragsanteil der Leibrente als Sonderausgabe gem. § 10 Abs. 1 Nr. 1 a EStG abziehen. W hat den Ertragsanteil unter den wiederkehrenden Bezügen nach § 22 Nr. 1 EStG zu versteuern.

Demgegenüber versagte der X. Senat des BFH im Urteil vom 25.11.1992[20] - entgegen dem Gesetzeswortlaut, aber in angeblich "verfassungskonformer Auslegung" des Gesetzes - den Sonderausgabenabzug für den Ertragsanteil einer Leibrente, die für den Verzicht eines vermächtnisweise eingeräumten Nießbrauchrechts an nahezu ertraglosem Vermögen geleistet worden war.

Er begründete dies in zweierlei Hinsicht:

(1) Nach Streichung des privaten Schuldzinsenabzugs durch das Steueränderungsgesetz 1973[21] ist die *Grundnorm* (Herv. d. Verf.) entfallen, die den Abzug eines in gleichbleibenden wiederkehrenden Zahlungen enthaltenen Zinsanteils erlaubt.

(2) Gemessen am allgemeinen Gleichheitsgrundsatz des Art. 3 GG gibt es keinen tragfähigen Grund, Zinsanteile, je nachdem, ob sie in abänderbaren oder nicht abänderbaren wiederkehrenden Leistungen enthalten sind,[22] unterschiedlich zu behandeln.

Auf seiten des Leibrentenberechtigten ist dagegen der materiell-rechtlichen Natur des in den wiederkehrenden Leistungen enthaltenen Zinsanteils insofern Rechnung zu tragen, als keine Ertragsanteilsbesteuerung nach § 22 Nr. 1 EStG vorzunehmen ist; vielmehr ist der angemessene Zinsanteil[23] der Zahlung unter § 20 Abs. 1 Nr. 7 EStG zu erfassen.[24]

---

20 X R 91/89 - BFHE Bd. 170 S. 82 (87 f)

21 BGBl 1973 I S. 676

22 Unter Hinweis auf sein Urteil v. 27.2.1992 - X R 136/88 - BStBl 1992 II S. 609

23 Fehlt es an der Ausgewogenheit, liegt ein teilentgeltliches Rechtsgeschäft vor.

24 Hinsichtlich der Ermittlung der angemessenen Höhe des in den Zahlungen enthaltenen Zinsanteils sowie der möglichen Inanspruchnahme des Freibetrags des § 20 Abs. 1 Nr. 7 EStG vgl. S. 113 f analog

Beispiel:

Sachverhalt wie im vorherigen Beispiel.

T kann den in den Leibrentenzahlungen enthaltenen Zinsanteil aufgrund des privaten Schuldzinsenabzugsverbots nicht als Sonderausgabe geltend machen. W hat in Höhe des Zins- (Ertrags-)anteils Einkünfte gem. § 20 Abs. 1 Nr. 7 EStG und kann den Freibetrag für Zinseinkünfte des § 20 Abs. 4 EStG in Anspruch nehmen.

(b) Stellungnahme

Der X. Senat des BFH setzt sich mit seinem Urteil vom 25.11.1992[25] eindeutig über das allgemeine Prinzip der Gesetzmäßigkeit, das im Steuerrecht seine Konkretisierung im Grundsatz der Tatbestandsmäßigkeit der Besteuerung findet, hinweg.[26] Es stand bisher außer Zweifel, daß der Ertragsanteil einer privaten Leibrente als Sonderausgabe abziehbar ist, wenn diese als Gegenleistung für den Erwerb von nicht der Einkünfteerzielung dienendem Vermögen hingegeben wird. Eine andere Beurteilung ergibt sich weder aufgrund der Streichung des privaten Schuldzinsenabzugs im Jahre 1974[27] noch aus dem Beschluß des Großen Senats vom 4.7.1990,[28] in dem sich dieser ausschließlich mit der Frage des Abzugs von Zinsen als Werbungskosten oder Betriebsausgaben zu befassen hatte, die im Zusammenhang mit einem gemischten Kontokorrentkonto entstanden waren.

Drenseck[29] ist uneingeschränkt zuzustimmen, daß mit der Streichung des privaten Schuldzinsenabzugs - entgegen der Ansicht des X. Senats[30] - keine "Grundnorm" entfallen ist, die den Abzug eines in gleichbleibenden wiederkehrenden Zahlungen enthaltenen Zinsanteils erlaubt. Denn der Abschaf-

---

25 X R 91/89 - BFHE Bd. 170 S. 82; vgl. zu dieser Problematik auch das Urteil v. 27.2.1992 - X R 136/88 - BStBl 1992 II S. 609 sowie die Ausführungen auf S. 112 ff

26 Gl.A. *Biergans, E.*, (Renten, 1993) S. 252; *Biergans, E., Koller, A.*, DStR 1993 S. 857 (864); *Drenseck, W.*, in: Festschrift für Ludwig Schmidt S. 845 (858 ff); *ders.*, StbJb 1993/94 S. 187 (204)

27 BGBl 1973 I S. 676

28 GrS 2-3/88 - BStBl 1990 II S. 817, worauf der X. Senat im Urteil v. 25.11.1992 - X R 91/89 - BFHE Bd. 170 S. 82 (87) ebenfalls verweist.

29 *Drenseck, W.*, in: Festschrift für Ludwig Schmidt S. 845 (860 ff); a.A. *Fischer* in: *Kirchhof/Söhn*, § 22 EStG Rdnr. B 110

30 Urteil v. 25.11.1992 - X R 91/89 - BFHE Bd. 170 S. 82

fung des allgemeinen Schuldzinsenabzugs waren Gutachten der Einkommensteuerkommission von 1964,[31] des Wissenschaftlichen Beirats von 1967[32] sowie der Steuerreformkomission von 1971[33] vorausgegangen, in denen darauf hingewiesen wurde, daß die Streichung des allgemeinen Schuldzinsenabzugs nicht zugleich die Abschaffung der Abzugsfähigkeit des Ertragsanteils von Leibrenten bedeute.[34] Insofern als die Vorschrift des § 10 Abs. 1 Nr. 1 a EStG im Zuge der Beseitigung des privaten Schuldzinsenabzugs durch das Einkommensteueränderungsgesetz 1973 nicht geändert bzw. auf Versorgungsleibrenten eingeengt wurde, ist deshalb davon auszugehen, daß es "... offensichtlich der Wille des Gesetzgebers ..." war, "... in Zukunft eine Ungleichbehandlung wirtschaftlich gleichgelagerter Sachverhalte in Kauf zu nehmen."[35]

Ohne deshalb an dieser Stelle die insbesondere seit dem Beschluß des Großen Senats vom 4.7.1990[36] berechtigte Frage der Verfassungsmäßigkeit des allgemeinen Schuldzinsenabzugsverbots zu erörtern,[37] bleibt festzuhalten, daß private Schuldzinsen stets dann steuermindernd zu berücksichtigen sind, wenn das Gesetz dies zuläßt. Dies ist bei Renten und dauernden Lasten (§ 10 Abs. 1 Nr. 1 a EStG) ebenso der Fall wie bei Steuerzinsen (§ 10 Abs. 1 Nr. 5 EStG) und den im Wege der Förderung des selbstgenutzten Wohneigentums begünstigten Schuldzinsen gem. § 10 e Abs. 6 und Abs. 6 a EStG.

---

31 Schriftenreihe des BMF, Heft 7 S. 142

32 Schriftenreihe des BMF, Heft 9 S. 28

33 Schriftenreihe des BMF, Heft 17 S. 162 ff Rz. 429

34 Vgl. hierzu ausführlich *Drenseck, W.*, in: Festschrift für Ludwig Schmidt S. 845 (848 f)

35 *Biergans, E.*, (Renten 1993) S. 252; a.A. *Fischer* in: *Kirchhof/Söhn*, § 22 EStG Rdnr. B 109

36 GrS 2-3/88 - BStBl 1990 II S. 817

37 Vgl. hierzu beispielsweise *Drenseck, W.*, in: Festschrift für Ludwig Schmidt S. 845 (862 ff); zu erwähnen ist insbesondere auch die Tatsache, daß die Finanzverwaltung die Veranlagungen im Hinblick auf die Nichtabziehbarkeit privater Schuldzinsen für vorläufig erklärt.

(2) Ablösung gegen abänderbare Leistungen

Sofern die Ablösung von Nutzungsrechten gegen abänderbare Leistungen erfolgt, sind nach konservativer Rechtsprechung[38] die laufenden Zahlungen mit dem Wert der Gegenleistung (= Wert des abgelösten Nutzungsrechts) zu verrechnen. Die darüberhinausgehenden Zahlungen sind beim *Berechtigten* in voller Höhe als sonstige Einkünfte i.S.d. § 22 Nr. 1 EStG und beim *Verpflichteten* als Sonderausgaben gem. § 10 Abs. 1 Nr. 1 a EStG zu erfassen.

Dagegen nimmt der X. Senat des BFH[39] - in konsequenter Anwendung seiner im Urteil vom 27.2.1992[40] entwickelten Fortschreibung des Wertverrechnungsgedankens[41] - auch bei den für die Aufgabe des Nutzungsrechts gezahlten abänderbaren wiederkehrenden Leistungen von Anfang an eine Aufteilung in einen Zins- und Tilgungsanteil vor. Der *Berechtigte* hat daher den angemessenen[42] Zinsanteil unter den Kapitaleinkünften des § 20 Abs. 1 Nr. 7 EStG zu versteuern. Beim *Verpflichteten* ist aufgrund des privaten Schuldzinsenabzugsverbots ein Sonderausgabenabzug dagegen nur in Höhe des angemessenen[43] Zinsanteils der Zahlungen unter den Voraussetzungen des § 10 e Abs. 6 bzw. Abs. 6 a EStG[44] möglich.[45]

---

38 BFH v. 28.6.1963 - VI 321/61 U - BStBl 1963 III S. 424; v. 13.8.1985 - IX R 10/80 - BStBl 1985 II S. 709 (710); v. 3.6.1986 - IX R 2/79 - BStBl 1986 II S. 674; v. 11.9.1991 - XI R 20/89 - BFH/NV 1992 S. 166 (168)

39 Urteil v. 25.11.1992 - X R 34/89 - BFHE Bd. 170 S. 76 (81); v. 25.11.1992 - X R 148/90 - BFH/NV 1993 S. 586 (588f)

40 X R 136/88 - BStBl 1992 II S. 609

41 Vgl. die Ausführungen auf S. 112 ff sowie die Stellungnahme auf S. 116 ff

42 Zur steuerlichen Behandlung beim *Berechtigten,* falls Leistung und Gegenleistung einander nicht ausgewogen gegenüberstehen, vgl. S. 114 ff analog

43 Zur steuerlichen Behandlung beim *Verpflichteten* falls Leistung und Gegenleistung einander nicht ausgewogen gegenüberstehen vgl. S. 114 ff analog

44 Der erweiterte Schuldzinsenabzug des § 10 e Abs. 6 a EStG kann allerdings nur in Anspruch genommen werden, wenn das Objekt vor dem 1. Januar 1995 fertiggestellt oder vor diesem Zeitpunkt bis zum Ende des Jahres der Fertigstellung angeschafft wurde.

45 Zur Kritik vgl. die Stellungnahme auf S. 127 f

II. Ablösung entgeltlich vorbehaltener Nutzungsrechte

Eine zeitlich gestreckte Vermögensübergabe ist anzunehmen, wenn ein anläßlich der unentgeltlichen Übertragung von existenzsicherndem Vermögen zugunsten des Übergebers ursprünglich vorbehaltener Nießbrauch gegen private Versorgungsleistungen vom Übernehmer abgelöst wird.[46] Der sachliche Zusammenhang der Ablösezahlungen mit einer Vermögensübergabe ist dagegen nicht gewahrt, wenn sich der Übergeber den Nießbrauch im Rahmen einer entgeltlichen Übertragung vorbehalten hatte. In diesem Fall kann der Ablösevorgang nicht als zweiter Teilakt einer gleitenden Vermögensübergabe qualifiziert werden; vielmehr ist er grundsätzlich als zweiter Teilakt einer auf entgeltliche Rechtsübertragung angelegten Vermögensumschichtung zu würdigen. Sofern sich der aufgegebene Nießbrauch allerdings auf eine existenzsichernde Wirtschaftseinheit bezieht, kann nach Ansicht des BFH[47] in dem Verzicht auf den Nießbrauch gegen Einräumung wiederkehrender Zahlungen selbst eine Vermögensübergabe im Wege der vorweggenommenen Erbfolge zu sehen sein.[48]

Handelt es sich bei dem Vermögen, an dem der Nießbrauch bestellt war, dagegen um keine existenzsichernde Wirtschaftseinheit, sondern um (nahezu) ertragloses Vermögen, ist ein entgeltliches Rechtsgeschäft anzunehmen. Hinsichtlich der für die Ablösung geleisteten wiederkehrenden Zahlungen gelten daher *m.E.*[49] die gleichen Grundsätze wie für unentgeltlich bestellte Nutzungsrechte an (nahezu) ertraglosem Vermögen.[50]

---

46 Vgl. die Ausführungen auf S. 17 ff

47 Urteil v. 25.11.1992 - X R 34/89 - BFHE Bd. 170 S. 76 (80); v. 25.11.1992 - X R 148/90 - BFH/NV 1993 S. 586 (588)

48 Vgl. hierzu die Ausführungen auf S. 20 f

49 Vgl. hierzu auch BFH v. 25.11.1992 - X R 148/90 - BFH/NV 1993 S. 586 (588f); FG Münster v. 18.3.1994 - 11 K 5596/90 F - EFG 1994 S. 829 (830) (rkr.)

50 Vgl. S. 124 ff analog

Teil 4

Kritische Würdigung des sog. "Steuerrechtsinstituts der Vermögensübergabe unter Vorbehalt von Versorgungsleistungen"

Kapitel 1

Grundlegende Bedeutung des § 2 Abs. 1 S. 1 EStG

A. Erwerbstätigkeit als Gegenstand der Besteuerung

Der Steueranspruch des Staates entsteht dadurch, daß ein gesetzlicher Tatbestand erfüllt wird, an den das Gesetz die Leistungspflicht knüpft.[1] Dabei ist der abstrakte Gesetzestatbestand einer Rechtsnorm - der sich ausnahmslos in die vier Elemente Steuersubjekt, Steuergegenstand, Steuerbemessungsgrundlage und Steuersatz zerlegen läßt[2] - verwirklicht, wenn ein konkreter Sachverhalt festgestellt wird, der dem jeweiligen Tatbestand entspricht.[3]

Während dieser allgemeine Grundsatz unbestritten ist,[4] stehen sich hinsichtlich der konkreten Ausgestaltung des Einkommensteuertatbestands die sog. *klassische Lehre*[5] und die sog. *Stufenbaulehre*[6] gegenüber, die insbesondere

---

1 §§ 3 Abs. 1, 38 AO

2 Vgl. bereits grundlegend *Hensel* (Steuerrecht 1933 S. 56ff), der von den hier verwendeten Begriffen lediglich geringfügig abweicht und vom "Steuerschuldner" (S. 58, 62 ff), vom "Gegenstand der Besteuerung" (S. 73 ff), vom "Steuermaßstab" und der "Steuereinheit" (S. 59 f, 82 ff) sowie dem "Steuersatz" (S. 60) spricht; desweiteren *Bayer, H.-W.*, (Grundbegriffe 1992) S. 36 ff; *Biergans, E.*, (Einkommensteuer 1992) S. 4 ff; *Tipke, K.*, StuW 1993 S. 105; *Wasmer, C.*, (Zurechnung 1985) S. 1 ff

3 Vgl. *Thiel, R.*, StbJb 1963/64 S. 161 (166 f); *Tipke, K., Lang, J.*, (Steuerrecht 1994) S. 125

4 Vgl. hierzu auch BVerfG v. 14.12.1965 - 1 BvR 571/60 - BVerfGE Bd. 19 S. 253 (267); v. 14.3.1967 - 1 BvR 334/61 - BVerfGE Bd. 21 S. 209 (214 f); v. 12.10.1978 - 2 BvR 154/74 - BVerfGE Bd. 49 S. 343 (362)

5 Bezeichnung nach *Stollenwerk, A.*, StVj 1989 S. 217 (219); vgl. *Meincke* in: *Littmann/Bitz/Hellwig*, § 2 EStG Rn. 14; *Tipke, K., Lang, J.*, (Steuerrecht 1994) S. 208

6 Vgl. *Bayer, H.-W.*, FR 1985 S. 337; *ders.*, (Grundbegriffe 1992) S. 36 ff; *Beierl, O.*, (Einkünftequalifikation 1987) S. 62 ff; *Biergans, E.*, (Einkommensteuer 1992) S. 4 ff; *Wasmer, C.*, (Zurechnung 1985) S. 4 ff

bezüglich des Steuergegenstands konträre Ansichten vertreten. Während die klassische Lehre letztlich keine klare Trennung zwischen Steuergegenstand und Steuerbemessungsgrundlage vornimmt und die "Summe der Einkünfte"[7] oder das "Einkommen"[8] als Steuerobjekt bzw. Steuergegenstand betrachtet,[9] ist nach Ansicht der Vertreter der Stufenbaulehre unter dem Steuergegenstand eine der im Einkommensteuergesetz genannten Erwerbstätigkeiten[10] zu verstehen.[11] Das Einkommensteuergesetz enthält zwar keine Vorschrift, die die Erwerbstätigkeiten ausdrücklich als Steuergegenstand bezeichnet, doch ergibt sich die tätigkeitsorientierte Bestimmung des Steuergegenstands aus dem Wortlaut des § 2 Abs. 1 S. 1 EStG, wonach der Einkommensteuer nur "Einkünfte" unterliegen, die der Steuerpflichtige "aus" einer der in § 2 Abs. 1 Nr. 1 - 7 EStG aufgezählten Tätigkeiten "erzielt". *Bayer*[12] und *Biergans*[13] qualifizieren daher den Steuergegenstand zu Recht als steuerbare Handlung im Sinne der im Gesetz aufgezählten Erwerbstätigkeiten.

In Anlehnung an *Stollenwerk*[14] sollte die Bedeutung dieser unterschiedlichen Auffassungen allerdings nicht überbewertet werden, da sie "... im wesentlichen in der Verbalisierung des Einkommensteuertatbestandes ... und damit nur vermeintlich" existieren.[15] Dies gilt insbesondere insofern, als

---

7 *Lang, J.*, (Bemessungsgrundlage 1988) S. 34; *Tipke, K.*, *Lang, J.*, (Steuerrecht 1994) S. 208

8 Vgl. *Meincke* in: *Littmann/Bitz/Hellwig*, § 2 EStG Rn. 14

9 Indem sie davon ausgeht, daß der Gesetzgeber einen wirtschaftlichen Zustand erfassen wollte; vgl. *Lang, J.*, (Bemessungsgrundlage 1988) S. 34 ff; *Tipke, K.*, *Lang, J.*, (Steuerrecht 1994) S. 165; zu Recht kritisch hierzu: *Beierl, O.*, (Einkünftequalifikation 1987) S. 62; *Bergmann, E.*, (Bedingungsvorschriften 1986) S. 354; *Kemmer, M.*, (Teilentgeltliche Rechtsgeschäfte 1987) S. 6

10 Vgl. *Bayer, H.-W.*, FR 1985 S. 337 (341 f); *ders.*, (Grundbegriffe 1992) S. 36 ff; *Beierl, O.*, (Einkünftequalifikation 1987) S. 62 ff; *Biergans, E.*, (Einkommensteuer 1992) S. 4 ff; *Kemmer, M.*, (Teilentgeltliche Rechtsgeschäfte 1987) S. 5 ff; *Raupach/Schencking* in: *Herrmann/Heuer/Raupach*, § 2 EStG Anm. 15; *Schmidt, A.*, (Leistungsbeziehungen 1990) S. 4 f m.w.N.; *Wasmer, C.*, (Zurechnung 1985) S. 4 ff

11 Zur Abgrenzung der Erwerbstätigkeiten vgl. grundlegend *Koller, A.*, (Abgrenzung 1993)

12 (Grundbegriffe 1992) S. 36 ff

13 (Einkommensteuer 1992) S. 6

14 StVj 1989 S. 217 (218)

15 Gl.A. *Raupach/Schencking* in: *Herrmann/Heuer/Raupach*, § 2 EStG Anm. 51; *Koller, A.*, (Abgrenzung, 1993) S. 1

selbst *Tipke/Lang*[16] - als Vertreter der klassischen Lehre - den handlungsorientierten Ansatz implizit anerkennen, wenn sie darauf hinweisen, daß "das Einkommensteuerobjekt ... nicht die Erwerbstätigkeit selbst, sondern die `Summe der Einkünfte' als das *Ergebnis* von Erwerbstätigkeit(en)" ist. Einen ähnlichen Ansatz vertritt *Kirchhof*,[17] in dem er die klassische Lehre mit dem Stufenbaukonzept verbindet, und den Steuergegenstand der Einkommensteuer nicht isoliert in Einkünften oder in einem Handlungstatbestand sieht, sondern in einem Handlungstatbestand, der den Erfolg der Leistung (die Einkünfte) einschließt.[18] Ohne deshalb im Rahmen der vorliegenden Arbeit auf diesen Theorienstreit näher einzugehen, bleibt festzuhalten, daß alleiniger Rechtfertigungsgrund für die Einkommensteuer die *Erzielung von Einkünften*, die auf Erwerb gerichtete Tätigkeit am Markt, ist.

B. Persönliche Zurechnung von Einkünften

I. Ausübung einer steuerbaren Tätigkeit

Das Einkommensteuergesetz enthält keine gesetzlich normierte, allgemeine Zurechnungsvorschrift.[19] Aus § 2 Abs. 1 S. 1 EStG ergibt sich allerdings, daß die Einkünfte demjenigen Steuerpflichtigen zuzurechnen sind, der den Tatbestand der Erzielung der Einkünfte erfüllt.[20]

Dogmatische Grundlage der tätigkeitsorientierten Einkünftezurechnung ist die sog. Marktbeteiligungstheorie *Ruppes*,[21] die nach heutigem Verständnis die Einkünfte demjenigen zurechnet, der eine steuerbare Tätigkeit im Sinne

16 (Steuerrecht, 1994) S. 208

17 in: *Kirchhof/Söhn*, § 2 EStG Rdnr. A 105

18 Vgl. hierzu auch *Raupach/Schencking* in: *Herrmann/Heuer/Raupach*, § 2 EStG Anm. 51

19 Besondere Zurechnungsvorschriften enthalten §§ 22 Nr. 1 S. 2, 26 a Abs. 1, 26 b, 28 EStG. §§ 20 Abs. 3, 21 Abs. 2, 22 Nr. 3 Satz 1 EStG betreffen nicht die persönliche Zurechnung, sondern die Zuordnung zur Einkunftsart.

20 *Biergans, E.*, (Einkommensteuer 1992) S. 1051 ff; *Jakob, W.*, (Einkommensteuer 1991) S. 15; *Tipke, K.*, StuW 1977 S. 293 (298); *Pferdmenges* (Einkünfteerzielungsabsicht 1990 S. 16) spricht insoweit vom Grundsatz der Untrennbarkeit von Steuersubjekt und Steuergegenstand.

21 (JDStJG 1978) S. 7 (18 f)

des § 2 Abs. 1 S. 1 Nr. 1 - 7 EStG ausübt.[22] Die einzelnen im Gesetz genannten Tatbestände, die zu Einkünften führen können, sind dabei durch folgende vier Grundentscheidungen des Gesetzgebers gekennzeichnet:[23]

(1) Es muß eine Bereicherung des Steuerpflichtigen im Sinne einer **Vermögensmehrung** vorliegen. Dabei ist nur die Erzielung von Vermögensmehrungen, nicht dagegen die Verwendung, der Verbrauch[24] oder Gebrauch von Gütern zur Bedürfnisbefriedigung für die Bestimmung der Einkünfte relevant.

(2) Die Vermögensmehrung wird steuerlich erst erfaßt, wenn sie **tatsächlich verwirklicht** ist.

(3) Vermögenszugänge unterliegen nur dann der Einkommensteuer, wenn sie auf einer **wirtschaftlichen Tätigkeit** basieren. Steuerpflichtig ist deshalb nur derjenige Vermögenszugang, der auf eine Teilnahme am Marktgeschehen, d.h. auf eine planmäßige entgeltliche Verwertung von Gütern und Leistungen zurückzuführen ist.[25]

(4) Der einkommensteuerlich relevante Vermögenserwerb stellt eine Nettogröße dar, d.h. er ist als **Reinertrag** zu verstehen.

Einkünfte im Sinne des Einkommensteuergesetzes sind somit realisierte Reinvermögensmehrungen aus der entgeltlichen Verwertung von Gütern und Dienstleistungen am Markt. Von dieser Definition der Einkünfte bestehen lediglich zwei Ausnahmen. Zum einen sind realisierte Wertsteigerungen im Bereich des Privatvermögens mit Ausnahme der Veräußerung privater wesentlicher Beteiligungen an Kapitalgesellschaften und von Spekulationsgeschäften nicht zu versteuern. Zum anderen sind Wertsteigerungen im Betriebsvermögen steuerpflichtig, im Privatvermögen hingegen steuerfrei, so daß die stillen Reserven bei der Entnahme von Wirtschaftsgütern aus dem Betriebsvermögen zu versteuern sind, obwohl kein Umsatz am Markt zu einer Gewinnrealisierung geführt hat. Beide Ausnahmen stellen allerdings eine Durchbrechung der aufgezeigten systembildenden Grundsätze dar. Einer Erweiterung des Einkunftsbegriffs bedarf es daher nicht.

---

22 Vgl. beispielsweise *Biergans, E.*, *Stockinger, R.*, FR 1982 S. 25 (31 ff); *Kemmer, M.*, (Teilentgeltliche Rechtsgeschäfte 1987) S. 7 ff; *Wasmer, C.*, (Zurechnung 1985) S. 29; *Wassermeyer, F.*, StuW 1982 S. 352 (356)

23 Vgl. *Biergans, E.*, (Einkommensteuer 1992) S. 1052 f

24 Vgl. hierzu die Ausführungen in Fn. 57 auf S. 146

25 Ausnahme: Realsplitting (§ 22 Nr. 1 a EStG)

II. Einkünfteerzielung als Zurechnungskriterium

Die Zurechnug von Einkünften[26] erfolgt bei derjenigen Person, durch deren wirtschaftliche Tätigkeit der Tatbestand der Einkünfteerzielung i.S.d. sieben Einkunftsarten verwirklicht worden ist. Als Ansatzpunkt für die persönliche Zurechnung der Einkünfte ist dabei die Beherrschung des Vorgangs der Leistungserstellung zu sehen.[27] Die Zurechnung der Einkünfte hat bei dem Steuerpflichtigen zu erfolgen, der zum Zeitpunkt der Begründung des Anspruchs am Marktgeschehen teilgenommen und dadurch die einkünftebringende Leistungsbeziehung geknüpft hat.[28] Zurechnungssubjekt hinsichtlich des wirtschaftlichen Ergebnisses der Verwertung eines Wirtschaftsguts am Markt ist allerdings nicht notwendigerweise die Person, die die Verwertungshandlung als Realakt vornimmt, sondern diejenige, die im Betrachtungszeitpunkt die *tatsächliche Herrschaft* über die einkünftebringende Leistungsbeziehung ausübt.[29] Dabei ist nicht die Dispositionsmöglichkeit aufgrund rechtlicher Befugnis entscheidend;[30] bei Fehlen der Dispositionsbefugnis reicht eine tatsächlich bestehende Dispositionsmöglichkeit aus.[31]

Bei der unentgeltlichen Übertragung einer "Einkunftsquelle"[32] wird die Erzielung von Einkünften durch den Übertragenden mit der Übertragung - ab-

---

26 Im Regelfall fällt mit der Entscheidung über die Einkünftezurechnung zugleich die Entscheidung über die Erwerbseinnahmen und -ausgaben als Einkunftsbestandteile. Zu Zweifelsfragen, insbes. bei Vereinnahmung bzw. Verausgabung durch einen Dritten vgl. beispielsweise *Biergans, E.*, (Einkommensteuer 1992) S. 1058 ff; *Raupach/ Schencking* in: *Herrmann/Heuer/Raupach*, § 2 EStG Anm. 137 m.w.N

27 *Ruppe, H.-G.*, (JDStJG 1978) S. 7 (18 f)

28 *Biergans, E.*, (Einkommensteuer 1992) S. 1054

29 *Ruppe, H. G.*, (JDStJG 1978) S. 7 (16); vgl. zu dieser Problematik auch das Urteil des BFH v. 13.10.1993 - IX R 17/88 - BFH/NV 1993 S. 227 (228)

30 So jedoch *Ruppe, H. G.*, (JDStJG 1978) S. 7 (25)

31 Vgl. *Biergans, E.*, (Einkommensteuer 1992) S. 1055 f; *ders.*, in: Festschrift für Ludwig Schmidt S. 75 (80); *Stadie, H.*, (Zurechnung 1983) S. 24 f, 29

32 Der hier bewußt gewählte Begriff der Einkunftsquelle (vgl. die Ausführungen auf S. 160 ff) darf nicht als Anwendung der historischen Quellentheorie verstanden werden (vgl. hierzu S. 138 ff). Nach *Kirchhof* (in: *Kirchhof/Söhn*, § 2 EStG Rdnr. A 110) unterscheidet sich die Einkunftsquelle von der historischen Quellentheorie dadurch, "... daß sie nicht die dauernde Bezugsquelle, die gut geordnete, kontinuierliche Erwerbsgrundlage zur Tatbestandsvoraussetzung macht, sondern die marktnahe, für den allgemeinen Güter- und Dienstleistungsaustausch zugängliche Erwerbsgrundlage und ihre Nutzung durch Erwerbstätigkeit bezeichnet;" zu Recht kritisch zum Begriff der Einkunftsquelle *Biergans, E.*, *Stockinger, R.*, FR 1982 S. 25 (30 f)

gesehen von nachträglichen Einkünften i.S.d. § 24 Nr. 2 EStG - beendet.[33] Bei den anläßlich der unentgeltlichen Übertragung von Vermögen vereinbarten Zahlungen handelt es sich daher generell um steuerlich unbeachtliche Zuwendungen i.S.d. § 12 Nr. 2 EStG, die zu keiner Einkunftsverlagerung führen können. Demgegenüber behandelt die Rechtsprechung[34] die anläßlich der "unentgeltlichen" Übertragung einer existenzsichernden Wirtschaftseinheit im Wege der vorweggenommenen Erbfolge vereinbarten Versorgungsleistungen nicht als Unterhaltsleistungen bzw. als freiwillige oder auf freiwillig begründeter Rechtspflicht beruhende Leistungen. Vielmehr hat der Übertragende die *bezogenen* (nicht erzielten) Versorgungsleistungen als sonstige Einkünfte i.S.d. § 22 Abs. 1 Nr. 1 EStG zu versteuern, der Übernehmer kann korrespondierend hierzu Sonderausgaben gem. § 10 Abs. 1 Nr. 1 a EStG geltend machen.[35]

Rechtsgrundlage für diese - den Vorgaben des § 2 Abs. 1 S. 1 EStG widersprechende - steuerliche Behandlung der privaten Versorgungsrente soll der "... die uralte Tradition des deutschen Einkommensteuerrechts fortführende Wille des Gesetzgebers ..." sein, "... die Vermögensübergabe steuerrechtlich zu privilegieren."[36] Obwohl das Einkommensteuergesetz[37] kein Gebot einer korrespondierenden Besteuerung enthält,[38] sondern die systemprägende Regel des § 2 Abs. 1 S. 1 EStG ausschließlich die Besteuerung des Steuerpflichtigen regelt, der den Tatbestand der *Erzielung* von Einkünften erfüllt, soll es nach Auffassung von *Fischer*[39] für die Steuerbarkeit der *zugewendeten Versorgungsrente* eine "... **echte materiellrechtliche Korrespondenz** ..." geben, d.h. die Bezüge sind beim Übergeber nur dann steuerbar, wenn und soweit der Übernehmer die Leistungen als Sonderausgabe abziehen

33 *Raupach/Schencking* in: *Herrmann/Heuer/Raupach*, § 2 EStG Anm. 152

34 Vgl. hierzu ausführlich S. 58 ff

35 Vgl. hierzu S. 99 ff

36 *Fischer, P.*, (Wiederkehrende Bezüge 1994) Rdnr. 163; vgl. hierzu auch S. 7 f; zur Kritik vgl. ausführlich die Darstellung auf S. 160 ff

37 Vgl. zuletzt BFH v. 26.1.1994 - X R 57/89 - BStBl 1994 II S. 597; *Biergans, E.*, (Renten 1993) S. 98 m.w.N.

38 Ausnahme: Korrespondenz zwischen den Einkünften aus wiederkehrenden Bezügen gem. § 22 Nr. 1 Satz 2 EStG und dem Abzugsverbot gem. § 12 Nr. 2 EStG

39 (Wiederkehrende Bezüge 1994) Rdnr. 26 (Herv. im Original)

kann.[40] Insofern als ein Teil der erwirtschafteten Einkünfte mit steuer(recht)licher Wirkung übertragen wird, soll ein "... **Transfer steuerlicher Leistungsfähigkeit** ..."[41] stattfinden.

Diese Überlegungen überraschen insbesondere deshalb, weil *Fischer*[42] - im Anschluß an *Kirchhof*[43] - zugleich die These vertritt, daß "... *vorrangiges Auslegungsziel* ... die Einpassung der Einzeltatbestände des § 22 Nr. 1 EStG in die durch § 2 Abs. 1 EStG und dessen verfassungsrechtliche Vorgaben geprägte Lehre vom steuerbaren Einkommen" ist.[44] Die Besteuerung zugewendeter Einkünfte widerspricht jedoch den rechtssystematischen Vorgaben der Grundsatznorm des § 2 Abs. 1 S. 1 EStG, wonach Einkünfte ausschließlich demjenigen zuzurechnen sind, der durch seine wirtschaftliche Tätigkeit den Tatbestand der Einkünfteerzielung erfüllt.

Eine Ausnahme hiervon wäre nur dann zulässig, wenn der Gesetzgeber bei der privaten Versorgungsrente - wie beim Realsplitting[45] - entgegen der Systematik des Einkommensteuergesetzes einen Transfer steuerlicher Leistungsfähigkeit[46] angeordnet hätte.

---

40 Vgl. hierzu auch die Ausführungen auf S. 95 f; eine **verfahrensrechtliche Korrespondenz** soll es allerdings nicht geben. Deshalb kann der Übernehmer die Leistungen auch dann als Sonderausgabe geltend machen, wenn eine entsprechende Erfassung beim Bezieher nicht mehr möglich ist (vgl. *Fischer, P.*, (Wiederkehrende Bezüge 1994 Rdnr. 26). Durch Wohnsitzverlagerung des Übergebers ins Ausland kann sich somit eine interessante Gestaltungsalternative ergeben, da die Versorgungsleistungen bei diesem nicht zu den inländischen Einkünften i.S.d. § 49 EStG zählen; vgl. hierzu auch *Paus, B.*, Inf 1994 S. 206 (207)

41 BVerfG v. 17.12.1992 - 1 BvR 4/87 - DStR 1993 S. 315; *Fischer, P.*, (Wiederkehrende Bezüge 1994) Rdnr. 26 (Herv. im Original)

42 (Wiederkehrende Bezüge 1994) Rdnr. 27 (Herv. im Original); *ders.*, in: *Kirchhof/Söhn*, § 22 EStG Rdnr. A 15 ff

43 in: *Kirchhof/Söhn*, § 2 EStG Rdnr. A 472 ff, 483

44 Vor diesem Hintergrund sieht sich der X. Senat dazu legitimiert, die entgeltlichen Renten generell von Beginn der Zahlung an in einen steuerbaren Zins- und einen nichtsteuerbaren Tilgungsanteil aufzuspalten; vgl. S. 112 ff, 125 ff

45 § 22 Nr. 1 a EStG; zum Realsplitting vgl. beispielsweise *Biergans, E.*, (Einkommensteuer 1992) S. 1328 ff

46 Zum Transfer steuerlicher Leistungsfähigkeit beim Realsplitting vgl. *Lang, J.*, StuW 1983 S. 103 (110 f); *Tipke, K.*, ZRP 1983 S. 25

Kapitel 2
Vermögensübertragung unter Vorbehalt von Versorgungsleistungen - ein vom historischen Gesetzgeber geschaffenes Sonderrecht?

A. Rechtshistorische Entwicklung

I. Preußisches Einkommensteuergesetz

Das Preußische Einkommensteuergesetz vom 24. Juni 1891[1] suchte "... das Einkommen - im Gegensatz zu Vermehrungen und Verminderungen des Stammvermögens (§ 8) - nach seinen verschiedenen *Quellen* möglichst genau zu bestimmen (§§ 7, 12 - 15) ...".[2] Im Gegensatz zum Einkommensteuergesetz vom 1./25. Mai 1851/73, das als Quellen des Einkommens Kapitalvermögen und Rechte auf periodische Hebungen und Vorteile irgend welcher Art zusammenfaßte, galten nach § 7 Preuß. EStG 1891[3] " als Einkommen ... die gesamten Jahreseinkünfte der Steuerpflichtigen in Geld und Geldeswerth aus:

(1) Kapitalvermögen

(2) Grundvermögen, Pachtungen und Miethen, einschließlich des Miethswerthes der Wohnung im eigenen Hause,

(3) Handel und Gewerbe einschließlich des Bergbaues,

(4) Gewinn bringender Beschäftigung sowie aus Rechten auf periodische Hebungen und Vortheile irgend welcher Art, soweit diese Einkünfte nicht schon unter Nr. 1 bis 3 begriffen sind."

Das Einkommen aus *Kapitalvermögen* umfaßte nach § 12 Preuß. EStG 1891[4] "Zinsen, Renten und geldwerthe Vortheile aus Kapitalforderungen je-

---

1 PrGS 1891 S. 175; ebenso das Preuß. EStG v. 19.6.1906, PrGS 1906 S. 260; das Preuß. EStG v. 1891 ist der Vorläufer der Reichseinkommensteuergesetze

2 Begründung zum Entwurf eines Einkommensteuergesetzes v. 3.11.1890, FinArch Bd. VII (1890) 2. Hlbbd. S. 263 (277) (Herv. d. Verf.)

3 § 6 Preuß. EStG 1906; Ziel war eine schärfere Trennung der Quellen sowie die richtigere Zuordnung der zu einer Quelle gehörenden Faktoren; Begründung zum Entwurf eines Einkommensteuergesetzes v. 3.11.1890, FinArch Bd. VII (1890) 2. Hlbbd. S. 263 (278)

4 § 11 Preuß. EStG 1906

der Art, soweit solche Bezüge nicht bei Landwirtschaft -, Handel - und Gewerbetreibenden behufs Ausmittelung des steuerpflichtigen Einkommens aus Grundvermögen, Pachtungen, Handel oder Gewerbe (§§ 13, 14) als Theile des Geschäftsertrages in Rechnung zu bringen sind." Zu den Renten i.S.d. § 12 Preuß. EStG 1891[5] gehörten allerdings nicht die in § 15 Abs. 1 Preuß. EStG 1891[6] aufgeführten Rentenbezüge, insbesondere die Leibrenten.[7] Hierbei handelte sich nicht um die Einkunftsquelle Kapitalvermögen, sondern um das Recht auf periodische Hebungen, wenn dem Steuerpflichtigen, wie z.B. beim Rentenkauf, keine Kapitalforderung erhalten bleibt.[8] Nach Ansicht des preußischen Oberverwaltungsgerichts[9] bildete die vom Rentenempfänger gezahlte Summe lediglich die Gegenleistung für die vom Rentenverkäufer übernommene Verpflichtung zur Zahlung einer Rente. In den jährlichen Rentenzahlungen wurde deshalb keine sukzessive Rückzahlung der hingegebenen Kapitalsumme gesehen.

Das Einkommen aus *Rechten auf periodische Hebungen* erfaßte nach § 15 Abs. 1 Preuß. EStG 1891[10] "Pensionen und sonstige fortlaufende Einnahmen, welche nicht als Jahresrenten eines beweglichen oder unbeweglichen Vermögens anzusehen sind, endlich solche Rentenbezüge, welche an die Person des Empfangsberechtigten geknüpft sind." Die *Quelle* der Rechte auf periodische Hebungen war nach der ständigen Rechtsprechung des Oberverwaltungsgerichts[11] das einzelne, auf einem besonderen Rechtstitel (Vertrag, letztwillige Verfügung)[12] beruhende *Recht*[13] auf Bezüge in *periodischer*

5 § 11 Preuß. EStG 1906

6 § 14 Preuß. EStG 1906

7 *Fuisting, B., Strutz, G.*, (Einkommensteuergesetz 1910) § 11 Anm. 9

8 *Mrozek, A.*, Handkommentar, § 11 Anm. 1, § 14 Anm. 11k; a.A., Art. 8 Abs. 1 Nr. 1 der Anweisung des Finanzministers v. 25.7. 1906, abgedruckt bei *Fuisting, B., Strutz, G.*, (Steuern Bd. I/2 1916) S. 1182 (1200)

9 Entscheidung v. 27.6.1895 - Rep. VI A 488/94 - Bd. 4 S. 124

10 § 14 Preuß. EStG 1906

11 Preuß. OVG i.St. v. 12.12.1892 - Rep. V 260/92 - Bd. 1 S. 74; v. 3.2.1893 - Rep. V 921/92 - Bd. 1 S. 154; v. 3.11.1899 - Rep. III 394/98 - Bd. 8 S. 117; v. 1.2.1905 - Rep. III 47/04 - Bd. 12 S. 154

12 Art. 23 Nr. 2 der Anweisung des Finanzministers v. 25.7.1906, abgedruckt bei *Fuisting, B., Strutz, G.*, (Steuern Bd. I/2 1916) S. 1182 (1222)

13 Wegen mangelnden Rechtsanspruchs bildeten die auf freiem Willen des Gebers beruhenden einseitigen Zuwendungen (Preuß. OVG i.St. v. 27.10.1892 - Rep. V 195/92 - Bd. 1 S. 28; v. 3.2.1893 - Rep. V 921/92 - Bd. 1 S. 154) sowie die Bezüge aufgrund

Wiederholung, und erfaßte beispielsweise neben den "Leibrenten" auch sog. "Altenteile" (Altsitz, Auszug, Leibgeding, Leibzucht). Einmalige Zuwendungen stellten, auch wenn sie auf einem selbständigen Recht des Empfängers beruhten, jedoch nicht aus gewinnbringender Beschäftigung oder aus einer der in § 7 Abs. 1 - 3 Preuß. EStG 1891[14] bezeichneten Quellen stammten, kein steuerpflichtiges Einkommen dar.[15]

Als "Passivleistungen"[16] waren nach § 9 Abs. 1 Nr. 2 - 7 Preuß. EStG 1891 neben den innerhalb einer Quelle enstehenden und daher aus dem Rohertrag dieser Quelle auszusondernden "Erwerbungskosten"[17] i.S.d. § 9 Abs. 1 Nr. 1 Preuß. EStG 1891 auch die außerhalb einer Quelle entstehenden persönlichen Aufwendungen abzugsfähig.[18] Die häufigsten und wichtigsten der dort bezeichneten Lasten bildeten die Renten (§ 9 Abs. 1 Nr. 2 Preuß. EStG 1891) und die auf besonderen Privatrechtstiteln beruhenden dauernden Lasten (§ 9 Abs. 1 Nr. 3 Preuß. EStG 1891),[19] insbesondere die Altenteile.[20] Renten im Sinne von laufenden Verpflichtungen in bestimmter Höhe wurden unter den allgemeinen Begriff der dauernden Last subsumiert. Eine andere Bedeutung kam der Rente lediglich dann zu, sofern diese den *Zins* repräsentierte, der anstelle des Kapitals zu leisten war. Nach Ansicht von *Mrozek*[21] legte der Gesetzgeber eben diese Bedeutung dem Wort Rente zu-

---

einer gesetzlichen Unterhaltspflicht (sog. abgeleitetes Einkommen) - auch wenn sie durch Privatrechtstitel zugesichert oder richterlich festgestellt waren - kein steuerpflichtiges Einkommen; Art. 23 Nr. 2 der Anweisung des Finanzministers v. 25.7. 1906, abgedruckt bei *Fuisting, B., Strutz, G.*, (Steuern Bd. I/2 1916) S. 1182 (1222)

14 § 6 Abs. 1 - 3 Preuß. EStG 1906

15 Preuß. OVG i.St. v. 1.2.1905 - Rep. III 47/04 - Bd. 12 S. 154 (156)

16 *Fuisting, B., Strutz, G.*, (Steuern Bd. I/1 1915) § 6 Anm. 1

17 *Wagner, F.*, FinArch Bd. VIII (1891) 2. Hlbbd. S. 71 (219). Das Preuß. EStG 1906 regelte die "Werbungskosten" (§ 8 Abs. 1) und die vom Gesamteinkommen in Abzug zu bringenden persönlichen Aufwendungen (§ 8 Abs. 2) bereits getrennt.

18 Als Begründung für die Abzugsfähigkeit der persönlichen Aufwendungen führt der Gesetzesentwurf (FinArch Bd. VII (1890) 2. Hlbbd. S. 263) lediglich an, daß der Abzug von Schuldzinsen, Renten sowie auf besonderen Rechtstiteln beruhenden Lasten "unbedenklich" sei. Deshalb bedürfe es "keiner weiteren Rechtfertigung", daß Leistungen, die vom freien Willen des Steuerpflichtigen abhängig sind, ebensowenig abgezogen werden dürfen, wie die zwar auf privatrechtlichen Verpflichtungen beruhenden, aber keine dauernden Belastungen darstellenden Aufwendungen.

19 § 8 Abs. 2 Nr. 2 Preuß. EStG 1906

20 *Fuisting, B., Strutz, G.*, (Einkommensteuergesetz 1910) § 8 Anm. 50

21 Zitiert nach *Fuisting, B., Strutz, G.*, (Steuern Bd. I/1 1915) § 8 Anm. 42

grunde, als er in § 9 Abs. 1 Nr. 2 EStG 1891 "die von den Steuerpflichtigen zu zahlenden Schuldenzinsen und Renten,... " und erst in § 9 Abs. 1 Nr. 3 EStG 1891 "die auf besonderen Rechtstiteln beruhenden dauernden Lasten" als vom Gesamteinkommen abzugsfähig aufführte.[22]

Voraussetzung für die Abzugsfähigkeit von Altenteilsleistungen war, daß zu Beginn des Steuerjahres eine klagbare Verpflichtung auf Gewährung des Altenteils bestand.[23] War ein Leibgedinge in rechtsgültiger Weise begründet, ließ § 9 Abs. 1 Nr. 3 Preuß. EStG 1891[24] den Abzug des vollen Werts der Jahresbelastung ohne Rücksicht darauf zu, wie das Einkommen aus dem belasteten Gut ermittelt wurde. Jede Wechselwirkung zwischen den Gutseinnahmen und der Altenteilslast war ausgeschlossen.[25] Für die Bemessung der Auszugslast war desweiteren ohne Bedeutung, ob diese mit selbstgewonnenen oder angeschafften Erzeugnissen oder mit eigenen oder fremden Kräften bestritten wurde; in jedem Fall war der volle Wert der Auszugslast abzugsfähig.[26]

Andererseits war beim Verpflichteten der ortsübliche Wert der an den Altenteilsberechtigten zu liefernden Wirtschaftserzeugnisse nach § 13 Abs. 4 Preuß. EStG 1891[27] als Einnahme bei der Ermittlung des Landertrags in Ansatz zu bringen.

---

22 Gl.A. *Fuisting, B., Strutz, G.*, (Steuern Bd. I/1 1915) § 8 Anm. 42

23 Zum Vorhandensein einer klagbaren Verpflichtung zur Leistung des Altenteils vor und nach Inkrafttreten des bürgerlichen Gesetzbuches, vgl. Preuß. OVG i.St. v. 23.3. 1907 - Rep. V b 154/06 - Bd. 13 S. 221

24 § 8 Abs. 2 Nr. 2 Preuß. EStG 1906

25 *Fuisting, B., Strutz, G.*, (Steuern Bd. I/1 1915) § 8 Anm. 47 (Herv. im Original); vgl. hierzu kritisch die Ausführungen zur "dogmatischen Rechtsfigur der vorbehaltenen Vermögenserträge" des X. Senats auf S. 69 ff

26 Pr. OVG i.St. v. 17.10.1895 - Rep. VI C 1968/94 - Bd. 4 S. 165

27 § 12 Abs. 4 Preuß. EStG 1906

II. Reichseinkommensteuergesetze

(1) Reichseinkommensteuergesetz vom 29. März 1920

Das Reichseinkommensteuergesetz vom 29. März 1920[28] brach mit der Quellentheorie und stellte sich grundsätzlich auf den Boden des *Schanz*`-schen Einkommensbegriffs.[29] Das steuerbare Einkommen eines Steuerpflichtigen wurde - vorbehaltlich der in § 12 REStG 1920 enthaltenen Einschränkungen - definiert als "... der Unterschied des Gesamtbetrags seiner Einkünfte im weitesten Sinne, soweit sie nicht im Gesetz ausdrücklich ausgenommen sind, und den Abzügen, soweit solche nach dem Gesetz als zulässig erklärt werden."[30] Neben den vier hauptsächlichsten Einkommens*quellen* - Grundbesitz, Gewerbebetrieb, Kapitalvermögen und Arbeit - rechnete § 5 REStG 1920 auch sonstige Einnahmen zum steuerbaren Einkommen, wobei es ohne Bedeutung war, "ob es sich um einmalige oder wiederkehrende Einkünfte handelt oder aus welchem rechtlichen oder tatsächlichen Grunde sie dem Steuerpflichtigen zugeflossen sind."[31]

Als sonstige Einnahmen[32] i.S.d. § 5 REStG 1920 nannte § 11 REStG 1920 beispielsweise ("insbesondere"):

(1) Leibrenten, Leibgedinge, Zeitrenten[33] und andere unvererbliche Renten;[34]

---

28 RGBl 1920 S. 359

29 Tatsächlich handelte es sich um ein "Mittelding" zwischen dem Einkommensbegriff der Schanz'schen und demjenigen der Quellentheorie; *Strutz, G.*, (Handbuch 1924) S. 153; vgl. hierzu auch *Lang, J.*, (Bemessungsgrundlage 1988) S. 37 ff

30 Begründung zum Entwurf eines Reichseinkommensteuergesetzes in: Nationalversammlung-Drs. Nr. 1624 S. 42

31 § 5 REStG 1920; kritisch hierzu *Glaser, F.*, (Einkommensteuergesetz 1922) § 5 Anm. 7 ff

32 Der Begriff der "Einnahmen" und der der "Einkünfte" wurde synonym verwendet; vgl. *Glaser, F.*, (Einkommensteuergesetz 1922) § 5 Anm. 3; *Strutz, G.*, (Handausgabe 1920) § 5 Anm. 2

33 Hierunter waren nur solche Zeitrenten zu verstehen, bei denen die Zahlungsverpflichtung mit dem Tod der Bezugsperson, oder - falls dieser Zeitpunkt früher eintritt - mit Ablauf der vertraglich vereinbarten Höchstlaufzeit endet (= sog. abgekürzte Leibrenten oder Höchstzeitrenten); Zeitrenten, die nach dem Tode des Rentenberechtigten bis zum Ende der Mindestzeitdauer auf dessen Erben übergehen (sog. verlängerte Leibrenten oder Mindestzeitrenten) wurden in § 8 Nr. 6 REStG 1920 erfaßt; *Glaser, F.*,

(2) Zuschüsse und sonstige Vorteile, einerlei ob sie auf einem Rechtsanspruch oder ohne Bestehen eines solchen auf freiwilliger Zuwendung beruhen. Ist die Zuwendung freiwillig oder zur Erfüllung einer gesetzlichen Unterhaltspflicht erfolgt, so hat der Empfänger die Einnahme nicht zu versteuern, wenn der Geber zu den nach § 2 Nr. 1 steuerpflichtigen Personen[35] gehört;

(3) Entschädigungen, die als Ersatz für entgehende Einnahmen gewährt werden;

(4) Lotteriegewinne und ähnliche außerordentliche Einnahmen;

(5) durch einzelne Veräußerungsgeschäfte erzielte Gewinne.

Nach Ansicht von *Strutz*[36] hätte es genügt, in § 11 Nr. 1 REStG 1920 neben den Leibgedingen, d.h. den - in bäuerlichen Kreisen üblichen - bei der Überlassung eines Grundstücks, insbesondere an Abkömmlinge, vereinbarten wiederkehrenden Leistungen und Nutzungen zum Zwecke des Unterhalts des Überlassenden oder anderer Personen,[37] nur die unvererblichen Renten zu erwähnen. Denn sowohl unter den Leib- als auch unter den Zeitrenten i.S.d. § 11 Nr. 1 REStG 1920 waren nur solche Renten zu verstehen, die an die Lebensdauer des Berechtigten geknüpft waren, weshalb es nicht auf die Form (Leib-, Zeit- oder andere unvererbliche Renten) der Rentenzahlung ankam.[38]

Entsprechend der Regelung in § 13 Nr. 2 REStG 1920[39] waren Renten und dauernde Lasten abzugsfähig, sofern diese auf besonderem privatrechtli-

---

(Einkommensteuergesetz 1922) § 11 Anm. 15; *Strutz, G.*, (Einkommensteuergesetz 1920) § 11 Anm. 4, 5

34 Die vererblichen Rentenbezüge wurden als Einkommen aus Kapitalvermögen (§ 8 Nr. 6 REStG 1920) erfaßt, weil, obwohl der Rentenberechtigte das Kapital selbst nicht bekommt, " ...der Kapitalwert einer solchen Rente gleich demjenigen eines Kapitals, das den entsprechenden Zinsertrag abwirft... ", sei; kritisch zu dieser Zuordnung *Glaser, F.*, (Einkommensteuergesetz 1922) § 8 Anm. 38, § 11 Anm. 12

35 Im Sinne der unbeschränkten Steuerpflicht

36 *Strutz, G.*, (Handbuch 1924) S. 171 f

37 Das Altenteil war nach *Strutz* (Handausgabe 1920 § 11 Anm. 3) enger zu fassen als das Leibgedinge und umfaßte nur die Leibgedinge, die zugunsten des Überlassenden oder dessen Ehefrau bedungen waren; vgl. kritisch zum begünstigten "Übergeberkreis" die Ausführungen auf S. 40 f

38 *Strutz, G.*, (Handbuch 1924) S. 171 f

39 Hinsichtlich der Gründe für die Abzugsfähigkeit von Aufwendungen, die keine Werbungskosten i.S.d. § 13 Nr. 1 REStG 1920 waren, geben die Gesetzesmaterialien keinen Aufschluß; vgl. die amtliche Begründung des Gesetzesentwurfs, in: Verhandlun-

chen, öffentlich-rechtlichen oder gesetzlichen Verpflichtungsgrund beruhten und nicht mit Einnahmen in wirtschaftlichem Zusammenhang standen, die bei der Veranlagung außer acht zu lassen waren. Als dauernde Lasten verstand der RFH[40] nur solche, " ...die eben dauernd auf einem Grundstück ruhen oder dauernd einer Person anhaften, wie z.B. Reallasten, Altenteile oder Leibgedinge ...".[41]

(2) Reichseinkommensteuergesetz vom 10. August 1925

Die negativen Erfahrungen[42] mit dem Einkommensbegriff des REStG 1920 bewogen den Gesetzgeber des REStG 1925,[43] das Einkommensteuerobjekt weder an der Quellentheorie[44] noch an dem Schanz'schen Einkommensbegriff auszurichten.[45] Die Frage, welcher Theorie bei der Ausgestaltung des Einkommensteuergesetzes zu folgen sei, wurde ausdrücklich offengelassen, wenngleich die Regierungsbegründung[46] ausführt, daß die " ...*Quelle* und das sich daraus ergebende Kriterium der Regelmäßigkeit (das *Fließen der Quelle*) ... zweifellos immer wichtige Merkmale des Einkommensbegriffs..." sein werden.[47] Das Einkommen wurde in erster Linie als ein wirtschaftli-

---

gen der verfassungsgebenden Deutschen Nationalversammlung, Bd. 340 Drs. Nr. 1624 S. 15 ff

40 Urteil v. 19.6.1923 - IV e A 26/23 - RStBl 1924 S. 36

41 Die Begriffe Renten und dauernde Lasten schlossen einander nicht aus; auch Renten waren Lasten und konnten in Abhängigkeit vom Zeitmoment dauernde Lasten sein. Die Qualifikation einer Leistung als Rente oder dauernde Last war allerdings gleichgültig, da die steuerliche Behandlung die gleiche war.

42 Begründung zum Entwurf eines Einkommensteuergesetzes vom 23.4.1925, in: Verhandlungen des Reichstags 1924 Bd. 400 Nr. 795 S. 19 (22): "In den bisherigen Einkommensteuergesetzen sind der Aufbau des Einkommensbegriffs und die Terminologie nicht immer scharf umrissen gewesen. Das hat zu vielen Zweifeln bei der praktischen Handhabung des Gesetzes und zu zahllosen Rechtsstreitigkeiten geführt."

43 RGBl 1925 I S. 189

44 A.A *Strutz, G.*, (Handbuch 1927) S. 324 Anm. 57 f

45 *Becker, E.*, (Handkommentar Bd. II 1. Teil 1928) S. 74 f

46 Begründung zum Entwurf eines Einkommensteuergesetzes vom 23.4.1925, in: Verhandlungen des Reichstags 1924 Bd. 400 Nr. 795 S. 19 (21) (Herv. d. Verf.)

47 Das Verständnis der Quellentheorie erstreckt sich insbesondere auf die Überschußeinkünfte; vgl. *Biergans, E., Stockinger, R.*, FR 1982 S. 1 (6); *Tipke, K.*, in: Festschrift für H. Paulick S. 391 (393 ff); *Lang, J.*, StuW 1981 S. 223 (228)

cher Begriff gesehen, weshalb das REStG 1925 in § 6 Abs. 1[48] lediglich eine (abschließende) Aufzählung derjenigen Einkommensarten[49] enthielt, die für die Besteuerung maßgebend waren.

Nach § 6 Abs. 1 REStG 1925 unterlagen der Besteuerung des Einkommens nur:

(1) Einkünfte aus dem Betrieb von Land- und Forstwirtschaft;

(2) Einkünfte aus Gewerbebetrieb;

(3) Einkünfte aus sonstiger selbständiger Berufstätigkeit;

(4) Einkünfte aus nichtselbständiger Arbeit (Arbeitslohn);

(5) Einkünfte aus Kapitalvermögen;

(6) Einkünfte aus Vermietung und Verpachtung von unbeweglichem Vermögen, Sachinbegriffen und Rechten einschließlich des Mietwerts der Wohnung im eigenen Hause;

(7) andere wiederkehrende Bezüge;

(8) sonstige Leistungsgewinne nach Maßgabe der §§ 41, 42.

Welche Einkünfte den einzelnen Einkommensarten zuzurechnen waren, bestimmte sich nach der Verkehrsauffassung,[50] soweit nicht in den §§ 26 bis 45 eine Sonderregelung getroffen war.[51]

Zu den anderen wiederkehrenden Bezügen gehörten nach § 6 Abs. 1 Nr. 7 i.V.m. § 40 REStG 1925 die bereits in § 11 Nr. 1 und 2 REStG 1920 genannten Leibrenten, Leibgedinge, Zeitrenten und andere unvererbliche Ren-

---

48 Die Einkommensarten des § 6 Abs. 1 Nr. 1 - 8 REStG 1925 regelten den Steuergegenstand bereits in demselben Umfang wie der heutige § 2 Abs. 1 EStG. Lediglich die Einkunftsarten "andere wiederkehrende Bezüge" (§ 6 Abs. 1 Nr. 7 REStG 1925) und "sonstige Leistungsgewinne" (§ 6 Abs. 1 Nr. 8 REStG 1925) wurden durch das REStG 1934 (RGBl 1934 I S. 1005) zu den "sonstigen Einkünften" zusammengefaßt; vgl. *Kirchhof* in: *Kirchhof/Söhn*, § 2 EStG Rdnr. A 434

49 Kritisch zum Begriff der *Einkommens*arten *Strutz, G.*, (Handbuch 1927) S. 324 Anm. 58

50 Mit "Verkehrsauffassung" war die Auffassung des wirtschaftlichen Verkehrs, des Wirtschaftslebens gemeint. In diesem Zusammenhang war auch § 4 RAO zu sehen, der besagte, daß bei der Auslegung der Steuergesetze " ...ihr Zweck, ihre wirtschaftliche Bedeutung und die Entwicklung der Verhältnisse zu berücksichtigen" sind.

51 § 6 Abs. 2 REStG 1925

ten sowie Zuschüsse und sonstige Vorteile, die als wiederkehrende Bezüge gewährt wurden, als auch die nach bisherigem Recht[52] zum Einkommen aus Kapitalvermögen gehörenden vererblichen Renten. Ob eine Rente vererblich oder unvererblich war, bedurfte keiner gesonderten Untersuchung, da die steuerliche Behandlung - Besteuerung des Bezugs in voller Höhe[53] - die gleiche war.

Die in § 6 Abs. 1 Nr. 7 REStG 1925 aufgezählte Einkommensart "andere wiederkehrende Bezüge" war gegenüber den anderen in § 6 Abs. 1 REStG 1925 genannten Einkommensarten subsidiärer Natur. Daraus folgerte der RFH,[54] daß sich die Steuerbarkeit der *anderen* wiederkehrenden Bezüge nicht aus dem zugrundeliegenden Rechtsverhältnis, das an eine bestimmte wirtschaftliche Betätigung des Steuersubjekts anknüpft, sondern lediglich aus der **äußeren Form** ergibt. Für die Steuerpflicht der *anderen* wiederkehrenden Bezüge kam es deshalb nicht darauf an, ob das Recht auf ihren Bezug entgeltlich oder unentgeltlich erworben wurde.[55] Der RFH[56] vertrat die Ansicht, daß bei einer formellen gesetzlichen Regelung eine auf eine wirtschaftlich vernünftige und billige Auslegung der Gesetze bedachte Rechtsprechung nicht immer möglich ist.[57] Allerdings folgte er der Kritik im

52 § 8 Nr. 6 REStG 1920

53 Zweifel hinsichtlich der Besteuerung der Renten in voller Höhe anstelle einer Aufteilung in eine steuerfreie Kapitalzahlung und einen steuerpflichtigen Zinsanteil äußerten bereits *Pißel-Koppe* (Einkommensteuergesetz 1930) S. 453 f

54 Urteil v. 7.5.1930 - VI A 827/27 - RStBl 1930 S. 578; v. 15.5.1930 - VI A 1598/29 - StuW 1930 II Nr. 974

55 RFH v. 7.12.1927 - VI A 597/27 - RStBl 1928 S. 93; v. 7.5.1930 - VI A 827/27 - RStBl 1930 S. 578; v. 15.5.1930 - VI A 650/30 - StuW 1930 II Nr. 978; *Strutz, G.*, § 40 REStG 1925 Anm. 4

56 Urteil v. 7.5.1930 - VI A 827/27 - RStBl 1930 S. 578

57 Nach *Becker* (StuW 1930 I Sp. 657 (672)) bildeten die Renten und wiederkehrenden Leistungen schon immer "... eine Art Fremdkörper im Einkommensbegriff ...." Die Besteuerung der *anderen* wiederkehrenden Bezüge erachtete er - in Anlehnung an die Besteuerung des Verbrauchs an Stelle des geringeren Einkommens (§ 49 REStG 1925) - allerdings als zutreffend, weil diese zum "... Verbrauch bestimmt ..." und "... in der Regel zum Lebensunterhalt verbraucht ..." werden. In diesem Zusammenhang ist anzumerken, daß die Besteuerung nach dem Verbrauch - wegen ihres systemwidrigen Charakters - mit erstmaliger Wirkung für den Veranlagungszeitraum 1981 aufgehoben wurde (Gesetz zur Änderung und Vereinfachung des EStG und anderer Gesetze v. 18.8.1980, BStBl 1980 I S. 581).

Schrifttum[58] insoweit, als er - entgegen seiner früheren Rechtsprechung[59] - annahm, daß entgeltlich erworbene *Zeit*renten auch bei längerer Dauer des Rentenbezugs wirtschaftlich meist Kapitalrückzahlungen darstellen.[60]

In Anlehnung an das Urteil vom 7.5.1930[61] änderte der RFH[62] auch für betriebliche *Veräußerungs*- (*Leib*)renten seine bisherige Auffassung. Gewinne aus der Veräußerung eines Gewerbebetriebs bzw. einer wesentlichen Beteiligung wurden jetzt als gewerbliches Einkommen i.S.d. § 6 Abs. 1 Nr. 2 REStG 1925 und nicht - wie bisher - als *andere* wiederkehrende Bezüge i.S.d. § 6 Abs. 1 Nr. 7 i.V.m. § 40 Nr. 2 REStG 1925 erfaßt, wenn das Entgelt ganz oder zum Teil in "laufenden Bezügen" bestand. Die einzelnen Zahlungen wurden so lange als steuerlich unbeachtliche Vermögensumschichtung behandelt, bis diese den Buchwert der Kapitalkonten erreicht hatten. Bei den darüber hinaus gehenden Beträgen handelte es sich um voll zu versteuernde nachträgliche gewerbliche Einkünfte.[63] Entsprechendes galt für die Einkünfte aus Land- und Forstwirtschaft und selbständiger Tätigkeit.[64]

Demgegenüber wurden bei Geschäftsübergaben, bei Gutsübergaben in der Landwirtschaft, bei Hausübergaben oder in anderen Fällen, bei denen Eltern ihr Vermögen[65] oder einen wesentlichen Teil davon in Vorwegnahme der späteren Erbfolge an Kinder oder sonstige Verwandte[66] gegen Übernahme

58 *Glaser, F.*, StuW 1928 Sp. 1189; *Pißel-Koppe* (Einkommensteuergesetz 1930) S. 453 f

59 RFH v. 18.1.1928 - VI A 192/27 - RStBl 1928 S. 97

60 Vgl. auch RFH v. 7.5.1930 - VI A 572/29 - StuW 1930 II Nr. 977; v. 15.5.1930 - VI A 650/30 - StuW 1930 II Nr. 978

61 VI A 827/27 - RStBl 1930 S. 578

62 Urteil v. 14.5.1930 - VI A 706/28 - RStBl 1930 S. 580; vgl. auch RFH v. 15.5.1930 - VI A 179/29 - StuW 1930 II Nr. 983

63 Die Tarifermäßigung des § 58 REStG 1925 sowie die Freibetragsregelung des § 32 REStG 1925 waren nicht anwendbar. Zur einkommensteuerlichen Behandlung einer Betriebsveräußerung gegen Leibrente nach heutiger Rechtslage vgl. *Biergans, E.*, (Renten 1993) S. 145 ff

64 RFH v. 15.5.1930 - VI A 1598/29 - StuW 1930 Nr. 974

65 Eine Differenzierung hinsichtlich der Art des übertragenen Vermögens, etwa im Sinne einer "Wirtschaftseinheit", wurde nicht vorgenommen. Zur Kritik zum Begriff der "Wirtschaftseinheit" vgl. S. 42 ff

66 RFH v. 2.12.1931 - VI A 2030/30 - StuW 1932 II Nr. 416 (Geschäftsübergabe an den "Schwiegersohn"); v. 12.9.1934 - VI A 360/34 - StuW 1934 II Nr. 744

von Versorgungslasten übertrugen, die Leistungen nach § 6 Abs. 1 Nr. 7 REStG 1925 i.V.m. § 40 Nr. 2 REStG 1925 bereits mit Beginn der Zahlung in vollem Umfang als wiederkehrende Bezüge versteuert.[67] Die in dem Übergabevertrag vereinbarten Altenteilsleistungen wurden nicht als Entgelt für die Übertragung angesehen. Die Rechtsprechung[68] wertete derartige Vorgänge nicht als geschäftliche, sondern als solche des Familien- und Erbrechts, woraus ein im spezifisch einkommensteuerrechtlichen Sinne unentgeltlicher Vorgang gefolgert wurde.

Andererseits konnten die Kinder die Altenteilsleistungen, sofern diese auf einem besonderen privatrechtlichen Verpflichtungsgrund beruhten (Übergabevertrag) und es sich nicht um den Versuch einer Umgehung der Vorschrift des § 15 Abs. 1 Nr. 3 S. 2 REStG 1925 handelte,[69] nach § 15 Abs. 1 Nr. 3 REStG 1925 vom Gesamteinkommen in voller Höhe als dauernde Last in Abzug bringen.[70] Nach Ansicht des RFH[71] stand hier regelmäßig

67 RFH v. 1.2.1933 - VI A 2056/32 - RStBl 1933 S. 583; v. 12.7.1933 - VI A 1918/32 - StuW 1933 II Nr. 642; v. 18.10.1933 - VI A 203/33 - RStBl 1933 S. 1287; v. 22.11.1933 - VI A 856/33 - RStBl 1934 S. 338

68 RFH v. 8.10.1931 - VI A 770/31 - RStBl 1931 S. 946; v. 2.12.1931 - VI A 2030/30 - StuW 1932 II Nr. 416; v. 26.10.1932 - VI A 2195/31 - StuW 1933 II Nr. 21; v. 1.2.1933 - VI A 2056/32 - RStBl 1933 S. 583; v. 8.11.1933 - VI A 1488/31 - RStBl 1934 S. 295; v. 8.8.1934 - VI A 2012/32 - StuW 1934 II Nr. 654

69 § 15 Abs. 1 Nr. 3 S. 2 REStG 1925 regelte, daß Aufwendungen zur Erfüllung einer gesetzlichen Unterhaltspflicht auch dann nicht abzugsfähig sind, wenn sie auf Grund einer besonderen privatrechtlichen Verpflichtung erfolgen; insofern als der RFH (Urteil v. 1.2.1933 - VI A 2056/32 - RStBl 1933 S. 583) ausführt, daß nach den "Wertverhältnissen" die Annahme eines Versuchs der Umgehung des § 15 Abs. 1 Nr. 3 S. 2 REStG ausscheidet, weil "... hier von der Rentenempfängerin mindestens so viel übergeben ist, daß die Gewährung des Unterhalts als Gegenleistung keine mißbräuchliche Umgehung der Vorschrift des § 15 Abs. 1 Nr. 3 S. 2 REStG bezwecken kann", ist *m.E.* bereits ein Ansatzpunkt für die später vom BFH (Urteil v. 23.1.1964 - IV 8/62 U - BStBl 1964 III S. 422) entwickelte 50% - Regel zu sehen; vgl. hierzu die Ausführungen auf S. 58 ff

70 RFH v. 26.10.1932 - VI A 2195/31 - StuW 1933 II Nr. 21; v. 1.2.1933 - VI A 2056/32 - RStBl 1933 S. 583; v. 12.7.1933 - VI A 1918/32 - StuW 1933 II Nr. 642; v. 18.10.1933 - VI A 203/33 - RStBl 1933 S. 1287; v. 22.11.1933 - VI A 856/33 - RStBl 1934 S. 338; a.A. RFH v. 12.9.1934 (VI A 360/34 - StuW 1934 II Nr. 744), der Altenteilslasten, soweit sie auf die Landwirtschaft entfielen, als in wirtschaftlichem Zusammenhang mit den Einkünften aus der Landwirtschaft stehend, bei Feststellung der landwirtschaftlichen Reineinkünfte berücksichtigte (aufgegeben durch BFH v. 16.9.1965 - IV 67/61 S - BStBl 1965 III S. 706)

nicht der Gesichtspunkt der Unterhaltsgewährung im Vordergrund, sondern - im Gegensatz zum Übertragungsvorgang[72] - der der Leistung gegen Gegenleistung.[73]

III. Einkommensteuergesetz vom 16. Oktober 1934

Das Einkommensteuergesetz vom 16.10.1934[74] schloß sich ebenso wie das REStG 1925[75] keiner der zahlreichen Lehrmeinungen über den privatwirtschaftlichen Einkommensbegriff an. Die amtliche Begründung des EStG 1934,[76] welches den Einkünftekatalog des geltenden Rechts begründete,[77] umgrenzte den Begriff des Einkommens " ... in einer für die Zwecke der Besteuerung möglichst geeigneten Weise ..., und zwar im Anschluß an das bisherige Gesetz und seine Auslegung durch Verwaltung und Rechtsprechung."[78] Damit war der Grundstein[79] für die dem heutigen Erkenntnisstand entsprechende - *alle* einkommensteuerbaren Einkünfte charakterisierende[80] - **Markteinkommenstheorie**[81] gelegt, da der RFH bereits im Urteil vom

---

71 Urteile v. 26.10.1932 - VI A 2195/31 - StuW 1933 II Nr. 21; v. 1.2.1933 - VI A 2056/32 - RStBl 1933 S. 583; v. 12.7.1933 - VI A 1918/32 - StuW 1933 II Nr. 642; v. 18.10.1933 - VI A 203/33 - RStBl 1933 S. 1287; v. 22.11.1933 - VI A 856/33 - RStBl 1934 S. 338

72 Vgl. S. 71; zum "Paradoxon eines unentgeltlichen Vorgangs mit Gegenleistung" (*Fischer* in: *Kirchhof/Söhn*, EStG, § 22 Rdnr. B 377)

73 Im Urteil v. 1.2.1933 (VI A 2056/32 - RStBl 1933 S. 583) führte der RFH im Anschluß an diese Aussage aus, daß diese Fälle wirtschaftlich i.d.R. auch so gesehen werden können, " ...als ob die Eltern sich von ihrem Vermögen an Ertragswert das zurückbehielten, was für sie zur Lebenshaltung nötig ist." Aus dieser Feststellung auf eine dogmatische Rechtsfigur der "vorbehaltenen Vermögenserträge" zu schließen, erscheint äußerst zweifelhaft; vgl. hierzu auch die Ausführungen auf S. 69 ff

74 RStBl 1934 S. 1261

75 RGBl 1925 S. 189

76 Begründung zum Einkommensteuergesetz 1934, RStBl 1935 S. 33 (34)

77 § 2 EStG 1934 traf bereits fast alle grundlegenden Aussagen des heutigen § 2 EStG; vgl. *Kirchhof* in: *Kirchhof/Söhn*, § 2 EStG Rdnr. A 443

78 Begründung zum Einkommensteuergesetz 1934, RStBl 1935 S. 33 (34)

79 *Lang, J.*, (Reformentwurf 1985) S. 29 ff; *ders.*, StuW 1981 S. 223 (229 ff)

80 *Lang, J.*, (Reformentwurf 1985) S. 31 f

81 Im Ansatz war dies bereits von dem Nationalökonomen *Wilhelm Roscher* festgestellt worden, der ausführte, daß der Einkommensbegriff " ...nur solche Einnahmen, die aus einer wirthschaftlichen ... Thätigkeit herrühren ..." umfasse (*Roscher, W.*, (System 1864 S. 292)); zum geltenden Recht vgl. insbesondere *Biergans, E.*, (Einkommensteuer 1992) S. 1054 ff; *Biergans, E., Stockinger, R.*, FR 1982 S. 1 (4 ff); *Lang, J.*, (Re-

14.3.1929[82] festgestellt hatte, daß die Einkunftsarten des Einkommensteuergesetzes " ... eine bestimmte Tätigkeit, eine Beteiligung am Wirtschaftsleben voraussetzen ...."[83]

Nach § 2 Abs. 3 EStG 1934 unterlagen der Einkommensteuer nur:

(1) Einkünfte aus Land- und Forstwirtschaft;

(2) Einkünfte aus Gewerbebetrieb;

(3) Einkünfte aus selbständiger Arbeit;

(4) Einkünfte aus nichtselbständiger Arbeit;

(5) Einkünfte aus Kapitalvermögen;

(6) Einkünfte aus Vermietung und Verpachtung;

(7) Sonstige Einkünfte im Sinne des § 22.

Zu welcher Einkunftsart[84] die Einkünfte im Einzelfall gehörten, bestimmte sich nach den §§ 13 bis 24 EStG, in Zweifelsfällen nach der Verkehrsauffassung.

Der Begriff der "sonstigen Einkünfte"[85] umfaßte die bisherigen Einkunftsarten "andere wiederkehrende Bezüge" und "sonstige Leistungsgewinne" in einer einzigen Einkunftsart, ohne sachlich an dem Begriff der "wiederkehrenden Bezüge" als der ersten Gruppe der sonstigen Einkünfte etwas zu ändern.[86]

---

formentwurf 1985) S. 29 ff; *Wittmann, R.*, StuW 1993 S. 35 sowie die Ausführungen auf S. 131 ff

82 VI A 1473/28 - RStBl 1929 S. 329

83 Das Urteil vom 7.5.1930 (VI A 827/27 - RStBl 1930 S. 578) widerspricht dieser Erkenntnis, wenn es ausführt, daß sich die Steuerbarkeit der anderen wiederkehrenden Bezüge nur aus der äußeren Form ergibt und nicht aus den zugrundeliegenden Rechtsverhältnissen, die "... an eine bestimmte wirtschaftliche Betätigung des Steuersubjekts anknüpfen."

84 An die Stelle der "Einkommensarten" des REStG 1925 trat der Begriff der "Einkunftsarten", da die Bezeichnung "Einkommensarten" wegen der unzutreffenden Verwendung des Wortes Einkommen irreführend war; vgl. Begründung zum Einkommensteuergesetz 1934, RStBl 1935 S. 33 (34 f); kritisch zum Begriff der "Einkommensarten" des REStG 1925 vgl. *Strutz, G.*, (Handbuch 1927) S. 324 Anm. 58

85 §§ 40 - 42 REStG 1925

86 Nur bei der dritten Untergruppe "Zuschüsse und Vorteile" ist der Hinweis auf die Steuerpflicht auch derjenigen Bezüge, auf die ein klagbarer Anspruch nicht besteht,

In Fortführung der bisherigen Rechtsprechung unterschied der RFH zwischen Renten, die den Kaufpreis (oder einen Teil des Kaufpreises) für den Erwerb eines Betriebs darstellten und Renten, bei deren Gewährung der Versorgungsgedanke im Vordergrund stand.

Die Übertragung einer Apotheke vom Vater auf den Sohn gegen die Verpflichtung, dem Übergeber und dessen Ehegatten eine Versorgungsrente in Höhe von 7 v.H. des Jahresumsatzes zu zahlen, wertete der RFH[87] - in Fortführung der bisherigen Rechtsprechung[88] - als typischen Übernahmevertrag, durch den zu Lebzeiten des Erblassers der Erbschaftsübergang verwirklicht wird. Die für die Überlassung der Apotheke gewährte Versorgungsrente stellte kein Entgelt für die Betriebsübertragung dar, da der besondere Verpflichtungsgrund zur Zahlung der Rente nicht in der Betriebsübertragung als Veräußerung, sondern in dem *" ...Zusammenhang der Rente mit der verfrühten Erbfolge"* gesehen wurde.[89] Der Übergeber hatte daher die wiederkehrenden Bezüge nicht als (nachträgliche) betriebliche Einkünfte, sondern als sonstige Einkünfte im Sinne des § 2 Abs. 3 Nr. 7 EStG i.V.m. § 22 Nr. 1 b EStG zu versteuern. Korrespondierend hierzu konnte der Sohn die Rentenzahlungen nach § 10 Abs. 1 Nr. 2 EStG als Sonderausgaben[90] vom Gesamtbetrag seiner Einkünfte in Abzug bringen. Die Vorschrift des § 12 Nr. 2 EStG, wonach Zuwendungen an gesetzlich unterhaltsberechtigte Personen auch dann nicht abzugsfähig waren, wenn diese auf einer besonderen Vereinbarung beruhten, kam nicht zur Anwendung. Dies galt selbst dann, sofern die Eltern zur Bestreitung ihres Lebensunterhalts auf die Rente angewiesen gewesen wären, da die Rente " ...nicht auf Grund der gesetzli-

als selbstverständlich entfallen. Der Begriff der "sonstigen Leistungsgewinne" wurde, der Einteilung des bisherigen § 41 REStG 1925 folgend, aufgeteilt in "Einkünfte aus Spekulationsgeschäften" und "Einkünfte aus Leistungen"; siehe Begründung zum Einkommensteuergesetz 1934, RStBl 1935 S. 33 (44)

87 Urteil v. 10.6.1936 - VI A 389/36 - StuW 1936 II Nr. 325

88 RFH v. 8.10.1931 - VI A 770/31 - RStBl 1931 S. 946; v. 2.12.1931 - VI A 2030/30 - StuW 1932 II Nr. 416; v. 26.10.1932 - VI A 2195/31 - StuW 1933 II Nr. 21; v. 1.2. 1933 - VI A 2056/32 - RStBl 1933 S. 583; v. 8.11.1933 - VI A 1488/31 - RStBl 1934 S. 295; v. 8.8.1934 - VI A 2012/32 - StuW 1934 II Nr. 654

89 *Becker, E.*, StuW 1936 I Sp. 953 (954) (Herv. im Original)

90 Das EStG 1934 hatte in § 10 einen Teil der in § 17 REStG 1925 aufgezählten Sonderleistungen sowie die in § 15 Abs. 1 Nr. 3 REStG 1925 aufgeführten Schuldzinsen, Renten und dauernden Lasten unter der Bezeichnung "Sonderausgaben" zusammengefaßt; vgl. hierzu im einzelnen: *Söhn* in: *Kirchhof/Söhn*, § 10 EStG Rdnr. A 89

chen Unterhaltspflicht, sondern *auf Grund des Vertrags über die Überlassung der Apotheke* gewährt"[91] wurde.

IV. Neuregelung der Rentenbesteuerung durch das Steuerneuordnungsgesetz vom 16. Dezember 1954

(1) Weiterentwicklung der Rechtsprechung des RFH durch den BFH

Die Rechtsprechung des RFH[92] ging bei der Beurteilung der Steuerpflicht wiederkehrender Zahlungen grundsätzlich davon aus, daß die steuerliche Erfassung der Renten sich nicht aus den zugrunde liegenden Rechtsverhältnissen - die an eine bestimmte wirtschaftliche Betätigung des Steuerpflichtigen anknüpfen - sondern aus der äußeren Form, d.h. aus der Tatsache, daß jemand mit einer gewissen Regelmäßigkeit oder auf eine gewisse Dauer mit dem *Zufließen* von Einnahmen rechnen konnte, die ihrem Wesen nach zum laufenden Verbrauch bestimmt sind, ergibt. Diese formaljuristische Betrachtungsweise hatte zur Folge, daß als Einkünfte Beträge versteuert wurden, die wirtschaftlich betrachtet lediglich Vermögensumschichtungen darstellten. In besonderem Ausmaß trat dieses - dem wirtschaftlichen Einkommensbegriff widersprechende - Ergebnis bei den Veräußerungsrenten zutage, was den RFH[93] dazu veranlaßte, den Begriff der Rente i.S.d. § 22 Nr. 1 EStG[94] einzuschränken.

Entgegen seiner früheren Rechtsprechung traf er deshalb für *betriebliche Veräußerungsrenten im besonderen* und für *Zeitrenten im allgemeinen* eine Entscheidung, für die weniger formalrechtliche als wirtschaftliche Erwägungen maßgebend waren.[95] Dies hatte zur Folge, daß für betriebliche Veräußerungsrenten dem Rechtsverhältnis, aus dem das Rentenrecht hervorgegangen war, entscheidende Bedeutung zukam.[96] Bei den Rentenbezügen

91 *Becker, E.*, StuW 1936 I Sp. 953 (954) (Herv. im Original)
92 Vgl. S. 142 ff
93 Vgl. S. 146 f
94 § 40 Nr. 1 und Nr. 2 REStG 1925
95 Vgl. den Überblick im Urteil v. 18.9.1952 - IV 70/49 U - BStBl 1952 III S. 290
96 Mit Wirkung ab dem 1. Januar 1925; vgl. erstmals RFH v. 14.5.1930 - VI A 706/28 - RStBl 1930 S. 580 und die Ausführungen auf S. 147

handelte es sich daher nicht mehr um voll zu versteuernde sonstige Einkünfte i.S.d. § 22 EStG,[97] sondern um (nachträgliche) betriebliche Einkünfte, die solange als steuerlich unbeachtliche Vermögensumschichtung behandelt wurden, bis sie den Buchwert der Kapitalkonten erreicht hatten.[98] Demgegenüber wurde die steuerliche Behandlung der entgeltlich erworbenen Zeitrenten insofern abgeändert,[99] als diese - auch bei längerer Dauer des Rentenbezugs - wirtschaftlich meist als Kapitalrückzahlungen behandelt wurden, so daß lediglich der in den Bezügen enthaltene Zinsanteil unter den Einkünften aus Kapitalvermögen[100] zu versteuern war.[101]

Im Ergebnis führte die Rechtsprechung des RFH dazu, daß private Veräußerungs- (*Leib*)renten als sonstige Einkünfte i.S.d. § 22 Nr. 1 EStG[102] in voller Höhe steuerpflichtig waren, während private Veräußerungs- (*Zeit*)renten in einen steuerfreien Tilgungs- und einen steuerpflichtigen Zinsanteil aufgeteilt wurden. Dies wurde in der Literatur zu Recht als systemwidrig kritisiert und führte zu den unterschiedlichsten Vorschlägen im Hinblick auf eine wirtschaftlich sinnvolle Behandlung der Leibrente.[103]

Der Bundesfinanzhof trug diesen Bedenken in dem grundlegenden Urteil vom 18.9.1952[104] Rechnung. Er hielt es nicht mehr für vertretbar, " ... die Grundsätze des § 2 Abs. 4 Ziff. 2 EStG, *die das Einkommensteuerrecht beherrschen*, bei Auslegungen des § 22 Ziff. 1 EStG in dem Ausmaße, wie es bisher geschehen sei, zurückzustellen." Ausgehend von der Überlegung, daß

---

97 § 40 Nr. 2 REStG 1925 ("andere wiederkehrende Bezüge")

98 Vgl. die Ausführungen auf S. 147

99 Erstmals mit Urteil v. 7.5.1930 - VI A 827/27 - RStBl 1930 S. 578; vgl. die Ausführungen auf S. 146 f

100 § 20 EStG; § 37 Abs. 1 REStG 1925

101 Vgl. die Ausführungen auf S. 146 f

102 § 40 REStG 1925 ("andere wiederkehrende Bezüge")

103 *Friedrich, W.*, DStZ/A 1947 S. 163) trat "de lege lata" für die Abschreibung eines sich im Laufe der Rentenzahlung verzehrenden "Rentenstammrechts" nach § 7 EStG 1939 ein; gl.A. *Clarenz, K. H.*, (Behandlung 1954) S. 52; *Laux, S.*, (Renten 1958) S. 36 ff; *Theis, J.*, DB 1953 S. 89 (91); andere wiederum leugneten die Existenz eines "geheimnisvollen Stammrechts" (*Röncke, F.*, BB 1950 S. 586 (587)) und traten "de lege ferenda" für eine den wirtschaftlichen Gegebenheiten entsprechende Aufteilung der Rente in steuerfreien Tilgungs- und steuerpflichtigen Zinsanteil ein; *Riepl, F.*, WPg 1950 S. 172 ff, 317 ff; *Röncke, F.*, BB 1950 S. 586 ff

104 IV 70/49 U - BStBl 1952 III S. 290 (Herv. d. Verf.); vgl. auch bereits die Entscheidung des FG Düsseldorf v. 16.7.1952 - II 62/52 E - DB 1952 S. 615

Einkünfte des Rentenberechtigten wirtschaftlich betrachtet nur insoweit vorliegen, als den Einnahmen nicht eigene Aufwendungen gegenüberstehen, verallgemeinerte der BFH die vom RFH für betriebliche Veräußerungsrenten aufgestellten Grundsätze für *alle Veräußerungs*renten und die durch *Einmal*prämien erworbenen *Versicherungs*renten. Die Rentenbezüge waren demnach solange in voller Höhe steuerfrei, bis sie die Höhe der Gegenleistung[105] erreicht hatten. Dann wurden sie voll als sonstige Einkünfte[106] bzw. als nachträgliche betriebliche Einkünfte[107] versteuert. Korrespondierend hierzu konnte der Rentenverpflichtete seine Zahlungen solange nicht steuermindernd geltend machen, bis diese den Wert der Gegenleistung erreicht hatten.[108]

Die neue Rechtsprechung des BFH[109] brachte allerdings keine abschließende und einheitliche Lösung. Trotz der Erkenntnis, daß auch für die Einkünfte des § 22 EStG der allgemeine, das gesamte Einkommensteuerrecht beherrschende Begriff der Einkünfte gilt,[110] hielt der BFH bei Versicherungsrenten aufgrund laufender Beiträge[111] und bei unentgeltlich erworbenen Renten[112] ausdrücklich an der Rechtsprechung des RFH[113] fest, d.h. sie mußten weiterhin von Beginn der Zahlung an in voller Höhe versteuert werden. Allerdings war sich der BFH[114] bewußt, daß " ... im Hinblick auf die

---

105 Zu den Schwierigkeiten, die Höhe der Gegenleistung festzustellen vgl. *Korn, R.*, DNotZ 1953 S. 588 (594)

106 Private Veräußerungsrenten

107 Betriebliche Veräußerungsrenten

108 Der BFH (Urteil v. 18.9.1952 - IV 70/49 U - BStBl 1952 III S. 290) verwies dabei auf das Urteil des RFH v. 18.1.1928 (VI A 192/27 - RStBl 1928 S. 97), das ausschloß, daß die Frage, ob eine Rente vorliege, für beide Parteien unterschiedlich beantwortet werden könne.

109 Bestätigt durch Urteil v. 5.2.1953 - IV 41/49 U - BStBl 1953 III S. 105; v. 9.7.1953 - IV 289/52 U - BStBl 1953 III S. 236

110 BFH v. 18.9.1952 - IV 70/49 U - BStBl 1952 III S. 290; v. 5.2.1953 - IV 41/49 U - BStBl 1953 III S. 105; zustimmend: *Theis, J.*, DB 1953 S. 89

111 Urteil v. 11.2.1954 - IV 331/53 U - BStBl 1954 III S. 139

112 BFH v. 10.4.1953 - IV 384/52 U - BStBl 1953 III S. 157; vgl. auch die Ausführungen im Urteil v. 5.2.1953 (IV 41/49 U - BStBl 1953 III S. 105), in denen der BFH die Rechtsprechung des RFH zur steuerlichen Behandlung der unentgeltlich erworbenen Renten als " ...sozial und wirtschaftlich ..." richtig bezeichnete. Von einer systematisch richtigen Lösung i.S.d. EStG sprach der BFH allerdings nicht.

113 Vgl. S. 147 ff

114 Urteil v. 18.9.1952 - IV 70/49 U - BStBl 1952 III S. 290

Regelung der Renten im Einkommensteuerrecht Einwendungen und Bedenken erhoben werden können." Er hielt deshalb eine gesetzliche Neuregelung der Rentenbesteuerung für wünschenswert.[115]

(2) Reform der Rentenbesteuerung von 1954

(a) Reformbestrebungen

In Übereinstimmung mit der bisherigen gesetzlichen Regelung[116] erfaßte der Entwurf eines Gesetzes zur Neuordnung von Steuern[117] nur "Einkünfte aus wiederkehrenden Bezügen, soweit sie nicht zu den in § 2 Abs. 3 Nr. 1 - 6 bezeichneten Einkunftsarten gehören." Eine Sonderregelung erfuhr allerdings das Recht der nun unter dem Sammelbegriff[118] "wiederkehrende Bezüge" besonders behandelten privaten Leibrente. Da die bisherige Rechtsprechung - durch Anknüpfung der Besteuerung an die äußere Form der Rentenzahlung - weder "... die allmähliche Erschöpfung des Rentenstammrechts ..."[119] noch die in den Rentenbezügen enthaltenen Kapitalrückzahlungen berücksichtigte, wollte der Gesetzesentwurf "... die Besteuerung der privaten Leibrenten auf eine andere gesetzliche Grundlage ... stellen."[120] Art. 1 Nr. 18 des Entwurfs sah deshalb vor, private Leibrenten nur insoweit zu besteuern, als sie Einkünfte aus Erträgen des Stammrechts enthalten.[121]

Im Mittelpunkt der Überlegungen stand die zivilrechtliche Lehre vom Rentenstammrecht.[122] Der Entwurf ging davon aus, daß private Veräußerungsrenten nicht unmittelbar gegen Hingabe eines Vermögenswerts erworben,

---

115 Zur Kritik in der Literatur vgl. beispielsweise *Welter, R.*, (Wiederkehrende Leistungen 1984) S. 82 m.w.N.

116 § 22 Nr. 1 EStG 1934

117 BT-Drs. II/481 S. 6

118 Den seit dem REStG 1920 verwendeten Beispiel-Katalog ("Vererbliche Renten, Leibrenten, Leibgedinge, Zeitrenten und andere unvererbliche Renten") hielt man für entbehrlich; vgl. BT-Drs. II/481 S. 85; vgl. auch S. 8

119 BT-Drs. II/481 S. 85

120 BT-Drs. II/481 S. 86

121 BT-Drs. II/481 S. 86; entgegen dem Urteil vom 18.9.1952 (IV 70/49 U - BStBl 1952 III S. 290) war eine Steuerpflicht somit nicht erst nach der Verrechnung von Leistung und Gegenleistung in Höhe der darüberhinausgehenden Beträge gegeben, sondern von Beginn der Leistungen an in Höhe des Ertragsanteils.

122 Vgl. hierzu ausführlich *Welter, R.*, (Wiederkehrende Leistungen 1984) S. 95 f

sondern dieser vielmehr gegen Erwerb eines Rentenstammrechts übertragen werde. Der Berechtigte erhalte die einzelnen Bezüge auf Grund des ihm zustehenden Stammrechts, wobei dessen Erwerb einen steuerlich irrelevanten Vorgang in der Vermögenssphäre darstelle. Im Gegensatz zum Urteil vom 18.9.1952,[123] dem der Gedanke zugrunde lag "... untragbare Unbilligkeiten bei der Besteuerung von *Veräußerungs*renten ..."[124] zu vermeiden, sollten nach dem Gesetzesentwurf entgeltliche und unentgeltliche Leibrenten gleich behandelt werden.[125] Als Begründung für die Einbeziehung der unentgeltlich erworbenen Leibrente wurde lediglich ausgeführt, daß dies "... zwar nicht wirtschaftlich, aber aus *systematischen* Gründen geboten"[126] sei.

Gleichwohl war aus dem Entwurf nicht unmittelbar ersichtlich, welche der in der bisherigen Gesetzesfassung genannten Rentenformen den Leibrenten und welche den sonstigen wiederkehrenden Bezügen zuzurechnen seien, was insbesondere für das *Leibgedinge* galt.[127] Offenbar ging man einerseits davon aus, daß die Leibgedinge unter den Begriff der sonstigen wiederkehrenden Bezüge fallen.[128] Andererseits sollte jedoch derjenige, auf den ein gewerbliches Betriebsvermögen gegen Übernahme einer Rentenverpflichtung unentgeltlich übertragen wird, die Rentenzahlungen - entgegen der bisherigen Rechtslage[129] - nur in Höhe des Ertragsanteils als Sonderausgaben absetzen können.[130] Dasselbe sollte für die steuerrechtliche Behandlung der im Zusammenhang mit der unentgeltlichen Übertragung eines landwirtschaftlichen Betriebs vereinbarten Altenteilslasten gelten, die seit dem Urteil des RFH vom 12.9.1934[131] in vollem Umfang als Betriebsausgabe behandelt worden waren.

---

123 IV 70/49 U - BStBl 1952 III S. 290

124 *Welter, R.*, (Wiederkehrende Leistungen 1984) S. 84 (Herv. d. Verf.)

125 BT-Drs. II/481 S. 87 f

126 BT-Drs. II/481 S. 87 (Herv. d. Verf.)

127 Auf eine Sonderregelung im Hinblick auf die entgeltlich erworbenen Zeitrenten glaubte man verzichten zu können, "... da die Rechtsprechung die Abgrenzung der Zeitrenten gegenüber den Kaufpreisraten zugunsten der letzteren ausgeweitet hat." (BT-Drs. II/481 S. 88)

128 BT-Drs. II/481 S. 85

129 Vgl. S. 138 ff

130 BT-Drs. II/481 S. 88

131 VI A 360/34 - StuW 1934 II Nr. 744

(b) Gesetzliche Neuregelung der Rentenbesteuerung

Als sonstige Einkünfte erfaßte § 22 EStG[132]

1. Einkünfte aus wiederkehrenden Bezügen, soweit sie nicht zu den in § 2 Abs. 1 Nr. 1 - 6 bezeichneten Einkunftsarten gehören. Werden die Bezüge freiwillig oder einer gesetzlich unterhaltsberechtigten Person gewährt, so sind sie nicht dem Empfänger zuzurechnen, wenn der Geber unbeschränkt einkommensteuerpflichtig ist. Zu den in Satz 1 bezeichneten Einkünften gehören auch

   a) Leibrenten insoweit, als in den einzelnen Bezügen Einkünfte aus Erträgen des Rentenrechts enthalten sind. Als Ertrag des Rentenrechts gilt für die gesamte Dauer des Rentenbezugs der Unterschied zwischen dem Jahresbetrag der Rente und dem Betrag, der sich bei gleichmäßiger Verteilung des Kapitalwerts der Rente auf ihre voraussichtliche Laufzeit ergibt; dabei ist der Kapitalwert nach dieser Laufzeit zu berechnen. Der Ertrag des Rentenrechts ist aus der nachfolgenden Tabelle zu entnehmen:

   ...

   b) Einkünfte aus Zuschüssen und sonstigen Vorteilen, die als wiederkehrende Bezüge gewährt werden;

Korrespondierend hierzu konnte der Verpflichtete die auf besonderen Verpflichtungsgründen beruhenden Renten und dauernden Lasten als Werbungskosten bzw. als Sonderausgaben geltend machen. Bei Leibrenten konnte - analog zur Besteuerung beim Berechtigten - nur der in § 22 Nr. 1 a EStG genannte Ertragsanteil abgezogen werden.

(c) Reaktionen auf die Rentenreform von 1954

Nach Inkrafttreten des Einkommensteuergesetzes 1955 entstand eine heftige Diskussion darüber, ob unter den Begriff der "Leibrente" i.S.d. § 22 Nr. 1 a EStG auch private Versorgungsrenten und Altenteilsleistungen zu subsumieren sind, die nach bisheriger Rechtsprechung in voller Höhe zu erfassen waren.[133] Auch der BFH[134] ließ in seiner ersten Entscheidung zur Besteuerung unentgeltlich eingeräumter Leibrenten "... eine gewisse Befremdung

---

132 BGBl 1954 I S. 373

133 Vgl. ausführlich die Darstellung bei *Fischer* in: *Kirchhof/Söhn*, § 22 EStG Rdnr. B 206 ff und *Welter, R.*, (Wiederkehrende Leistungen 1984) S. 93 ff

134 Urteil v. 7.8.1959 - VI 284/58 U - BStBl 1959 III S. 463

erkennen ...."[135], hatte er doch in der gesetzlichen Zusammenfassung von entgeltlich und unentgeltlich erworbenen Renten den Hauptgrund für die Schwierigkeiten gesehen, die das Gesetz in der Fassung vor 1955 der Rechtsprechung stellte.[136] Auf Grund der eindeutigen gesetzlichen Regelung sah sich der BFH allerdings gehindert, "... das Gesetz dahingehend auszulegen, daß unentgeltlich eingeräumte Rentenrechte nicht unter § 22 Ziff. 1 a und § 10 Abs. 1 Ziff. 1 EStG fallen; denn hier handelt es sich um Fragen der Steuerpolitik und der Zweckmäßigkeit der gesetzlichen Regelung." Es sei deshalb nicht möglich, "... entgegen dem Wortlaut des Gesetzes, ... in dem der wirkliche Wille des Gesetzgebers sich widerspiegelt, zwischen entgeltlich und unentgeltlich erworbenen Leibrenten zu unterscheiden."[137]

In der Folgezeit waren daher auch *Leib*renten, die im Zusammenhang mit der unentgeltlichen Übertragung von Vermögen zugunsten des Übertragenden eingeräumt wurden, lediglich mit ihrem Ertragsanteil zu versteuern. Der Übernehmer konnte nur in Höhe des Ertragsanteils Sonderausgaben geltend machen. Als Rechtfertigung für die Gleichbehandlung entgeltlich und unentgeltlich eingeräumter Leibrenten diente das sog. "Rentenstammrecht",[138] das unabhängig vom Erwerbstatbestand als Einkunfts*quelle* Erträge abwerfen sollte.[139] In Anlehnung an den Begriff der Leibrente, der nach damaligem Verständnis der Einheit der Rechtsordnung im Sinne des bürgerlichen Rechts zu bestimmen war,[140] entwickelte der BFH - insbesondere für die Versorgungsrente - eine Besteuerung nach der äußeren Form der Wiederkehr, die selbst der älteren Rentenrechtsprechung des RFH widersprach. Sofern im Rahmen einer Vermögensübergabe Leistungen in Geld oder vertretbaren Sachen i.S.d. § 91 BGB vereinbart wurden, lag - vorbehaltlich der Tatsache, daß die am Vertrag beteiligten Personen nicht ausdrücklich die Anpassung an veränderte wirtschaftliche Verhältnisse vorgesehen hatten - stets eine Leibrente vor. Eine in voller Höhe zu berücksichtigende dauernde

135 *Welter, R.*, (Wiederkehrende Leistungen 1984) S. 92

136 BFH v. 5.2.1953 - IV 41/49 U - BStBl 1953 III S. 105 (106); *Welter, R.*, (Wiederkehrende Leistungen 1984) S. 92

137 Vgl. hierzu auch BFH v. 16.9.1965 - IV 67/61 S - BStBl 1965 III S. 706; v. 1.8. 1975 - VI R 168/73 - BStBl 1975 II S. 882

138 *Fischer* (Wiederkehrende Bezüge 1994 Rdnr. 109) spricht in diesem Zusammenhang von einer "dogmatischen Klammer."

139 *Welter, R.*, (Wiederkehrende Leistungen 1984) S. 95 f

140 BFH v. 29.3.1962 - VI 105/61 U - BStBl 1962 III S. 304 (305)

Last war nur dann anzunehmen, wenn die Vertragsparteien Leistungen in nicht vertretbaren Sachen i.S.d. § 91 BGB vereinbart oder mittels § 323 ZPO die Abänderbarkeit der Leistungen in Geld oder vertretbaren Sachen vorbehalten hatten.[141]

Eine andere steuerliche Beurteilung ergibt sich auch nicht aus dem Urteil des IV. Senats des BFH vom 16.9.1965,[142] das nach Ansicht von *Fischer*[143] anerkannte, "... daß der Gesetzgeber die Vermögensübergabe gegen Versorgungsleistungen dem Rechtsinstitut der *dauernden Last* zuweisen wollte." Richtig ist vielmehr, daß der IV. Senat bei Vermögensübertragungen gegen dauernde Lasten das Prinzip der Wertverrechnung[144] auf "kauf- und darlehensähnliche Vorgänge" beschränkte,[145] während er unter Hinweis auf die Entstehungsgeschichte des Steuerneuordnungsgesetzes den Gedanken der Wertverrechnung - trotz entgegenstehender gewichtiger Gründe[146] - nicht auf die anläßlich von Vermögensübergaben im Wege der vorweggenommenen Erbfolge vereinbarten dauernden Lasten ausdehnte.[147] Allerdings entnahm der IV. Senat[148] der Entstehungsgeschichte auch, daß die Altenteils- und die ihnen wirtschaftlich gleichstehenden Versorgungsleistungen nur teilweise als Sonderausgaben abzugsfähig sein sollten, wenn eine *Leibrente* vereinbart war.

---

141 Somit wurden in den Fällen, in denen nicht ausdrücklich die Anpassung an veränderte wirtschaftliche Verhältnisse vorgesehen war, die Einräumung von Barleistungen und die Gewährung von Naturalien jeweils gesondert steuerlich gewürdigt. Eine einheitliche Beurteilung als dauernde Last war ausnahmsweise nur dann geboten, wenn die monatlichen Zahlungen nur ein geringfügiges Taschengeld darstellten; vgl. BFH v. 30.10.1984 - IX R 2/84 - BStBl 1985 II S. 610 (611 f)

142 IV 67/61 S - BStBl 1965 III S. 706

143 (Wiederkehrende Bezüge 1994) Rdnr. 110, 125 (Herv. d. Verf.)

144 Vgl. S. 108 ff

145 Die Folgerechtsprechung dehnte den Wertverrechnungsgedanken auf alle abänderbaren Gegenleistungsrenten aus; vgl. die Ausführungen auf S. 108 ff

146 In den Urteilen v. 21.2.1964 (IV 295/59 - HFR 1964 S. 335) und v. 27.5.1964 (I 379/61 U - BStBl 1964 III S. 475 (477)) hatte der BFH die Grundsätze der Wertverrechnung auch im Falle einer als dauernden Last zu zahlenden privaten Versorgungsrente angewandt.

147 Insofern, als der IV. Senat diese Vermögensübergaben als "... im Wege der wechselseitigen Schenkung oder der Schenkung unter Auflage" charakterisiert, ist diese für die steuerrechtliche Beurteilung des Vermögensübergabevertrags unerheblich; BFH v. 5.7.1990 - GrS 4-6/89 - BStBl 1990 II S. 847

B. Stellungnahme

Die Rechtsprechung des RFH und BFH sowie die Rentenreform von 1954 sind grundsätzlich von einer stetigen Entwicklung der "Rentenbesteuerung" geprägt. Es wurde versucht, das - in der rechtsdogmatischen Entwicklung befindliche - Kriterium der "wirtschaftlichen Tätigkeit"[149] zur Bestimmung des Einkommens auch auf die Rentenproblematik zu übertragen. Dem Grundsatz nach wurde dies bei den entgeltlich eingeräumten Renten erreicht.[150] In Übereinstimmung mit der Systematik des Einkommensteuerrechts unterliegen hier nur die *Reinvermögensänderungen*, die auf einer mit Gewinnerzielungsabsicht ausgeübten wirtschaftlichen Tätigkeit des Steuerpflichtigen basieren, der Einkommensteuer.

Unentgeltliche, im Zusammenhang mit einer Vermögensübertragung im Rahmen einer vorweggenommenen Erbfolgeregelung eingeräumte Versorgungsrenten waren dagegen nach ständiger Rechtsprechung des RFH von Beginn der Zahlungen an in voller Höhe zu berücksichtigen. Die in Folge des Steuerneuordnungsgesetzes 1954 bedingte Ertragsanteilsbesteuerung für *alle* privaten Leibrenten - also auch der unentgeltlich, im Zusammenhang mit einer vorweggenommenen Erbfolge eingeräumten Versorgungsrenten - basierte auf einem falschen Verständnis des "Rentenstammrechts" und der "Einheit der Rechtsordnung".[151] Dies war darauf zurückzuführen, daß insbesondere zwischen den fünfziger und siebziger Jahren die Steuerrechtsprechung, nachdem das Steuerrecht zuvor in einer Phase der Emanzipation von den anderen Rechtsgebieten isoliert worden war,[152] den Anschluß an die anderen Rechtsdisziplinen suchte,[153] so daß der BFH[154] schließlich von einem "Primat des bürgerlichen Rechts vor dem Steuerrecht" sprach. Die im An-

---

148 IV 67/61 S - BStBl 1965 III S. 706 (708 rechte Spalte)

149 Vgl. die Ausführungen auf S. 131 ff

150 Die vom Ergebnis her zu begrüßende, heftig kritisierte neue Rechtsprechung des X. Senats des BFH zu den Gegenleistungsrenten (Stichwort: Weiterentwicklung der Wertverrechnungslehre) betrifft *m.E.* weniger "originäre" als vielmehr abgeleitete, "derivative" Fragen des Einkommensteuersystems; vgl. die Ausführungen auf S. 112 ff

151 Vgl. hierzu ausführlich *Fischer* in: *Kirchhof/Söhn*, § 22 EStG Rdnr. A 121 ff

152 *Beisse, H.*, StuW 1981 S. 1 (4 f)

153 Vgl. *Eckhardt, W.*, StbJB 1961/62 S. 77; *Kaatz, P.*, FR 1953 S. 155; *Weber-Grellet, H.*, StuW 1993 S. 195 (196)

154 Urteil v. 12.7.1967 - I 204/64 - BStBl 1967 III S. 781 (782) m.w.N.

schluß an das Steuerneuordnungsgesetz 1954 einsetzende Rentenrechtsprechung des BFH - Ertragsanteilsbesteuerung oder Besteuerung in voller Höhe bei Bezugnahme auf die Vorschrift des § 323 ZPO - bedeutete daher einen Rückschritt, selbst hinter die ständige Rechtsprechung des RFH, und stellt aus heutiger Sicht Begriffsjurisprudenz mit verheerenden Folgen dar.[155]

Insofern, als der Große Senat des BFH in seinem Beschluß vom 15.7. 1991[156] ausführt, daß die im Zusammenhang mit einer vorweggenommenen Erbfolge stehende Versorgungszusage spezialgesetzlich der dauernden Last zugewiesen ist, stellt dies *m.E.* lediglich einen Fortschritt in Richtung der Rechtslage dar, die bereits vor dem Steuerneuordnungsgesetz 1954 ständige Rechtsprechung des RFH war. Die Proklamation eines "Sonderrechts der Generationennachfolge"[157] erscheint allerdings zweifelhaft, weil aus heutiger Sicht außer dem Erreichen des "status quo ante" kein neuer, "tragfähiger" Begründungsansatz vorliegt. Denn auch die sog. "dogmatische Rechtsfigur" der vorbehaltenen Vermögenserträge kann die steuerrechtliche Behandlung der im Rahmen einer vorweggenommenen Erbfolge vereinbarten Leistungen nicht hinreichend rechtfertigen.[158]

Im Ergebnis wird die steuerliche Behandlung der Vermögensübertragung gegen private Versorgungsleistungen - wie seit jeher - damit begründet, daß derartige Vorgänge nicht als geschäftliche, sondern als solche des Familien- und Erbrechts anzusehen sind und es sich deshalb um einen im spezifisch einkommensteuerrechtlichen Sinne unentgeltlichen Vorgang handelt. Diese bereits von *Kemmer*[159] widerlegte Annahme ist jedoch spätestens seit den Beschlüssen des Großen Senats des BFH zur Erbauseinandersetzung[160] und zur vorweggenommenen Erbfolge gegen Übernahme von Verbindlichkeiten bzw. einmaligen Abstandszahlungen[161] überholt.

---

155 Vgl. auch *Fischer, P.*, NWB F. 2 S. 6143 (6151)
156 GrS 1/90 - BStBl 1992 II S. 78
157 *Fischer* in: *Kirchhof/Söhn*, § 22 EStG Rdnr B 261 ff
158 Vgl. die Ausführungen auf S. 69 ff
159 (Teilentgeltliche Rechtsgeschäfte 1987) S. 122 ff
160 GrS 2/89 - BStBl 1990 II S. 837
161 GrS 4-6/89 - BStBl 1990 II S. 847

Vor diesem Hintergrund bleibt für ein einkommensteuerliches Sonderrecht der Vermögensübergabe unter Vorbehalt von Versorgungsleistungen kein Raum. Insofern als die (neue/alte) Rechtsprechung hinsichtlich der einkommensteuerlichen Wertung einer vorweggenommenen Erbfolgeregelung an den zivilrechtlichen Typus des Übergabevertrags anknüpft,[162] ist zu bedenken, daß dieser als *Gesamtkomplex* ein eigenständiges Rechtsgebilde darstellt.[163] Die Tatsache, daß er sich zivilrechtlich "... im Spannungsfeld zwischen entgeltlichen und unentgeltlichen Geschäften bewegt ...",[164] weil sich einzelne Leistungen eher den entgeltlichen, andere eher den unentgeltlichen Rechtsgeschäften zurechnen lassen, darf nicht dazu führen, den Übergabevertrag unter Vorbehalt von Versorgungsleistungen einkommensteuerrechtlich als besonderen Vertragstyp zu behandeln. Der Große Senat des BFH[165] ist der einkommensteuerrechtlichen Systematik im Bereich der vorweggenommenen Erbfolgeregelungen insoweit gefolgt, als Abstandszahlungen und Ausgleichszahlungen in Form von Einmalbeträgen vereinbart werden.[166] Nur die vorweggenommene Erbfolge gegen Versorgungsleistungen soll einer eigenen Sachgesetzlichkeit folgen; hier beharrt der BFH auf seiner "überkommenen Rechtsprechung". Daß der historische Gesetzgeber das Leibgedinge eigens erwähnte, läßt sich nur durch die damals einschlägige "Quellentheorie" erklären. Auch zum Zeitpunkt des Steuerneuordnungsgesetzes 1954 waren die systemtragenden Prinzipien des EStG noch nicht soweit entwickelt, daß man die einkommensteuerrechtliche Behandlung der vorweggenommenen Erbfolge gegen private Versorgungsleistungen einer sytemimmanenten Regelung hätte zuführen können. Zudem war das erklärte Ziel der gesetzlichen Neuregelung, die *Veräußerungsrenten* zu reformieren.

Heute, vor dem gefestigten Hintergrund der Markteinkommenstheorie,[167] ist klar: Die rechtshistorische Entwicklung rechtfertigt eine Durchbrechung der rechtssystematischen Vorgaben der Grundsatznorm des § 2 Abs. 1 S. 1

162 Zustimmend: *Goertzen, R.*, DStR 1994 S. 1553 ff

163 *Wulff, R.*, RdL 1952 S. 113 (115)

164 *Eccher, B.*, (Erbfolge 1980) S. 160

165 v. 5.7.1990 - GrS 4-6/89 - BStBl 1990 II S. 847

166 Vgl. S. 1

167 Vgl. S. 133 ff

EStG nicht.[168] Bei der einkommensteuerlichen Behandlung der Vermögensübergabe gegen private Versorgungsleistungen handelt es vielmehr sich um ein *Relikt der Quellentheorie*. Diese stellt aber eine Regel dar, die außerhalb des vom Leistungsfähigkeitsprinzip beherrschten Einkommensteuersystems steht.[169] Folgt man *Kirchhof*[170] deshalb darin, daß § 2 EStG der "... *Maßstab der Einkommensteuerrechtsentwicklung und der Auslegung des EStG*" ist, läßt sich die Problematik der privaten Versorgungsrente nur durch einen grundsätzlichen Wandel der Rechtsprechung zur Entgeltlichkeit/Unentgeltlichkeit beseitigen.

168 Vgl. hierzu die Ausführungen auf S. 131 ff
169 *Lang, J.*, StuW 1981 S. 223 (228)
170 in: *Kirchhof/Söhn*, § 2 EStG Rdnr. A 172 (Herv. im Original)

Teil 5

Reformvorschlag

Im Rahmen der Systematik des Einkommensteuergesetzes findet sich eine sachliche Rechtfertigung für die Steuerbarkeit wiederkehrender Zahlungen nur vor dem Hintergrund der systemprägenden Regel des § 2 Abs. 1 Satz 1 EStG. Daher sind die in unmittelbarem Kausalzusammenhang mit der Übertragung von Vermögen im Wege der vorweggenommenen Erbfolge vereinbarten wiederkehrenden Bezüge/Leistungen nur insoweit zu berücksichtigen, als sie - unabhängig von zivilrechtlichen Wertungen[1] - ein "Entgelt" im "einkommensteuerrechtlichen Sinne" für das übertragene Vermögen darstellen.[2]

Unter welchen Voraussetzungen eine Leistung als Entgelt im einkommensteuerlichen Sinne zu qualifizieren ist, bezeichnet *Kemmer*[3] als das *Ermittlungsproblem der Entgeltlichkeit* und differenziert diesbezüglich zwischen einer qualitativen und einer quantitativen Komponente. Während die *qualitative Komponente* feststellt, ob überhaupt eine Leistung vorliegt, die als einkommensteuerliches Entgelt gewertet werden kann,[4] gibt die *quantitative Komponente* Aufschluß darüber, ob die qualitativ als Entgelt beurteilte Leistung wertmäßig angemessen im Sinne eines Vollentgelts oder nicht angemessen im Sinne eines Teilentgelts ist.

---

1 Das Steuerrecht ist berechtigt und verpflichtet, entsprechend seiner eigenen Aufgaben und Bedürfnisse - innerhalb der verfassungsmäßigen Bindungen - autonom seine Rechtsschlüsse aus gegebenen Sachverhalten und Tatbeständen zu ziehen; vgl. *Steinberg, W.*, DB 1988 S. 72 (73)

2 Vgl. hierzu ausführlich die Darstellung bei *Kemmer, M.*, (Teilentgeltliche Rechtsgeschäfte 1987) S. 109 ff; *ders.*, DStR 1987 S. 362 (366); ebenso *Frieß, S.*, (Behandlung 1992) S. 21 ff

3 (Teilentgeltliche Rechtsgeschäfte 1987) S. 2, 137 ff

4 Sofern *Kemmer* (Teilentgeltliche Rechtsgeschäfte 1987 S. 140 ff) im Rahmen der qualitativen Komponente zusätzlich prüft, ob die potentiell als Entgelt in Frage kommende Leistung eine sachliche Verknüpfung mit der Übertragung des Vermögens aufweist (Frage nach der Leistungsveranlassung), wird dies hier aufgrund der Ausführungen in Teil 1 der Arbeit als Grundannahme vorausgesetzt.

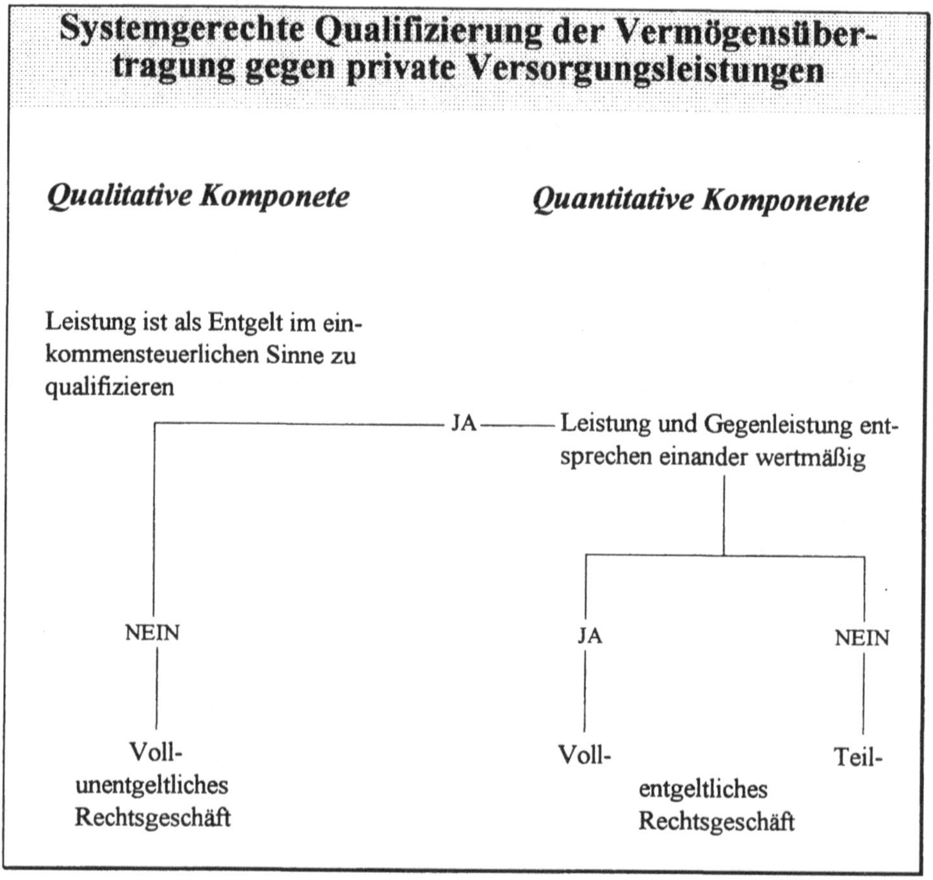

Übersicht 6: Ermittlungsproblem der Entgeltlichkeit

Der Begriff der einkommensteuerlich relevanten Vermögensmehrungen wird nach der h.M.[5] einheitlich durch § 8 Abs. 1 EStG bestimmt, wonach Einnahmen alle Güter "... in Geld oder Geldeswert ..." sind, deren Zugang durch eine wirtschaftliche Tätigkeit i.S.d. Einkommensteuergesetzes veranlaßt ist. Für Vermögensminderungen fehlt zwar eine entsprechende Vor-

5 Obwohl § 8 EStG nach Wortlaut und Stellung im Gesetz nur für den Haushaltseinkünftebereich gilt; *Birk* in: *Herrmann/Heuer/Raupach,* § 8 EStG Anm. 5; *Fitsch* in: *Lademann/Söffing/Brockhoff,* § 8 EStG Anm. 4; *Wolff-Diepenbrock* in: *Littmann/ Bitz/Hellwig,* § 4, 5 EStG Rn. 1564; *Schmidt/Heinicke,* § 4 EStG Anm. 80

schrift. Dennoch hängt die Entgeltsqualität auch in diesem Bereich davon ab, ob ein Abgang von Gütern in Geld oder Geldeswert vorliegt.[6]

Die einkommensteuerliche Relevanz der im Wege einer vorweggenommenen Erbregelung vereinbarten wiederkehrenden Bezüge/Leistungen ist daher allein davon abhängig, ob es sich bei der jeweiligen Leistung um ein Gut in Geld oder Geldeswert handelt, d.h. lediglich "rein ideelle", nicht-wirtschaftliche Leistungen müssen unberücksichtigt bleiben.

Beispiel:

Der Vater V überträgt seinen Handwerksbetrieb im Wege einer vorweggenommenen Erbregelung auf seinen Sohn S unter der Bedingung, daß dieser als "Gegenleistung" die Tochter T seines Freundes F heiratet.

Die Gegenleistung des S (Heirat der T) ist zweifellos durch die Übertragung des Betriebs veranlaßt. Dennoch liegt kein Entgelt im einkommensteuerlichen Sinne vor.

Sofern dagegen die in sachlichem Zusammenhang mit der Übertragung des Vermögens vereinbarten wiederkehrenden Bezüge/Leistungen als Entgelt im einkommensteuerlichen Sinn gewertet werden können, ist es unerheblich,

- ob die Leistungen dem Übertragenden oder einem Dritten zufließen; resultieren die Leistungen an den Dritten aus der Vermögensübertragung, liegt lediglich eine Verkürzung des Leistungswegs vor;
- ob eine sog. Wirtschaftseinheit[7] übertragen wird oder nicht;
- was der Anlaß der Vermögensübertragung war
- und/oder in welchem Verhältnis sich Leistung und Gegenleistung gegenüberstehen.

Daher wird es sich selbst bei einer dem zivilrechtlichen Vertragstypus des Übergabevertrags unter Vorbehalt von Versorgungsleistungen entsprechenden Vereinbarung stets um ein im einkommensteuerrechtlichen Sinne **vollentgeltliches Rechtsgeschäft** handeln, wenn der Barwert der wiederkehren-

---

6 Vgl. *Kemmer, M.*, (Teilentgeltliche Rechtsgeschäfte 1987) S. 182 f m.w.N.
7 Vgl. hierzu S. 42 ff

den Leistungen dem gemeinen Wert des übertragenen Vermögens entspricht.

Falls der Barwert der wiederkehrenden Bezüge/Leistungen dem Wert des übertragenen Vermögens demgegenüber nicht entsprechen sollte, wird ein **teilentgeltliches Rechtsgeschäft** anzunehmen sein, d.h. der Vorgang ist in einen entgeltlichen und einen unentgeltlichen Teil aufzuspalten. Übersteigt in diesem Fall der Barwert der wiederkehrenden Leistungen den Wert des übertragenen Vermögens, liegt beim Verpflichteten in Höhe des Teils des Entgelts, der das übertragene Vermögen übersteigt, eine Zuwendung gem. § 12 Nr. 2 EStG vor, da diesem keine wirtschaftliche Gegenleistung gegenübersteht. Beim Berechtigten ist dieser Teil der wiederkehrenden Bezüge als Schenkung nicht einkommensteuerbar. Übersteigt dagegen das übertragene Vermögen den Barwert der wiederkehrenden Leistungen, ist insofern, als sich Leistung und Gegenleistung entsprechen, ein entgeltliches Rechtsgeschäft anzunehmen. In Höhe des Differenzbetrags zwischen dem Wert des übertragenen Vermögens und dem Barwert der wiederkehrenden Leistungen, liegt eine unentgeltliche Zuwendung des Übertragenden vor.[8]

Hinsichtlich der quantitativen Ermittlung von Vorhandensein und Ausmaß der Teilentgeltlichkeit wird - in Anlehnung an *Kemmer*[9] - folgendermaßen vorzugehen sein:

(1) Abweichungen des vereinbarten Entgelts vom marktüblichen Entgelt sind aufgrund der Tatsache, daß die personale Bindung zwischen Übergeber und Übernehmer ein konstitutives Merkmal des "Vermögensübergabevertrags" darstellt und deshalb der durch gegenläufige Interessen gewährleistete Mechanismus einer Rechtsbeziehung grundsätzlich nicht gegeben ist, ein Indiz dafür, daß ein teilentgeltliches Rechtsgeschäft vorliegt.

(2) Dieser prima-facie-Beweis kann von den Vertragspartner allerdings widerlegt werden, wenn nachgewiesen wird, daß nicht die engen personalen Bindungen, sondern ökonomische Gründe, die auch einen fremden Dritten in einer vergleichbaren wirtschaftlichen Situation zu einer ähnlichen Vereinbarung veranlaßt hätten, die Höhe des Entgelts bestimmt haben.

---

8 Vgl. *Biergans, E.*, (Renten 1993) S. 357

9 (Teilentgeltliche Rechtsgeschäfte 1987) S. 283 ff

Zur Lösung des quantitativen Ermittlungsproblems bietet sich bei den im Rahmen eines Übergabevertrags vereinbarten wiederkehrenden Bezügen/ Leistungen das nachfolgende Prüfschema an:

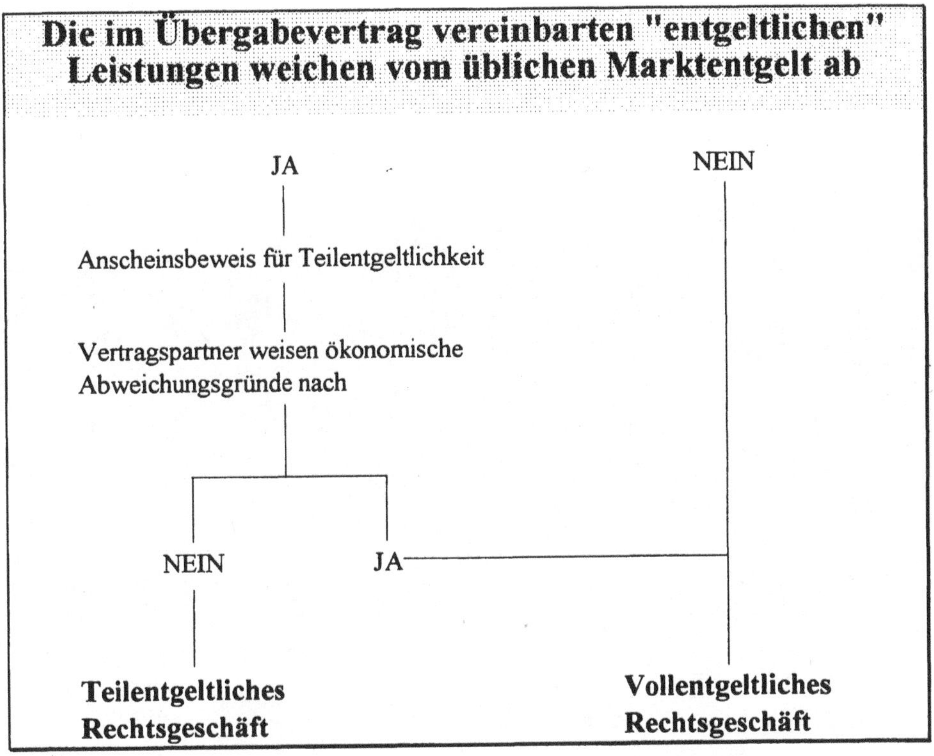

Übersicht 7: Quantitative Ermittlung der (Teil) entgeltlichkeit

Durch diese Vorgehensweise werden zwar an die Vereinbarungen zwischen einander nahestehenden Personen strengere Anforderungen gestellt als bei fremden Dritten, da bei diesen selbst bei marktunüblichen Konditionen zunächst von einem voll entgeltlichen Rechtsgeschäft auszugehen ist. Im Hinblick auf den bei einer vorweggenommenen Erbfolge regelmäßig fehlenden Interessengegensatz erscheint dies jedoch als gerechtfertigt.[10]

10 Vgl. hierzu die Ausführungen auf S. 72 analog

Quellenverzeichnis

I. Aufsätze, Bücher

Althans, J., Sonderbetriebsvermögen in Zusammenhang mit einer Änderung der Beteiligungsverhältnisse, BB 1993 S. 1060

Bayer, H.-W., (Grundbegriffe 1992) Grundbegriffe des Steuerrechts, Frankfurt a. M. 1992

Bayer, H.-W., Der Stufenaufbau des Steuertatbestandes, FR 1985 S. 337

Becker, E., Rundschau zur Steuerrechtsprechung, StuW 1929 I Sp. 969

Becker, E., Zur Rechtsprechung, StuW 1930 I Sp. 657

Becker, E., Erläuterungen zur Rechtsprechung, StuW 1936 I Sp. 953

Becker, E., Erläuterungen zur Rechtsprechung, StuW 1940 I Sp. 72

Beierl, O., (Einkünftequalifikation 1987) Die Einkünftequalifikation bei gemeinsamer wirtschaftlicher Betätigung im Einkommensteuerrecht, Berlin 1987

Beisse, H., Die wirtschaftliche Betrachtungsweise bei der Auslegung der Steuergesetze in der neueren deutschen Rechtsprechung, StuW 1981 S. 1

Bergmann, E., (Bedingungsvorschriften 1986) Bewertungsrechtliche Bedingungsvorschriften, Neuried 1986

Biergans, E., (Renten 1989) Renten und Raten in Einkommensteuer und Steuerbilanz, 3. Aufl. München 1989

Biergans, E., (Renten 1993) Renten und Raten in der Einkommensteuer, 4. Aufl. München 1993

Biergans, E., (Einkommensteuer 1992) Einkommensteuer, 6. Aufl. München 1992

Biergans, E., Zur personellen Zurechnung latenter Einhünfte, in: **Raupach, A., Uelner, A., (Hrsg.)**, Ertragsbesteuerung, Festschrift für Ludwig Schmidt, München 1993 S. 75

Biergans, E., Die Entgeltlichkeit von Vermögensübertragungen im Wege der vorweggenommenen Erbfolge oder von Todes wegen, StuW 1991 S. 381

Biergans, E., Koller, A., Vermögensübertragungen gegen private Versorgungsleistungen, DStR 1993 S. 741

Biergans, E., Koller, A., Wiederkehrende Zahlungen im Zusammenhang mit kauf- und darlehensähnlichen Vereinbarungen, DStR 1993 S. 857 (Teil 1) und S. 902 (Teil 2)

Biergans, E., Stockinger, R., Zum Einkommensbegriff und zur persönlichen Zurechnung von Einkünften im Einkommensteuerrecht, FR 1982 S. 1 (Teil 1) und S. 25 (Teil 2)

von Bornhaupt, K.J., Außerbetriebliche Versorgungsrenten bei Vermögensübergabeverträgen zwischen Eltern und Kindern, DStR 1981 S. 335

Brox, H., (Erbrecht 1993) Erbrecht, 14. Aufl. Köln 1993

Bruschke, G., Beerdigungskosten als Dauernde Last, FR 1983 S. 166

Clarenz, K.H., (Behandlung 1954) Die einkommensteuerliche Behandlung der Renten nach der neueren Rechtsprechung des Bundesfinanzhofes (Bd. 8 der Schriftenreihe des Instituts der Wirtschaftsprüfer), Düsseldorf 1954

Coing, H., Grundlagenirrtum bei vorweggenommener Erbfolge, NJW 1967 S. 1777

Drenseck, W., Die neue Rechtsprechung des BFH zur Vermögensübertragung gegen dauernde Versorgungsleistungen, StbJb 1993/94 S. 187

Drenseck, W., Ist die Wiedereinführung des allgemeinen Schuldzinsenabzugs aus verfassungsrechtlichen Gründen geboten ? in: **Raupach, A., Uelner, A., (Hrsg.)**, Ertragsbesteuerung, Festschrift für Ludwig Schmidt, München 1993 S. 845

Drenseck, W., Anmerkung zum BFH-Urteil v. 9.2.1994, FR 1994 S. 787

Ebenroth, C.T., Fuhrmann, L., Konkurrenzen zwischen Vermächtnis- und Pflichtteilsansprüchen bei erbvertraglicher Unternehmensnachfolge, BB 1989 S. 2049

Ebling, K., Höhe des Werbungskostenabzugs beim Kauf eines Grundstücks gegen laufende, als dauernde Last zu beurteilende Zahlungen, DStR 1995 S. 13

Eccher, B., (Erbfolge 1980) Antizipierte Erbfolge, Berlin 1980

Eckhardt, W., Das Steuerrecht und die Einheit der Rechtsordnung, StbJB 1961/62 S. 77

Ehlers, E.-A., (Besteuerung 1990) Besteuerung der wiederkehrenden Bezüge, 1. Aufl. Freiburg 1990

Felix, G., Rechtsprechungsgrundsätze zur betrieblichen Versorgungsrenten, DStR 1964 S. 19

Felix, G., Konturen des neuen Steuerrechtsinstituts des "typischen Versorgungsvertrages", KÖSDI 1992 S. 8976

Fischer, L., Änderungsvereinbarungen bei Renten und dauernden Lasten, BB 1988 S. 1294

Fischer, P., (Wiederkehrende Bezüge 1994) Wiederkehrende Bezüge und Leistungen, München 1994

Fischer, P., Renten und dauernde Lasten bei Vermögensübertragungen, DStR 1992, Beihefter zu Heft 17

Fischer, P., Anmerkung zum BFH-Urteil vom 17.12.1991, FR 1992 S. 623

Fischer, P., Anmerkung zum BFH-Urteil vom 7.4.1992, FR 1992 S. 627

Fischer, P., Die letztwillig verfügte Rente, FR 1992 S. 765

Fischer, P., Kontinuität und Fortentwicklung des Steuerrechts der wiederkehrenden Leistungen, DB 1993 S. 1002

Fischer, P., Anmerkung zum BFH-Urteil vom 18.2.1993, FR 1993 S. 575

Fischer, P., Die wirtschaftliche Betrachtungsweise, NWB F. 2 S. 6143

Fischer, P., Erwiderung auf Stephan, DB 1994 S. 2310

Fleischer, O., Überlassung eines vom Übergeber selbst genutzten Wohngebäudes mit dauernder Last und Mietvertrag - eine überholte Gestaltungsform?, DStR 1994 S. 1726

Friedrich, W., Abschreibungen auf Rentenrechte bei der Einkommensteuer, DStZ/A 1947 S. 163

Frieß, S., (Behandlung 1992) Einkommensteuerliche Behandlung von - vorweggenommener Erbfolge - Erbfall - Erbauseinandersetzung und Erfallschulden, Konstanz 1992

Glaser, F., Rundschau zur Steuerrechtsprechung, StuW 1928 Sp. 1189

Goertzen, R., Nießbrauch und dauernde Lasten im Zusammenhang mit Vermögensübertragungen im Rahmen vorweggenommener Erbfolge, DStR 1994 S. 1553

Goutier, K., Unterhaltsleistungen als Gegenleistung für eine Geldzuwendung, NWB - Blickpunkt Steuern 8/92 - S. 1

Gutachten der Einkommensteuerkommission von 1964, Schriftenreihe des BMF, Heft 7 S. 142

Gutachten der Steuerreformkommission von 1971, Schriftenreihe des BMF, Heft 17 S. 162

Harenberg, F., Analyse und Kommentierung des BFH-Urteils vom 27.2.1992, KFR 1992 F. 3 § 10 EStG 3/92 S. 241

Hensel, A., (Steuerrecht 1993) Steuerrecht 3. Aufl. Berlin 1993

Hofer, A., Urteilsanmerkung, StRK EStG 1975 § 10 Abs. 1 Nr. 1a

Horn, W., Vermögensübertragungen gegen Versorgungsleistungen oder Leibrenten, FR 1994 S. 423 ff

Jakob, W., (Einkommensteuer 1991) Einkommensteuer, München 1991

Jansen, R., Wrede, F., (Renten 1992) Renten, Raten, Dauernde Lasten, 10. Aufl. Herne/Berlin 1992

Kaatz, P., Die Stellung des Steuerrechts im Rahmen des gesamten Rechts, FR 1953 S. 155

Kanzler, H.-J., Der Wirtschaftsüberlassungsvertrag - Rettungskonstruktion oder Gestaltungsmöglichkeit zur gleitenden Hofnachfolge, FR 1992 S. 239

Kanzler, H.-J., AfA-Berechtigung bei Wirtschaftsüberlassungsvertrag, NWB F. 3 d S. 537

Katterbe, B., Private Renten in der neueren Rechtsprechung des BFH, FR 1993 S. 623

Katterbe, B., Analyse und Kommentierung des BFH-Urteils vom 16.12.1993, KFR 1994 F. 3 § 10 EStG 3/94 S. 253

Kemmer, M., (Teilentgeltliche Rechtsgeschäfte 1987) Teilentgeltliche Rechtsgeschäfte in der Einkommensteuer, München 1987

Kemmer, M., Schenkung unter Auflage, gemischte Schenkung und einkommensteuerliche Entgeltlichkeit, DStR 1987 S. 362

Kipp, T., Coing, H., (Erbrecht 1990) Erbrecht, 14. Aufl. Tübingen 1990

Koller, A., (Abgrenzung 1993) Abgrenzung von Einkunftstatbeständen im Einkommensteuerrecht, München 1993

Koller, A., (Wieder-)Einführung des erweiterten Schuldzinsenabzugs für selbstgenutztes Wohneigentum, DStR 1992 S. 773

Korn, K., Anmerkung zum BFH-Urteil IV R 106/92 vom 8.2.1993, KÖSDI 1993 S. 9426

Korn, K., Anmerkung zum BFH-Urteil IV R 50/92 vom 8.2.1993, KÖSDI 1993 S. 9426

Korn, K., Vermögensübertragungen gegen Renten, Raten und Nutzungsrechte, StVj 1993 S. 133

Korn, R., Rentenzahlungen und Einkommensteuer, DNotZ 1953 S. 588

Lang, J., (Reformentwurf 1985) Reformentwurf zu Grundvorschriften des Einkommensteuergesetzes, Band II, Köln 1985

Lang, J., (Bemessungsgrundlage 1988) Die Bemessungsgrundlage der Einkommensteuer - Rechtssystematische Grundlagen steuerlicher Leistungsfähigkeit im deutschen Einkommensteuerrecht, Köln 1988

Lang, J., Liebhaberei im Einkommensteuerrecht, StuW 1981 S. 223

Lang, J., Familienbesteuerung, StuW 1983 S. 103

Laux, S., (Renten 1958) Die Einkommenbesteuerung der Renten in wirtschaftskritischer Sicht, Saarbrücken 1958

Leingärtner, W., Zaisch, H. G., (Land- und Forstwirtschaft 1991) Exacte Besteuerung der Land- und Fortswirtschaft, 2. Aufl. München 1991

Leipold, D., (Erbrecht 1993) Erbrecht, 10. Aufl. Tübingen 1993

Loritz, K.-G., Wiederkehrende Bezüge, insbesondere Renten und dauernde Lasten, StVj 1991 S. 195

Lüdtke-Handjery, C., Hofübergabe als vertragliche und erbrechtliche Nachfolge, DNotZ 1985 S. 332

Märkle, R., Franz, R., Die Erbauseinandersetzung über Betriebsvermögen und die vorweggenommene Erbfolge, BB 1991 - Beilage 5 - S. 1

Mayer, N., Fragen der Pflichtteilsergänzung bei vorweggenommener Erbfolge - Gestaltungsmöglichkeiten nach der neuesten Rechtsprechung, ZEV 1994 S. 325

Martin, S., Anmerkung zum BFH-Urteil v. 17.12.1991, BB 1992 S. 1619

Martin, S., Renten und andere wiederkehrende Leistungen bei Vermögensübertragungen, BB 1993 S. 1773

Mundt, I., Die vorweggenommene Erbfolge im Einkommensteuerrecht, DStR 1991 S. 698

Niehues, K., Kränke, S., Die steuerlichen Vorteile der dauernden Last und die wirtschaftlichen Risiken des § 323 ZPO, DB 1994 S. 183

Niepoth, D., (Renten 1992) Renten und rentenähnliche Leistungen im Einkommensteuerrecht, Wiesbaden 1992

Olzen, D., (Vorweggenommene Erbfolge 1984) Vorweggenommene Erbfolge in historischer Sicht, Berlin 1984

Pape, M., Folgen der Nutzungsüberlassung in der LuF bei Vereinbarungen zwischen Angehörigen, Inf 1991 S. 49

Paus, B., Betriebliche Versorgungsrenten an ausscheidende Gesellschafter, BB 1978 S. 1157

Paus, B., Umwandlung von Nießbrauch, Versorgungsrente und dauernder Last, DStZ 1993 S. 335

Paus, B., Anmerkung zum BFH-Urteil vom 18.2.1993, DStZ 1993 S. 599

Paus, B., Ist die bisherige Rechtsprechung zu den dauernden Lasten verfassungswidrig?, DStZ 1994 S. 464

Paus, B., Grundstücksübertragung gegen dauernde Last als Gesaltungsmodell, Inf 1994 S. 206

Paus, B., Vermächtnisrenten: Neue Einschränkungen für den Begriff der Versorgungsleistungen, BB 1994 S. 1759

Paus, B., Analyse und Kommentierung des BFH-Urteils v. 14.7.1993, KFR 1994 F. 3 § 10 EStG 1/94 S. 13

Pferdmenges, G., (Einkünfteerziehlungsabsicht 1990) Einkünfteerzielungsabsicht, Düsseldorf 1990

Pikalo, A., Die gleitende Hofübergabe, DNotZ 1968 S. 69

Pühringer, J., Erbverzicht und Pflichtteilsabfindung in der Nachfolgeplanung, BB 1989 Beilage 6 zu Heft 9

Reiß, W., Die Betriebsübertragung gegen Versorgungsbezüge als teilentgeltliches Veräußerungsgeschäft, FR 1990 S. 381

Richter, H., Renten oder wiederkehrende Bezüge? Es ist und bleibt eine (dauernde) Last!, DStR 1992 S. 812

Richter, H., Warum ist denn Geld keine Wirtschaftseinheit?, DStR 1992 S. 1196

Riepl, F., Zur Frage der einkommensteuerlich gleichmäßigen Behandlung von Zeitrenten und Leibrenten, WPg 1950 S. 172 (Teil I) und S. 317 (Teil II)

Röncke, F., Zur einkommensteuerlichen Behandlung der Renten, BB 1950 S. 586

Roscher, W., (System 1864) System der Volkswirtschaft, 4. Aufl. Stuttgart 1864

Ruppe, H.-G., (JDStJG 1978) Möglichkeiten und Grenzen der Übertragung von Einkunftsquellen als Problem der Zurechnung, in: **Tipke, K. (Hrsg.)**, Übertragung von Einkunftsquellen im Steuerrecht, JDStJG 1978 (2. Aufl. 1979) S. 7

Schellenberger, H., Anmerkung zum BFH-Urteil vom 24.10.1978, DStZ/A 1979 S. 215

Schmidt, A., (Leistungsbeziehungen 1990) Einkommensteuerliche Behandlung mittelbarer Leistungsbeziehungen bei Personengesellschaften, Düsseldorf 1990

Schmidt, E., Beerdigungskosten und dauernde Lasten, BB 1985 S. 1381

Schmidt, L., Zum Sonderausgabenabzug bei dauernden Lasten (Anmerkung), DStR 1985 S. 739

Schmidt, L., Anmerkung zum BFH-Urteil v. 27.2.1992, FR 1992 S. 548

Schmidt, L., Anmerkung zum BFH-Urteil vom 26.1.1994, FR 1994 S. 328

Schmitz, B., Übertragung privaten Grundvermögens unter Nießbrauchsvorbehalt in vorweggenommener Erbfolge, DStR 1993 S. 497

Schön, W., Die Betriebsaufgabe des Gesellschaftsanteils - ein steuerrechtliches Phantom, BB 1988 S. 1866

Schubert, P., Die Abschreibungsberechtigung beim Wirtschaftsüberlassungsvertrag, Inf 1993 S. 419

Seithel, R., (Einkommensteuerliche Behandlung 1985) Einkommensteuerliche Behandlung des Nießbrauchs und anderer Nutzungsrechte, 3. Aufl. Heidelberg 1985

Seithel, R., Vereinbarung von Renten, Raten oder dauernden Lasten bei Übertragung von Betriebs- und Privatvermögen, StKongRep 1988 S. 227

Seithel, R., Die Folgerechtsprechung des BFH über Renten und dauernde Lasten im Anschluß an die Entscheidungen des Großen Senats des BFH, BB 1993 S. 473

Seithel, R., Versorgungsleistungen bei Ablösung eines Vorbehalts- oder Vermächtnisnießbrauchs, DStR 1993 S. 674

Söffing, M., Anmerkung zum BFH-Urteil vom 23.1.1992, FR 1992 S. 407

Söffing, M., Anmerkung zum BFH-Urteil vom 18.2.1993, FR 1993 S. 509

Spiegelberger, S., (Vermögensnachfolge 1994) Vermögensnachfolge, München 1994

Stadie, H., (Zurechnung 1983) Die persönliche Zurechnung von Einkünften, Berlin 1983

Steinberg, W., Die Rechtsprechung des Bundesverfassungsgerichtes zum Verhältnis des Steuerrechtes zum Zivilrecht, DB 1988 S. 72

Stephan, R., Die Wertverrechnung bei privaten dauernden Lasten, DB 1986 S. 450

Stephan, R., Fragen zur neuesten Rentenrechtsprechung des BFH, DB 1993 S. 194

Stephan, R., Nochmals: Das "Revolutionäre" in der neuen BFH-Rechtsprechung, DB 1994 S. 2307

Steppuhn, D., Übergabevertrag oder Erbvertrag?, RdL 1960 S. 229

Stollenwerk, A., Dogmatischer Gegenstand versus instrumentaler Gegenstand des EStG, StVj 1989 S. 217

Strutz, G., (Handausgabe 1920) Handausgabe der Einkommensteuer, Berlin 1920

Strutz, G., (Handbuch 1924) Handbuch des Reichssteuerrechts, 2. Aufl. Berlin 1924

Strutz, G., (Handbuch 1927) Handbuch des Reichssteuerrechts, 3. Aufl. Berlin/ Wien 1927

Stuhrmann, G., (Erlasse 1993) Die neuen Erlasse zur Erbauseinandersetzung und zur vorweggenommenen Erbfolge, Köln 1993

Stuhrmann, G., Unentgeltliche Wohnungsüberlassung als wiederkehrender Bezug im Sinne des § 22 Nr. 1 EStG, FR 1988 S. 244

Theilacker, G., (Vorweggenommene Erbfolge 1993) Vorweggenommene Erbfolge im Einkommensteuerrecht, Stuttgart 1993

Theis, J., Kritische Betrachtung der Rentenbesteuerung, DB 1953 S. 89

Thiel, R., Gedanken zur Methode der steuerlichen Rechtsfindung, StbJb 1963/64 S. 161

Tipke, K., Die dualistische Einkünfteermittlung nach dem Einkommensteuerrecht, in: Festschrift für H. Paulick, Köln 1973 S. 391

Tipke, K., Übertragung von Einkunftsquellen, StuW 1977 S. 293

Tipke, K., Unterhalt und sachgerechte Einkommensteuerbemessungsgrundlage, ZRP 1983 S. 25

Tipke, K., Von der formalen zur materialen Tatbestandslehre, StuW 1993 S. 105

Tipke, K., Lang, J., (Steuerrecht 1994) Steuerrecht - Ein systematischer Grundriß, 14. Aufl. Köln 1994

Tismer, W., Ossenkopp, M., Veräußerung von Kommanditanteilen bei Vorliegen von Sonderbetriebsvermögen, FR 1992 S. 39

Wacker, R., Ertragsteuerliche Behandlung der vorweggenommenen Erbfolge, NWB F. 3 S. 8647

Wätzig, M., Steuerliche Fragen bei der unentgeltlichen Nutzungsüberlassung, Inf 1982 S. 437

Wasmer, C., (Zurechnung 1985) Die Zurechnung von Einkünften bei der unentgeltlichen Übertragung von Betriebsvermögen durch Erbfall und Schenkung, Köln 1985

Wassermeyer, F., Das Erfordernis objektiver und subjektiver Tatbestandsmerkmale in der ertragsteuerlichen Rechtsprechung des BFH, StuW 1982 S. 352

Wassermeyer, F., Die Übertragung von Wirtschaftsgütern unter Vermeidung der Aufdeckung stiller Reserven, BB 1994 S. 1

Weber, K., Verlust der Tarifbegünstigung bei Veräußerung eines Personengesellschaftsanteils und gleichzeitiger Buchwertfortführung des Sonderbetriebsvermögens, DB 1991 S. 2560

Weber-Grellet, H., Veräußerung - Versorgung - Unterhalt, DStR 1993 - Beiheft zu Heft 31 - S. 1

Weber-Grellet, H., Tendenzen der BFH-Rechtsprechung, StuW 1993 S. 195

Weber-Grellet, H., Anmerkung zum BFH-Urteil vom 16.12.1993, DStR 1994 S. 498

Weber-Grellet, H., Anmerkung zum BFH-Urteil vom 16.12.1993, FR 1994 S. 259

Wegmann, B., Mietvertrag und dauernde Last - Alternative zum dinglichen Wohnungsrecht ?, ZEV 1994 S. 275

Wegmann, B., Kein Genuß ohne Reue ?, MittBayNot 1994 S. 307

Wegmann, B., Ende der Kombination Mietvertrag/dauernde Last ?, MittBayNot 1994 S. 309

Weirich, H.-A., (Erbrecht 1991) Erben und Vererben. Handbuch des Erbrechts und der vorweggenommenen Vermögensnachfolge, 3. Aufl. Herne/Berlin 1991

Welter, R., (Wiederkehrende Leistungen 1984) Wiederkehrende Leistungen im Zivilrecht und im Steuerrecht, Berlin 1984

Westhoff, F., Fragen zur vorweggenommenen Erbfolge, DB 1972 S. 809

Wissenschaftlicher Beirat beim Bundesministerium für Finanzen, Gutachten zur Reform der direkten Steuern in der Bundesrepublik Deutschland, Schriftenreihe des BMF, Heft 9, Bad Godesberg 1967

Wittmann, R., Besteuerung des Markteinkommens - Grundlinien einer freiheitsschonenden Besteuerung, StuW 1993 S. 35

Wollny, P., Ausgewählte Fragen der Besteuerung wiederkehrender Bezüge, BB 1980 S. 306

Wollny, P., Begünstigung des Veräußerungsgewinnes bei Anteilsveräußerung, wenn ein Grundstück zum Sonderbetriebsvermögen gehört, FR 1989 S. 713

Wrede, F., Anmerkung zum BFH-Urteil vom 15.7.1991, FR 1991 S. 745

Wulff, R., Zur Rechtsnatur des Übergabevertrages, RdL 1952 S. 113

II. Kommentare

Becker, E., Handkommentar der Reichssteuergesetze - Das Einkommensteuergesetz vom 10. August 1925 Band II 1. Teil (§§ 1 - 18), Stuttgart 1928

Felsmann, Einkommensbesteuerung der Land- und Forstwirte, 3. Aufl. Sankt Augustin 1983 (Stand: September 1994)

Fuisting, B., Strutz, G. Kommentar zum Einkommensteuergesetz, 1910

Fuisting, B., Strutz, G., (Steuern Bd. I/1 1915) Einkommensteuergesetz, Band I 1. Hälfte, 8. Aufl. Berlin 1915

Fuisting, B., Strutz, G., (Steuern Bd. I/2 1916) Einkommensteuergesetz, Band I 2. Hälfte, 8. Aufl. Berlin 1916

Glaser, F., Kommentar zum Einkommensteuergesetz, 1922

Herrmann/Heuer/Raupach, Kommentar zur Einkommensteuer und Körperschaftsteuer, 20. Aufl. Köln (Stand: Dezember 1994)

Hübschmann/Hepp/Spitaler, Kommentar zur Abgabenordnung und Finanzgerichtsordnung, 9. Aufl. Köln (Stand: Dezember 1994))

Kirchhof/Söhn, Kommentar zum Einkommensteuergesetz, Köln (Stand: September 1994)

Kühn/Kutter/Hoffmann, Abgabenordnung, 16. Aufl. Stuttgart 1990

Lademann/Söffing/Brockhoff, Kommentar zum Einkommensteuergesetz, Stuttgart (Stand: Mai 1994)

Littmann/Bitz/Hellwig, Das Einkommensteuerrecht, 15. Aufl. Stuttgart (Stand: September 1994)

Mrozek, A., Kommentar zum Einkommensteuergesetz, Köln 1935

Münchener Kommentar zum BGB, 2. Aufl. München 1986

Palandt, Kommentar zum Bürgerlichen Gesetzbuch, 53. Aufl. München 1994

Pißel-Koppe, (Einkommensteuergesetz 1930) Das Einkommensteuergesetz vom 10. August 1925 mit Aus- und Durchführungsbestimmungen, Berlin/Wien 1930

Richter, Handbuch der Rentenbesteuerung, Heidelberg (Stand: September 1994)

Schmidt, L., Einkommensteuergesetz, Kommentar, 13. Aufl. München 1994

v. Staudinger, Kommentar zum BGB mit Einführungsgesetz und Nebengesetzen, 12. Aufl. Berlin 1989

Strutz, G., Kommentar zum Einkommensteuergesetz, 1920

Tipke/Kruse, Abgabenordnung, 14. Aufl. Köln (Stand: November 1994)

Wöhrmann, O., Das Landwirtschaftserbrecht, Kommentar zur Höfeordnung, 4. Aufl. Frankfurt a. M. 1984

III. Rechtsprechung

1. Bundesverfassungsgericht

BVerfG v.	14.12.1965	1 BvR 571/60	BVerfGE Bd. 19	S. 253
BVerfG v.	14.03.1967	1 BvR 334/61	BVerfGE Bd. 21	S. 209
BVerfG v.	12.10.1978	2 BvR 154/74	BVerfGE Bd. 49	S. 343
BVerfG v.	20.11.1984	1 BvR 140/84	HFR 1985	S. 283
BVerfG v.	18.02.1988	1 BvR 930/86	StRK EStG 1975	§ 10 Abs.1 1a R.10a
BVerfG v.	17.12.1992	1 BvR 4/87	DStR 1993	S. 315

2. Reichsgerichtshof und Bundesgerichtshof

RG v.	05.04.1922	V 591/21	RGZ Bd. 104	S. 272
RG v.	22.09.1923	V 427/23	JW 1924	S. 813
RG v.	19.12.1923	V 750/22	RGZ Bd. 107	S. 215
RG v.	03.03.1924	IV 101/23	RGZ Bd. 108	S. 292
RG v.	09.07.1927	V B 20/27	RGZ Bd. 118	S. 17
RG v.	09.04.1930	V B 33/29	RGZ Bd. 128	S. 198
RG v.	21.02.1935	IV 177/34	RGZ Bd. 147	S. 94
RG v.	21.08.1936	V 76/36	RGZ Bd. 152	S. 104
RG v.	30.10.1939	V 83/39	RGZ Bd. 162	S. 52
BGH v.	02.10.1951	V ZR 77/50	NJW 1952	S. 20
BGH v.	17.10.1952	V ZR 157/51	RdL 1953	S. 10
BGH v.	08.10.1957	V Blw 12/57	RdL 1957	S. 297
BGH v.	26.09.1962	V ZR 91/61	NJW 1962	S. 2249
BGH v.	21.03.1962	IV ZR 251/61	BGHZ Bd. 37	S. 58
BGH v.	19.06.1964	V ZR 4/63	RdL 1964	S. 299
BGH v.	25.06.1964	III ZR 90/63	BGHZ Bd. 42	S. 182
BGH v.	31.10.1969	V ZR 138/66	NJW 1970	S. 282
BGH v.	03.04.1981	V ZR 55/80	NJW 1981	S. 2568
BGH v.	04.12.1981	V ZR 37/81	WM 1982	S. 208
BGH v.	03.02.1994	V ZB 31/93	ZEV 1994	S. 166
BGH v.	27.04.1994	IV ZR 132/93	ZEV 1994	S. 233

3. Oberlandesgericht

OLG Hamm v.	16.08.1949	4b Wlw 29/49	RdL 1951	S. 106
OLG Freiburg v.	24.09.1952	2 W 54/52	RdL 1953	S. 11

OLG Schleswig v.	28.01.1954	3 Wlw 256/53	RdL 1954	S.	103
OLG Celle v.	13.01.1958	7 Wlw 163/57	RdL 1958	S.	183
OLG Schleswig v.	27.03.1961	3 Wlw 30/61	RdL 1961	S.	318
OLG Celle v.	30.10.1961	7 Wlw 40/61	RdL 1962	S.	45
OLG Hamm v.	27.03.1962	10 Wlw 131/61	RdL 1962	S.	157
BayObLG v.	23.10.1964	RReg. la Z 241/63	RdL 1965	S.	51
OLG Celle v.	23.03.1965	7 Wlw 80/64	RdL 1965	S.	271
OLG Oldenburg v.	12.07.1968	3 Wlw 46/67	RdL 1968	S.	236
OLG Hamm v.	30.01.1969	15 W 415/68	DNotZ 1970	S.	37
OLG Hamm v.	12.08.1969	14 W 39/69	DNotZ 1970	S.	659
OLG Celle v.	24.04.1972	7 Wlw 65/71	AgrarR 1971/72	S.	472
OLG Celle v.	12.06.1972	7 Wlw 15/72	AgrarR 1971/72	S.	471
BayObLG v.	25.03.1975	BReg. 2 Z 8/75	DNotZ 1975	S.	622
OLG Köln v.	01.04.1992	2 Wx 7/91	Rpfleger 1992	S.	431

4. Kammergerichte

KG v.	15.10.1959	1 W 1546/59	MDR 1960	S.	234

5. Preußisches Oberverwaltungsgericht in Staatssteuersachen

Preuß. OVG v.	27.10.1892	Rep. V 195/92	Bd. 1	S.	28
Preuß. OVG v.	12.12.1892	Rep. V 260/92	Bd. 1	S.	74
Preuß. OVG v.	03.02.1893	Rep. V 921/92	Bd. 1	S.	154
Preuß. OVG v.	27.06.1895	Rep. VI A 488/94	Bd. 4	S.	124
Preuß. OVG v.	17.10.1895	Rep. VI C 1968/94	Bd. 4	S.	165
Preuß. OVG v.	03.11.1899	Rep. III 394/98	Bd. 8	S.	117
Preuß. OVG v.	01.02.1905	Rep. III 47/04	Bd. 12	S.	154
Preuß. OVG v.	23.03.1907	Rep. V b 154/06	Bd. 13	S.	221

6. Reichsfinanzhof und Bundesfinanzhof

RFH v.	19.06.1923	IV e A 26/23	RStBl 1924	S.	36
RFH v.	07.12.1927	VI A 597/27	RStBl 1928	S.	93
RFH v.	18.01.1928	VI A 192/27	RStBl 1928	S.	97
RFH v.	14.03.1929	VI A 1473/28	RStBl 1929	S.	329
RFH v.	27.11.1929	VI A 1015/29	StuW 1930 II	Nr.	242

RFH v.	07.05.1930	VI A 827/27	RStBl 1930	S.	578
RFH v.	07.05.1930	VI A 572/29	StuW 1930 II	Nr.	977
RFH v.	14.05.1930	VI A 706/28	RStBl 1930	S.	580
RFH v.	15.05.1930	VI A 1598/29	StuW 1930 II	Nr.	974
RFH v.	15.05.1930	VI A 650/30	StuW 1930 II	Nr.	978
RFH v.	15.05.1930	VI A 179/29	StuW 1930 II	Nr.	983
RFH v.	08.10.1931	VI A 770/31	RStBl 1931	S.	946
RFH v.	02.12.1931	VI A 2030/30	StuW 1932 II	Nr.	416
RFH v.	02.12.1931	VI A 1516/29	StuW 1932 II	Nr.	418
RFH v.	23.03.1932	VI A 926/30	RStBl 1932	S.	705
RFH v.	26.10.1932	VI A 2195/31	StuW 1933 II	Nr.	21
RFH v.	01.02.1933	VI A 2056/32	RStBl 1933	S.	583
RFH v.	21.06.1933	VI A 496/33	StuW 1933 II	Nr.	654
RFH v.	12.07.1933	VI A 1918/32	StuW 1933 II	Nr.	642
RFH v.	18.08.1933	VI A 1355/32	StuW 1933 II	Nr.	647
RFH v.	18.10.1933	VI A 203/33	RStBl 1933	S.	1287
RFH v.	08.11.1933	VI A 1488/31	RStBl 1934	S.	295
RFH v.	22.11.1933	VI A 856/33	RStBl 1934	S.	338
RFH v.	08.08.1934	VI A 2012/32	StuW 1934 II	Nr.	654
RFH v.	12.09.1934	VI A 360/34	StuW 1934 II	Nr.	744
RFH v.	10.06.1936	VI A 389/36	StuW 1936 II	Nr.	325
RFH v.	11.08.1937	VI A 427/37	StuW 1937 II	Nr.	467
RFH v.	30.03.1938	VI 197/38	StuW 1938 II	Nr.	233
RFH v.	12.10.1938	VI 629/38	StuW 1938 II	Nr.	590
RFH v.	26.07.1939	VI 456/39	RStBl 1939	S.	1120
BFH v.	18.09.1952	IV 70/49 U	BStBl 1952 III	S.	290
BFH v.	05.02.1953	IV 41/49 U	BStBl 1953 III	S.	105
BFH v.	10.04.1953	IV 384/52 U	BStBl 1953 III	S.	157
BFH v.	03.06.1953	IV 391/52 U	BStBl 1953 III	S.	265

BFH v.	09.07.1953	IV 289/52 U	BStBl 1953 III	S.	236
BFH v.	11.02.1954	IV 331/53 U	BStBl 1954 III	S.	139
BFH v.	12.07.1955	I 232/54 U	BStBl 1955 III	S.	302
BFH v.	02.02.1956	IV 217/54 U	BStBl 1956 III	S.	88
BFH v.	08.03.1956	IV 19/56 U	BStBl 1956 III	S.	126
BFH v.	08.02.1957	VI 27/56 U	BStBl 1957 III	S.	207
BFH v.	13.12.1957	VI 234/56 U	BStBl 1958 III	S.	72
BFH v.	23.04.1958	VI 176/57 U	BStBl 1958 III	S.	277
BFH v.	20.01.1959	I 200/58 U	BStBl 1959 III	S.	192
BFH v.	30.07.1959	IV 265/58 U	BStBl 1959 III	S.	406
BFH v.	07.08.1959	VI 284/58 U	BStBl 1959 III	S.	463
BFH v.	06.10.1959	I 115/59 U	BStBl 1960 III	S.	2
BFH v.	12.02.1960	IV 184/58 U	BStBl 1960 III	S.	172
BFH v.	12.08.1960	VI 82/60 U	BStBl 1960 III	S.	424
BFH v.	17.01.1961	I 141/60 U	BStBl 1961 III	S.	130
BFH v.	29.03.1962	VI 105/61 U	BStBl 1962 III	S.	304
BFH v.	28.06.1963	VI 321/61 U	BStBl 1963 III	S.	424
BFH v.	10.10.1963	VI 115/61 U	BStBl 1963 III	S.	592
BFH v.	23.01.1964	IV 8/62 U	BStBl 1964 III	S.	422
BFH v.	31.01.1964	VI 337/62 S	BStBl 1964 III	S.	240
BFH v.	21.02.1964	IV 295/59	HFR 1964	S.	335
BFH v.	05.03.1964	IV 417/62	HFR 1964	S.	416
BFH v.	27.05.1964	I 379/61 U	BStBl 1964 III	S.	475
BFH v.	17.12.1964	IV 378/61 U	BStBl 1965 III	S.	170
BFH v.	11.03.1965	IV 60/61 U	BStBl 1965 III	S.	286
BFH v.	30.07.1965	VI 288/63 U	BStBl 1965 III	S.	613
BFH v.	16.09.1965	IV 67/61 S	BStBl 1965 III	S.	706

BFH v.	17.12.1965	VI 294/64 U	BStBl 1966 III	S.	244
BFH v.	20.01.1966	IV 377/61	BStBl 1966 III	S.	312
BFH v.	25.08.1966	IV 299/62	BStBl 1966 III	S.	675
BFH v.	12.07.1967	I 204/64	BStBl 1967 III	S.	781
BFH v.	23.11.1967	IV R 143/67	BStBl 1968 II	S.	259
BFH v.	30.11.1967	IV 1/65	BStBl 1968 II	S.	263
BFH v.	12.06.1968	IV 254/62	BStBl 1968 II	S.	653
BFH v.	16.07.1969	I R 186/66	BStBl 1970 II	S.	56
BFH v.	26.05.1971	I R 79/69	BStBl 1971 II	S.	655
BFH v.	16.11.1972	IV R 38/68	BStBl 1973 II	S.	184
BFH v.	21.02.1973	IV R 58/72	BStBl 1973 II	S.	317
BFH v.	28.08.1974	I R 18/73	BStBl 1975 II	S.	166
BFH v.	04.02.1975	VIII R 71/70	BStBl 1975 II	S.	529
BFH v.	06.03.1975	IV R 191/71	BStBl 1975 II	S.	600
BFH v.	24.07.1975	IV R 99/72	BStBl 1975 II	S.	772
BFH v.	01.08.1975	VI R 168/73	BStBl 1975 II	S.	882
BFH v.	05.02.1976	IV R 31/74	BStBl 1976 II	S.	335
BFH v.	20.02.1976	VI R 131/74	BFHE 118	S.	331
BFH v.	27.04.1977	I R 12/74	BStBl 1977 II	S.	603
BFH v.	24.10.1978	VIII R 172/75	BStBl 1979 II	S.	135
BFH v.	18.01.1979	IV R 76/76	BStBl 1979 II	S.	403
BFH v.	16.01.1980	I R 1/77	BStBl 1980 II	S.	381
BFH v.	07.02.1980	IV R 178/76	BStBl 1980 II	S.	383
BFH v.	18.03.1980	VIII R 148/78	BStBl 1981 II	S.	794
BFH v.	19.09.1980	VI R 161/77	BStBl 1981 II	S.	26

BFH v.	19.02.1981	IV R 116/77	BStBl 1981 II	S.	566
BFH v.	26.03.1981	IV R 130/77	BStBl 1981 II	S.	614
BFH v.	27.05.1981	I R 123/77	BStBl 1982 II	S.	211
BFH v.	09.07.1981	IV R 101/71	BStBl 1982 II	S.	20
BFH v.	26.05.1982	I R 180/80	BStBl 1982 II	S.	695
BFH v.	22.09.1982	IV R 154/79	BStBl 1983 II	S.	99
BFH v.	07.12.1982	VIII R 166/80	BStBl 1983 II	S.	660
BFH v.	18.05.1983	I R 5/82	BStBl 1983 II	S.	771
BFH v.	19.05.1983	IV R 138/79	BStBl 1983 II	S.	380
BFH v.	28.07.1983	IV R 174/80	BStBl 1984 II	S.	97
BFH v.	20.03.1984	IX R 8/80	BStBl 1985 II	S.	43
BFH v.	30.10.1984	IX R 2/84	BStBl 1985 II	S.	610
BFH v.	31.01.1985	IV R 58/82	BFH/NV 1986	S.	16
BFH v.	09.07.1985	IX R 49/83	BStBl 1985 II	S.	722
BFH v.	16.07.1985	IX R 1/79	BFH/NV 1985	S.	77
BFH v.	16.07.1985	IX R 1/84	BFH/NV 1985	S.	78
BFH v.	16.07.1985	IX R 3/84	BFH/NV 1985	S.	78
BFH v.	13.08.1985	IX R 10/80	BStBl 1985 II	S.	709
BFH v.	24.09.1985	IX R 2/80	BStBl 1986 II	S.	284
BFH v.	28.01.1986	IX R 12/80	BStBl 1986 II	S.	348
BFH v.	03.06.1986	IX R 2/79	BStBl 1986 II	S.	674
BFH v.	10.06.1986	IX R 7/82	BFH/NV 1987	S.	26
BFH v.	05.08.1986	IX R 10/82	BFH/NV 1987	S.	29
BFH v.	26.03.1987	IV R 58/85	BFH/NV 1987	S.	770
BFH v.	26.03.1987	IV R 61/85	BStBl 1987 II	S.	597
BFH v.	02.04.1987	IV R 92/85	BStBl 1987 II	S.	621
BFH v.	28.04.1987	IX R 40/81	BFH/NV 1987	S.	712
BFH v.	08.12.1988	IX R 157/83	BStBl 1989 II	S.	282
BFH v.	02.02.1989	IV R 96/87	BStBl 1989 II	S.	504
BFH v.	04.04.1989	X R 14/85	BStBl 1989 II	S.	779
BFH v.	12.04.1989	I R 105/85	BStBl 1989 II	S.	653

BFH v.	23.05.1989	X R 34/86	BStBl 1989 II	S.	784
BFH v.	21.06.1989	X R 13/85	BStBl 1989 II	S.	786
BFH v.	12.07.1989	X R 11/84	BStBl 1990 II	S.	13
BFH v.	17.07.1989	IV R 84/87	BFH/NV 1990	S.	623
BFH v.	24.08.1989	IV R 67/86	BStBl 1990 II	S.	132
BFH v.	25.04.1990	X R 38/86	BStBl 1990 II	S.	625
BFH v.	15.05.1990	IX R 21/86	BStBl 1992 II	S.	67
BFH v.	04.07.1990	GrS 2-3/88	BStBl 1990 II	S.	817
BFH v.	05.07.1990	GrS 2/89	BStBl 1990 II	S.	837
BFH v.	05.07.1990	GrS 4-6/89	BStBl 1990 II	S.	847
BFH v.	10.07.1990	IX R 50/88	BFH/NV 1991	S.	157
BFH v.	24.10.1990	X R 43/89	BStBl 1991 II	S.	175
BFH v.	18.12.1990	X R 151/88	BStBl 1991 II	S.	354
BFH v.	19.03.1991	VIII R 76/87	BStBl 1991 II	S.	635
BFH v.	10.04.1991	XI R 27,28/88	BFH/NV 1991	S.	530
BFH v.	10.04.1991	XI R 19/88	BFH/NV 1991	S.	673
BFH v.	10.04.1991	XI R 25/89	BFH/NV 1991	S.	720
BFH v.	24.04.1991	XI R 9/84	BStBl 1991 II	S.	794
BFH v.	05.06.1991	XI R 1/88	BFH/NV 1991	S.	678
BFH v.	15.07.1991	GrS 1/90	BStBl 1992 II	S.	78
BFH v.	11.09.1991	XI R 20/89	BFH/NV 1992	S.	166
BFH v.	11.09.1991	XI R 4/90	BFH/NV 1992	S.	169
BFH v.	12.09.1991	X R 199/87	BFH/NV 1992	S.	233
BFH v.	18.09.1991	XI R 11/85	BFH/NV 1992	S.	234
BFH v.	17.10.1991	IV R 97/89	BStBl 1992 II	S.	392
BFH v.	04.12.1991	X R 9/84	BFH/NV 1992	S.	306
BFH v.	17.12.1991	VIII R 80/87	BStBl 1993 II	S.	15
BFH v.	22.01.1992	X R 35/89	BStBl 1992 II	S.	552
BFH v.	23.01.1992	XI R 6/87	BStBl 1992 II	S.	526
BFH v.	23.01.1992	IV R 104/90	BStBl 1993 II	S.	327
BFH v.	29.01.1992	X R 193/87	BStBl 1992 II	S.	465
BFH v.	27.02.1992	X R 136/88	BStBl 1992 II	S.	609
BFH v.	27.02.1992	X R 139/88	BStBl 1992 II	S.	612
BFH v.	27.02.1992	X R 40/89	BFH/NV 1992	S.	647
BFH v.	27.02.1992	X R 55/89	BFH/NV 1992	S.	647
BFH v.	11.03.1992	X R 141/88	BStBl 1992 II	S.	499

BFH v.	11.03.1992	X R 3/85	BFH/NV 1992	S.	592
BFH v.	25.03.1992	X R 100/91	BStBl 1992 II	S.	803
BFH v.	25.03.1992	X R 196/87	BStBl 1992 II	S.	1012
BFH v.	25.03.1992	X R 38/86	BFH/NV 1992	S.	595
BFH v.	25.03.1992	X R 155/88	BFH/NV 1992	S.	654
BFH v.	07.04.1992	VIII R 59/89	BStBl 1992 II	S.	809
BFH v.	08.04.1992	X R 52/89	BFH/NV 1992	S.	657
BFH v.	08.04.1992	X R 48/90	BFH/NV 1993	S.	10
BFH v.	14.04.1992	VIII R 6/87	BStBl 1993 II	S.	275
BFH v.	29.04.1992	XI R 7/85	BFH/NV 1992	S.	734
BFH v.	20.05.1992	X R 207/87	BFH/NV 1992	S.	805
BFH v.	03.06.1992	X R 14/89	BStBl 1993 II	S.	23
BFH v.	03.06.1992	X R 147/88	BStBl 1993 II	S.	98
BFH v.	03.06.1992	X R 38/89	BFH/NV 1993	S.	98
BFH v.	15.07.1992	X R 31/91	BFH/NV 1993	S.	18
BFH v.	15.07.1992	X R 142/88	BFH/NV 1992	S.	816
BFH v.	15.07.1992	X R 165/90	BStBl 1992 II	S.	1020
BFH v.	15.07.1992	X R 201-202/89	BFH/NV 1992	S.	817
BFH v.	15.07.1992	X R 91/31	BFH/NV 1993	S.	18
BFH v.	21.07.1992	IX R 14/89	BStBl 1993 II	S.	484
BFH v.	11.08.1992	IX R 223/87	BStBl 1993 II	S.	31
BFH v.	29.10.1992	IV R 117/91	BFH/NV 1994	S.	533
BFH v.	25.11.1992	X R 34/89	BFHE Bd. 170	S.	76
BFH v.	25.11.1992	X R 91/89	BFHE Bd. 170	S.	82
BFH v.	25.11.1992	X R 148/90	BFH/NV 1993	S.	586
BFH v.	26.11.1992	X R 187/87	BStBl 1993 II	S.	298
BFH v.	26.11.1992	IV R 53/92	BStBl 1993 II	S.	395
BFH v.	18.02.1993	IV R 106/92	BStBl 1993 II	S.	546
BFH v.	18.02.1993	IV R 50/92	BStBl 1993 II	S.	548
BFH v.	18.02.1993	IV R 51/92	BFH/NV 1994	S.	14
BFH v.	02.03.1993	VIII R 47/90	BFHE Bd. 170	S.	566
BFH v.	24.03.1993	X R 4/92	BFH/NV 1993	S.	717
BFH v.	14.07.1993	X R 74-75/90	BStBl 1994 II	S.	15
BFH v.	14.07.1993	X R 54/91	BStBl 1994 II	S.	19
BFH v.	26.08.1993	IV B 32/93	BFH/NV 1994	S.	539
BFH v.	08.09.1993	X B 15/93	BFH/NV 1994	S.	99
BFH v.	22.09.1993	X R 126/92	BFH/NV 1994	S.	235
BFH v.	22.09.1993	X R 48/92	BStBl 1994 II	S.	107

BFH v.	28.09.1993	X B 96/93	BFH/NV 1994	S.	237
BFH v.	13.10.1993	IX R 17/88	BFH/NV 1993	S.	227
BFH v.	13.10.1993	X R 86/89	BStBl 1994 II	S.	451
BFH v.	24.11.1993	X R 123/90	BFH/NV 1994	S.	704
BFH v.	25.11.1993	IV R 66/93	BStBl 1994 II	S.	623
BFH v.	16.12.1993	X R 67/92	BFHE Bd. 173	S.	152
BFH v.	26.01.1994	X R 54/92	BFHE Bd. 173	S.	360
BFH v.	26.01.1994	X R 57/89	BStBl 1994 II	S.	597
BFH v.	09.02.1994	IX R 110/90	DStR 1994	S.	1727

7. Finanzgerichte

FG Düsseldorf v.	16.07.1952	II 62/52 E	DB 1952	S.	615
FG Münster v. (rkr.)	25.03.1980	VI 1398/76 E	EFG 1980	S.	441
FG Köln v. (rkr.)	20.12.1984	VIII 120/79 E	EFG 1985	S.	494
FG Köln v. (rkr.)	20.12.1984	VIII 19/81 E	EFG 1985	S.	494
FG Bad.-Wü. v. (rkr.)	13.07.1990	IX K 75/84	EFG 1991	S.	191
FG Münster v. (rkr.)	18.12.1990	VI 2854/90 E	EFG 1991	S.	530
FG Bad.-Wü. v. (rkr.)	15.04.1991	11 K 224/87	EFG 1991	S.	613
FG Münster v. (rkr.)	23.05.1991	6 K 1409/88	EFG 1991	S.	667
FG Rh.-Pfalz v. (rkr.)	04.06.1992	4 K 1473/91	EFG 1993	S.	74
FG Nieders. v. (rkr.)	14.10.1992	IX 520/88	EFG 1994	S.	209
FG Saarland v. (rkr.)	30.03.1993	1 K 321/92	EFG 1993	S.	778
FG Saarland v. (rkr.)	07.07.1993	2 K 88/89	EFG 1994	S.	30
FG Schl.-Hol. v. (Rev. VIII R 64/93)	25.08.1993	II 105/88	EFG 1994	S.	425

FG Hessen v. (rkr.)	25.10.1993	3 K 1116/90	EFG 1994	S.	521
FG Nieders. v. (rkr.)	03.11.1993	IX 690/87	EFG 1994	S.	358
FG Münster v. (Rev. X R 7/94)	23.11.1993	6 K 826/93 E	EFG 1994	S.	518
FG Saarland v. (NZB: X B 122/94)	15.12.1993	1 K 344/92	EFG 1994	S.	519
FG Münster v. (rkr.)	18.03.1994	11 K 5596/90 F	EFG 1994	S.	829
FG Münster v. (NZB: IX B 119/94)	04.05.1994	11 K 495/90 E	EFG 1994	S.	1088
FG Nieders. v. (Rev. IX R 65/94)	23.06.1994	II 690/90	EFG 1994	S.	1089

IV. Verwaltungsanweisungen

BMF-Schreiben v. 20.12.1977	BStBl 1978 I	S.	8
BMF-Schreiben v. 15.11.1984	BStBl 1984 I	S.	561
BMF-Schreiben v. 16.03.1988	DB 1988	S.	885
BMF-Schreiben v. 31.12.1988	BStBl 1988 I	S.	546
BMF-Schreiben v. 11.01.1993	BStBl 1993 I	S.	62
BMF-Schreiben v. 13.01.1993	BStBl 1993 I	S.	80
BMF-Schreiben v. 29.04.1993	BStBl 1993 I	S.	337
BMF-Schreiben v. 09.07.1993	BB 1993	S.	1791
BMF-Schreiben v. 22.10.1993	BStBl 1993 I	S.	827
Erlasse der obersten Finanzbehörden der Länder v. 02.11.1989	BStBl 1989 I	S.	443
Verfügungen der OFD'en Freiburg, Karlsruhe, Stuttgart v. 14.10.1981	Inf 1982	S.	28
Verfügung d. OFD Münster v. 21.04.1989	DStR 1989	S.	394
Verfügung d. OFD München v. 01.06.1992	DB 1992	S.	1703
Verfügung d. OFD München v. 09.11.1993	BB 1994	S.	116
Verfügung d. OFD Hannover v. 27.12.1993	DStR 1994	S.	393
Verfügung d. OFD Hannover v. 19.01.1994	DStR 1994	S.	393

V. Sonstige Quellen

Preußisches EStG v.	24.06.1891	PrGS 1891	S.	175
Preußisches EStG v.	19.06.1906	PrGS 1906	S.	260
Reichseinkommensteuergesetz v.	29.03.1920	RGBl 1920	S.	359
Reichseinkommensteuergesetz v.	10.08.1925	RGBl 1925 I	S.	189
Einkommensteuergesetz v.	16.10.1934	RStBl 1934	S.	1261
Begr. zum EStG v. 16.10.1934 v.	08.01.1935	RStBl 1935	S.	33
Gesetz z. Neuord. v. Steuern v.	16.12.1954	BGBl 1954 I	S.	373
Steueränderungsgesetz v.	26.06.1973	BGBl 1973 I	S.	676

Sachregister

www.ingramcontent.com/pod-product-compliance
Lightning Source LLC
LaVergne TN
LVHW042240300926
849161LV00003B/414